JavaScript × ChatGPT

第一次學
就上手

陳惠貞／著

關於本書

JavaScript×ChatGPT 強強聯名，讓您在 AI 的神助攻下，華麗化身為 JavaScript 程式設計高手！如果您以為這種聯名方式只是搶搭生成式 AI 工具的熱潮，譁眾取寵，那麼我們要很慎重地告訴您，ChatGPT 真的會寫 JavaScript 程式，而且程式碼簡潔乾淨，不輸給程式設計高手。

在 ChatGPT 橫空出世後，有不少人驚覺「寫程式」即將由 AI 工具所取代，沒錯，AI 工具確實能夠寫程式，但這並不表示您就不用學程式設計，而是程式設計師必須要進化為 AI 工具的程式審查員或教 AI 學習的老師。

換句話說，您必須具備程式設計能力，才有辦法跟 AI 工具溝通，讓它寫出您需要的程式碼，也才有辦法閱讀或審查 AI 工具所生成的程式碼，確保程式碼是正確的、有效率的、經過完整測試的，而想要練就程式功力，您所需要的正是一本好書。

在本書中，我們除了告訴您如何使用 ChatGPT 撰寫程式、解讀程式、查詢語法、尋求技術支援、除錯、出題練習、在 JavaScript 與其它程式語言之間做轉換，更重要的是有計畫地帶您學習 JavaScript，無論您有無程式設計的經驗，只要約略具有 HTML 與 CSS 的基礎知識，都能看得懂、學得會，不會愈看愈挫折、半途而廢。

本書內容

- 第 1、2 章：介紹 JavaScript 的開發環境與編輯工具、程式碼撰寫慣例，以及使用 **ChatGPT** 撰寫程式、除錯、轉換程式語言等。

- 第 3 ~ 7 章：介紹 **JavaScript 的基本語法與內建物件**，例如變數、常數、型別、運算子、流程控制、函式、內建物件、錯誤處理等。

- 第 8 章：介紹 **DOM** (Document Object Model，文件物件模型)，這是一個與網頁相關的模型，當瀏覽器載入網頁時，會針對網頁和網頁的 HTML 元素建立對應的物件，JavaScript 可以透過 DOM 存取網頁的元素，例如段落、超連結、圖片、表格、表單等。

⊙ 第 9 章：介紹**事件處理**，包括事件驅動模式、事件的類型、定義事件處理程式 / 事件監聽程式、事件流程 (事件氣泡 V.S. 事件捕捉)、Event 物件，以及一些事件處理範例。

⊙ 第 10 章：介紹 **BOM** (Browser Object Model，瀏覽器物件模型)，這是一個與瀏覽器相關的模型，裡面有數個物件，JavaScript 可以透過 BOM 存取瀏覽器的資訊，例如瀏覽器類型、瀏覽歷程記錄、網址等。

⊙ 第 11 章：介紹**網頁儲存**，這是一種在用戶端儲存資料的技術。

⊙ 第 12 章：介紹 **Ajax 與 JSON**，這是一種讓瀏覽器與 Web 伺服器進行非同步溝通的技術。

⊙ 第 13 章：使用 **jQuery** 所提供的 API 讓操作 HTML 文件、選擇 HTML 元素、處理事件、建立特效等動作變得更簡單。

⊙ 第 14 章：使用 **Vue.js** 所提供的 API 進行資料繫結及操作網頁的元素，解決畫面顯示與資料狀態同步的問題。

排版慣例

本書在條列 JavaScript 語法時，遵循下列排版慣例：

⊙ 斜體字表示自行輸入的參數、屬性值、敘述或名稱，例如 isNaN(x) 的 x 表示自行輸入的參數。

⊙ 中括號 [] 表示可以省略不寫，例如 toString([$radix$]) 的 [$radix$] 表示參數可以有，也可以沒有。

⊙ 垂直線 | 用來隔開替代選項。

聯絡方式

如果您有建議或授課老師需要 PowerPoint 教學投影片與學習評量，歡迎與我們洽詢：碁峰資訊網站 https://www.gotop.com.tw/；國內學校業務處電話一台北 (02)2788-2408、台中 (04)2452-7051、高雄 (07)384-7699。

目錄

03 ▶ 變數、常數、型別與運算子

04 流程控制

05 函式

06 內建物件

目錄

07 錯誤處理

08 文件物件模型 (DOM)

09 事件處理

目錄

10 瀏覽器物件模型 (BOM)

11 網頁儲存

12 Ajax 與 JSON

13 ▶ jQuery

14 ▶ Vue.js

線上下載

本書範例程式請至 http://books.gotop.com.tw/download/ACL069600 下載，您可以運用本書範例程式開發自己的程式，但請勿販售或散布。

版權聲明

CHAPTER

01

開始撰寫 JavaScript 程式

1-1 認識 JavaScript

JavaScript 是 Netscape 公司於 1995 年針對 Netscape Navigator 瀏覽器的應用所開發的一種程式語言,原先命名為 LiveScript,但因為當時 Java 程式語言很紅,所以就改名為 JavaScript,事實上,這是兩個不同的程式語言。

之後 Netscape 公司將 JavaScript 交給國際標準組織 ECMA 進行標準化,稱為 **ECMAScript (ECMA-262)**。目前主要的瀏覽器都是根據 ECMAScript 來實作 JavaScript 功能,而且 ECMAScript 仍持續更新中。

1-1-1 JavaScript 的用途

JavaScript 最初的用途是在用戶端控制瀏覽器和網頁內容,製作一些 HTML 和 CSS 所無法達成的效果,增加互動性,例如點取導覽按鈕會展開下拉式清單、即時更新社群網站動態、即時更新地圖、輪播圖片等。之後隨著 Node.js 的出現,JavaScript 也可以在伺服器端執行,用途就更廣泛了。

點取導覽按鈕會展開下拉式清單就是使用 JavaScript 所達成的效果

即時更新社群網站動態也是使用 JavaScript 所達成的效果

網頁上的輪播圖片亦是借助於 JavaScript 的功能

1-1-2 JavaScript 的特點

JavaScript 主要的特點如下：

⊜ **直譯式語言**

JavaScript 屬於 **直譯式語言** (interpreted language)，諸如 Google Chrome、Microsoft Edge、FireFox、Opera、Safari 等瀏覽器均內建 JavaScript **直譯器** (interpreter) 可以從頭開始逐行解譯並執行 JavaScript 程式。

⊜ **物件導向**

物件導向 (object oriented) 是一種程式設計方式，其特點是將資料與程式碼封裝成物件，以提高重複使用性與擴充性。

⊜ **用途廣泛**

JavaScript 一開始是用來撰寫瀏覽器端 Script，現在亦可應用到非瀏覽器的環境，例如 Node.js、Apache CouchDB，其中 **Node.js** 是一個能夠在伺服器端執行 JavaScript 的環境，而 **Apache CouchDB** 是一個開放原始碼資料庫，採取 JavaScript 做為查詢語言。

⊜ **完整的 JavaScript 包含 ECMAScript、DOM 和 BOM 三個部分**

⊘ **ECMAScript**：這是 JavaScript 的基本語法與內建物件。

⊘ **文件物件模型 (DOM)**：DOM (Document Object Model) 是一個與網頁相關的模型，當瀏覽器載入網頁時，會針對網頁和網頁的 HTML 元素建立對應的物件，JavaScript 可以透過 DOM 存取網頁的元素，例如段落、超連結、圖片、表格、表單等。

⊘ **瀏覽器物件模型 (BOM)**：BOM (Browser Object Model) 是一個與瀏覽器相關的模型，裡面有數個物件，JavaScript 可以透過 BOM 存取瀏覽器的資訊，例如瀏覽器類型、瀏覽器版本、瀏覽器視窗的寬度與高度、瀏覽歷程記錄、網址等。

Script 又稱為**腳本程式**,指的是一種語法和結構簡單的小程式,通常是由一連串指令所組成,可以讓電腦依規則執行,而**瀏覽器端 Script** 是一段嵌入在 HTML 原始碼的小程式,通常是以 **JavaScript** 撰寫而成,由瀏覽器負責執行,下圖是 Web 伺服器處理瀏覽器端 Script 的過程。

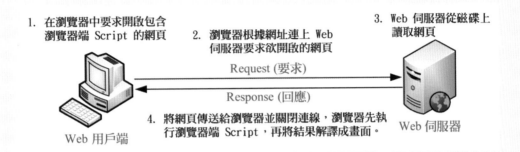

至於**伺服器端 Script** 也是一段嵌入在 HTML 原始碼的小程式,但和瀏覽器端 Script 不同的是它由 Web 伺服器負責執行,下圖是 Web 伺服器處理伺服器端 Script 的過程。

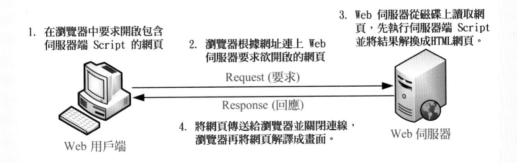

常見的伺服器端 Script 有 **CGI** (Common Gateway Interface)、**JSP** (Java Server Pages)、**ASP/ASP.NET** (Active Server Pages)、**PHP** (PHP:Hypertext Preprocessor) 等,其中 PHP 程式是在 Apache、Microsoft IIS 等 Web 伺服器執行的 Script,由 PHP 語言所撰寫,屬於開放原始碼,具有免費、穩定、快速、跨平台、易學易用、物件導向等優點。

1-1-3 JavaScript 的語法標準

JavaScript 的語法標準為 ECMAScript (ECMA-262)，從 1997 年 6 月推出第一版迄今已歷經多次改版，其中改版幅度較大的是 2015 年的第六版 **ECMAScript 6 (ES6)**，又稱為 **ECMAScript 2015 (ES2015)**。

版本	發表日期	版本	發表日期
ES1	1997 年 6 月	ES7 (ES2016)	2016 年 6 月
ES2	1998 年 6 月	ES8 (ES2017)	2017 年 6 月
ES3	1999 年 12 月	ES9 (ES2018)	2018 年 6 月
ES4	放棄	ES10 (ES2019)	2019 年 6 月
ES5	2009 年 12 月	ES11 (ES2020)	2020 年 6 月
ES5.1	2011 年 6 月	ES12 (ES2021)	2021 年 6 月
ES6 (ES2015)	2015 年 6 月	ES13 (ES2022)	2022 年 6 月

ECMAScript 6 (ES6) 比較顯著的新語法如下，您可以先簡略看過，我們會在相關章節中做說明：

- 使用 class 宣告類別。
- 使用 let 與 const 宣告區塊範圍的變數和常數。
- 型別陣列 (typed array)。
- 迭代器 (iterator)。
- for...of 迴圈。
- 生成器 (generator) 與生成器運算式。
- 箭頭函式 (arrow function)、參數預設值、不定量參數。
- 新增內建物件，例如 Symbol、Promise、Proxy、Map、Set 等。
- 擴充既有物件，例如 String、Number 等。

至於 ES7 ～ ES13 等版本亦陸續增加了一些新語法如下，完整的 ECMAScript 語言規格可以在 ECMA 官網查看 (https://www.ecma-international.org/publications-and-standards/standards/ecma-262/)：

- ES7 新增指數運算子 (**)、Array.includes() 方法。

- ES8 新增 Object.keys()、Object.values()、Object.entries() 等方法、async/await 非同步語法。

- ES9 新增 Promise.finally()、非同步迭代、正規表達式的其它用法。

- ES10 新增 Array.flat()、Array.flatMap()、String.trimStart()、String.trimEnd()、Object.fromEntries() 等方法、catch 不再強制加上異常參數。

- ES11 新增 ?? 運算子、import()、BigInt 型別、globalThis 全域物件。

- ES12 新增 String.replaceAll()、Promise.any()、邏輯指派運算子 (&&=、||=、??=)、數字分隔符號 (例如 1_000_000 就相當於 1000000)。

- ES13 變更在類別中宣告屬性的方式、可在全域使用 await、findLast()、findLastIndex()、catch error 物件新增 cause 屬性。

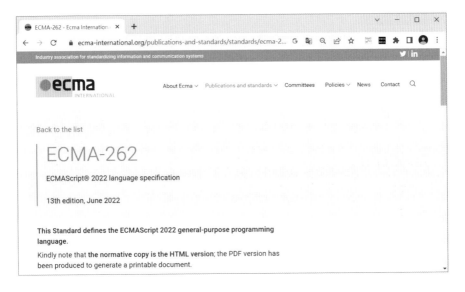

1-1-4 JavaScript 如何與 HTML、CSS 一起運作

JavaScript 和 HTML、CSS 是網頁設計最常使用的三種語言，其中 **HTML 用來定義網頁的內容，CSS 用來定義網頁的外觀，而 JavaScript 用來定義網頁的行為**。雖然三者可以放在同一個檔案，但為了維持獨立性，請盡可能放在個別的檔案，然後在 HTML 檔案中引用 CSS 檔案和 JavaScript 檔案。

以 HTML 做為基礎，定義網頁的內容，例如標題、段落、頁首、頁尾、超連結、表格、圖片、影片、表單等，副檔名為 .html 或 .htm。

在 HTML 網頁套用 CSS 樣式規則，定義網頁的外觀，例如字型、大小、色彩、背景圖片、透明度、框線、邊界、留白、定位方式等，副檔名為 .css。

在 HTML 網頁加入 JavaScript，定義網頁的行為，增加互動性與動態效果，副檔名為 .js。JavaScript 經常用來從事下列工作：

- 在 HTML 網頁嵌入動態文字
- 存取 HTML 元素和 CSS 屬性
- 驗證表單資料的有效性
- 針對瀏覽器的事件做出回應
- 存取瀏覽器的資訊

瀏覽器的功能就是顯示網頁,其運作方式如下:

1. **讀取網頁。**

2. **建立網頁的文件物件模型 (DOM)**:這是一個樹狀的物件模型,用來描述 HTML 元素的組成結構,我們會在第 8 章介紹 DOM。

3. **利用成像引擎顯示網頁**:若有定義 CSS 樣式規則,就套用到對應的元素,然後顯示網頁;相反的,若沒有定義 CSS 樣式規則,就以預設的樣式顯示網頁。

在將網頁顯示出來後,只要沒有開啟其它網頁,瀏覽器就會一直保持相同畫面,此時,我們可以利用 JavaScript 修改網頁內容並即時更新在畫面上,無須重新讀取網頁,目前主要的瀏覽器均內建 JavaScript 直譯器可以執行 JavaScript 程式。

舉例來說,我們可以利用 JavaScript 透過 DOM 取得使用者在表單欄位所輸入的商品數量與定價,然後在使用者按一下 [計算總金額] 時,立刻將總金額顯示在畫面上,如下圖。

❶ 輸入商品數量與定價
❷ 按一下 [計算總金額]
❸ 顯示總金額

對人類來說,諸如房子、汽車、電腦、學校、學生、公司、員工等真實世界中的物件是很容易理解的,但是對電腦來說,若沒有預先的定義,電腦並無法理解這些物件的意義與用途,此時,程式設計人員可以利用資料來創造電腦能夠理解的模型。

下面是幾個常見的名詞:

➔ 在電腦程式設計中,生活中的物品可以使用**物件** (object) 來表示,而且物件可能又是由多個子物件所組成。比方說,汽車是一種物件,而汽車又是由引擎、座椅、輪胎等子物件所組成;又比方說,目前開啟的瀏覽器視窗是一個 Window 物件,而 Window 物件又包含了 Document、History、Location、Navigator、Screen 等子物件。 在 JavaScript 中,物件是資料與程式碼的組合,它可以是整個應用程式或應用程式的一部分。

➔ **屬性** (property) 是用來描述物件的特質,比方說,汽車是一種物件,而汽車的廠牌、全長、全寬、全高、顏色、排氣量、行駛速度等用來描述汽車的特質就是這個物件的屬性;又比方說,Windows 作業系統中的視窗是一種物件,而它的大小、位置、標題列的文字等用來描述視窗的特質就是這個物件的屬性。

➔ **方法** (method) 是用來定義物件的動作,比方說,汽車是一種物件,而發動、變速等動作就是這個物件的方法;又比方說,Window 物件有一個 alert() 方法可以用來顯示對話方塊。

➔ **事件** (event) 是在某些情況下發出訊號,好讓使用者針對事件做出回應。比方說,當駕駛人員踩下油門踏板時,汽車會發出訊號,進而開始加速;又比方說,當使用者載入網頁時,瀏覽器會產生 load 事件,進而呼叫網頁設計人員所撰寫的事件處理程式,例如顯示歡迎訊息。

➔ **類別** (class) 是物件的分類,就像物件的藍圖或樣板,隸屬於相同類別的物件具有相同的屬性、方法與事件,但屬性的值則不一定相同。

以下圖為例，Car（汽車）是一個類別，它有 brand（廠牌）、speed（行駛速度）等屬性，startCar()（發動）、changeSpeed()（變速）等方法，以及 accelerate（油門踏板被踩下）、brake（剎車踏板被踩下）等事件，那麼一部靜止的 BMW 汽車就是隸屬於 Car 類別的一個物件，其 brand 屬性的值為 BMW，speed 屬性的值為 0，而且它還有兩個方法和兩個事件，一旦發生這兩個事件，就會呼叫 changeSpeed() 方法去變更 speed 屬性的值，以進行加速或減速。至於其它廠牌的汽車（例如 BENZ、TOYOTA、MAZDA) 則為汽車類別的其它物件。

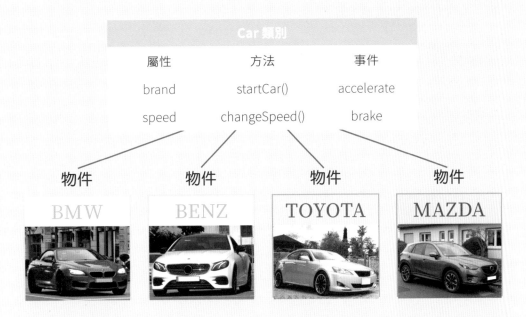

- **物件導向** (OO，Object Oriented) 是軟體發展過程中極具影響性的突破，愈來愈多程式語言強調其物件導向的特性，JavaScript 也不例外。物件導向的優點是物件可以在不同的應用程式中被重複使用，Windows 本身就是一個物件導向的例子，您在 Windows 作業系統中所看到的東西，包括視窗、按鈕、對話方塊、表單、資料庫等均屬於物件，您可以將這些物件放進自己撰寫的程式，然後視實際情況變更物件的屬性（例如標題列的文字、對話方塊的類型等），而不必再為這些物件撰寫冗長的程式碼。

1-2 開發環境與編輯工具

撰寫 JavaScript 程式並不需要額外佈署開發環境，只要滿足下列條件即可：

➡ 一部安裝 Windows 或 macOS 作業系統的電腦。

➡ 網頁瀏覽器，例如 Chrome、Edge、Safari 等。

➡ 文字編輯工具。

至於文字編輯工具就以您平常慣用的為主，無論是 HTML、CSS 或 JavaScript 檔案都是純文字檔，只是副檔名分別為 .html (或 .htm)、.css 和 .js，下面是一些常見的文字編輯工具。

文字編輯工具	網址	是否免費
記事本、WordPad	Windows 作業系統內建	是
Notepad++	https://notepad-plus-plus.org/	是
Visual Studio Code	https://code.visualstudio.com/	是
Atom	https://atom.io/	是
Google Web Designer	https://webdesigner.withgoogle.com/	是
UltraEdit	https://www.ultraedit.com/	否
Dreamweaver	https://www.adobe.com/	否
Sublime Text	http://www.sublimetext.com/	否

本書的範例程式是使用 **NotePad++** 所編輯，存檔格式統一採取 **UTF-8** 編碼。NotePad++ 具有下列特點，簡單又實用，相當適合初學者：

➡ 支援 HTML、CSS、JavaScript、ActionScript、C、C++、C#、Python、Perl、R、Java、JSP、ASP、Ruby、Matlab、Objective-C 等多種程式語言。

➡ 支援多重視窗同步編輯。

➡ 支援顏色標示、智慧縮排、自動完成等功能。

您可以到 NotePad++ 官方網站 (https://notepad-plus-plus.org/) 下載安裝程式並進行安裝。在第一次使用 Notepad++ 撰寫 JavaScript 程式之前，請依照如下步驟進行基本設定：

1️⃣ 從功能表列選取 [**設定**] \ [**偏好設定**]，然後在 [**一般**] 標籤頁中將介面語言設定為 [**台灣繁體**]。

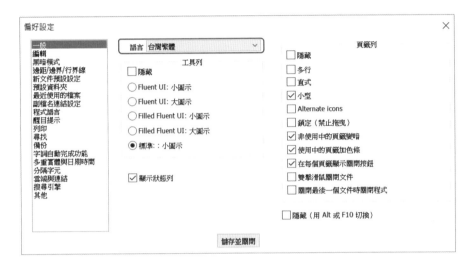

2️⃣ 在 [**新文件預設設定**] 標籤頁中將編碼設定為 [**UTF-8**]，預設程式語言設定為 [**JavaScript**]，然後按 [**儲存並關閉**]。

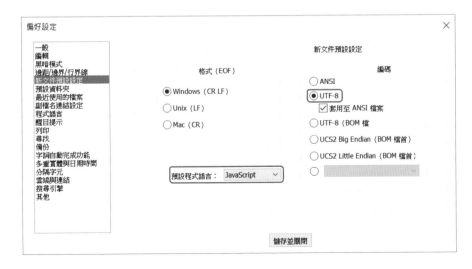

由於預設程式語言設定為 JavaScript，因此，當我們撰寫 JavaScript 程式時，NotePad++ 會根據 JavaScript 的語法，以不同顏色標示關鍵字、變數、字串、數值或方法，也會根據輸入的文字顯示自動完成清單，如下圖。

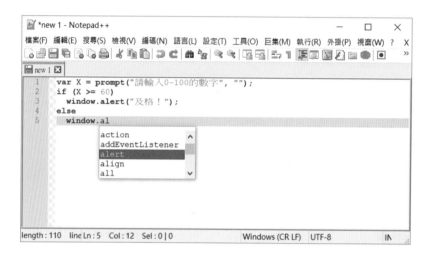

此外，當我們存檔時，NotePad++ 會採取 UTF-8 編碼，存檔類型預設為 **[JavaScript file]**，副檔名為 .js。若要儲存為其它類型，例如 HTML，可以將存檔類型設定為 **[Hyper Text Markup Language file]**，此時，副檔名會變更為 .html。

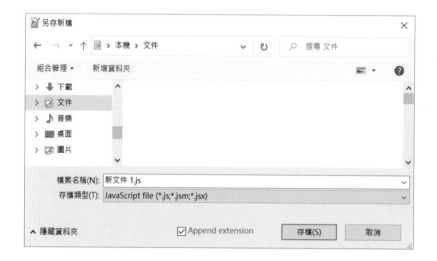

HTML **元素** (element) 通常是由**開始標籤** (start tag) 與**結束標籤** (end tag) 所組成,用來將兩者之間的內容告訴瀏覽器,如下圖。不過,並不是所有元素都有結束標籤,例如
、<hr>、<img> 等元素就沒有結束標籤。

若要針對內容提供更多資訊,可以在開始標籤裡面加上**屬性** (attribute),屬性通常是由**屬性名稱** (name) 與**屬性值** (value) 所組成,中間以等號 (=) 連接。

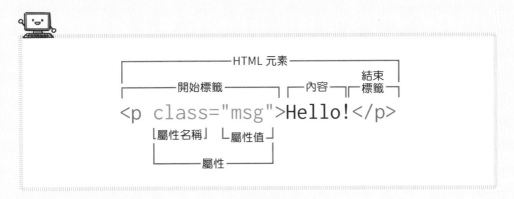

CSS 樣式表是由一條一條的**樣式規則** (style rule) 所組成,而樣式規則包含**選擇器** (selector) 與**宣告** (declaration) 兩個部分,如下圖,其中「選擇器」用來設定要套用樣式規則的對象,而「宣告」用來設定此對象的樣式,以大括號 ({}) 括起來,裡面包含**屬性** (property) 與**值** (value),兩者以冒號 (:) 連接,至於多個屬性的中間以分號 (;) 隔開。

撰寫第一個 JavaScript 程式

我們可以將 JavaScript 程式寫進 HTML 文件，也可以放在外部檔案，若 JavaScript 程式很簡短，可以採取前者；相反的，若 JavaScript 程式比較長，或有多人共同開發網頁，可以採取後者，以維持各個檔案的獨立性並提高程式的可讀性。

1-3-1 將 JavaScript 程式寫進 HTML 文件

我們可以使用 <script> 元素將 JavaScript 程式寫進 HTML 文件，<script> 元素可以放在 <body>...</body> 區塊或 <head>...</head> 區塊，如下圖 (一)、(二)、(三)，**一般建議是放在 </body> 結束標籤的前面**，如圖 (一)，尤其是當有大的 JavaScript 程式時，先讓成像引擎將網頁顯示出來再載入 JavaScript 程式，比較不會有畫面延遲的情況。

```
<!DOCTYPE html>
<html>
  <head>
    <meta charset="utf-8">
    <title> 我的網頁 </title>
  </head>
  <body>
    ...HTML 原始碼 ...
    <script>
      ...JavaScript 程式 ...
    </script>
  </body>
</html>
```

圖 (一)

```
<!DOCTYPE html>
<html>
  <head>
    <meta charset="utf-8">
    <title> 我的網頁 </title>
  </head>
  <body>
    ...HTML 原始碼 ...
    <script>
      ...JavaScript 程式 ...
    </script>
    ...HTML 原始碼 ...
  </body>
</html>
```

圖 (二)

```
<!DOCTYPE html>
<html>
  <head>
    <meta charset="utf-8">
    <title> 我的網頁 </title>
    <script>
      ...JavaScript 程式 ...
    </script>
  </head>
  <body>
    ...HTML 原始碼 ...
  </body>
</html>
```

圖 (三)

在此，我們假設您有初步的 HTML 和 CSS 基礎，能夠看得懂 HTML 和 CSS 原始碼。若您需要學習 HTML 和 CSS，可以參閱碁峰資訊出版的《HTML5、CSS3 網頁程式設計 (第八版)》一書 (書號：EL0256)。

下面是一個例子,它將 <script> 元素放在 </body> 結束標籤的前面,瀏覽結果會先顯示「歡迎光臨!」,再顯示「Hello, world!」。

由於考慮到瀏覽器可能封鎖或不支援 JavaScript 的情況,因此,我們在第 12 行使用 <noscript> 元素指定無法使用 JavaScript 時的替代內容。

\Ch01\hello1.html

```
01  <!DOCTYPE html>
02  <html>
03    <head>
04      <meta charset="utf-8">
05      <title> 我的網頁 </title>
06    </head>
07    <body>
08      <h1> 歡迎光臨! </h1>
09      <script>
10  ❶     document.write('Hello, world!'); ❷
11      </script>
12      <noscript> 無法使用 JavaScript ! </noscript> ❸
13    </body>
14  </html>
```

❶ 將 JavaScript 程式放在 <script> 元素裡面
❷ 呼叫 document 物件的 write() 方法,顯示參數指定的「Hello, world!」
❸ 使用 <noscript> 元素指定無法使用 JavaScript 時的替代內容
❹ 瀏覽結果會先顯示「歡迎光臨!」,再顯示「Hello, world!」

原則上，HTML 文件的載入順序是由上到下，由左到右，先載入的敘述會先執行，因此，**<script> 元素的位置決定了 JavaScript 程式何時執行。**

舉例來說，假設將 \Ch01\hello1.html 的 <script> 元素移到 <h1> 元素的上面，如下，瀏覽結果會先顯示「Hello, world!」，再顯示「歡迎光臨！」。

\Ch01\hello2.html

```
01  <!DOCTYPE html>
02  <html>
03    <head>
04      <meta charset="utf-8">
05      <title> 我的網頁 </title>
06    </head>
07    <body>
08      <script>
09        document.write('Hello, world!');
10      </script>
11      <h1> 歡迎光臨！ </h1>
12      <noscript> 無法使用 JavaScript！ </noscript>
13    </body>
14  </html>
```

❶ 將 <script> 元素移到 <h1> 元素的上面

❷ 瀏覽結果會先顯示「Hello, world!」，再顯示「歡迎光臨！」

我們在 \Ch01\hello1.html 有透過下面的敘述去呼叫 Document 物件的 write() 方法，這其實就是藉由**呼叫** (calling) 的動作去執行一個**方法** (method) 或**函式** (function)。

Document 物件代表目前網頁，當瀏覽器建立網頁的文件物件模型 (DOM) 時，就會建立 Document 物件，我們可以透過物件名稱來存取物件。

Document 物件提供了數個屬性與方法，我們可以透過句點符號 (.) 來存取物件的成員，稱為**成員運算子** (member operator)。

write() 方法是 Document 物件的一個成員，用途是將參數所指定的資料寫入目前網頁。無論有沒有參數，方法名稱的後面都要有一對小括號。

參數 (parameter) 的用途是傳遞資料給方法，此例是傳遞一個字串給 write() 方法，字串的前後要加上單引號 (') 做為標示，單引號不是字串的一部分，所以不會顯示在畫面上。

JavaScript 也允許使用雙引號 (") 標示字串，不過，由於字串裡面出現雙引號的情況通常比單引號多，所以一般會優先使用單引號。

ⓃⓄⓉⒺ 發生錯誤怎麼辦？

若網頁的執行結果不如預期或發生錯誤，怎麼辦？舉例來說，假設我們不小心將第 09 行「Hello, world!」前後的單引號輸入成全形，如下：

09	`document.write(' Hello, world!' );`

由於執行結果沒有顯示「Hello, world!」，我們判斷可能是 JavaScript 程式發生錯誤，此時可以開啟瀏覽器內建的開發人員工具進行偵錯，例如 Chrome 可以點取 **[自訂及管理]** 按鈕，選取 **[更多工具] \ [開發人員工具]**（或按 **[F12]** 鍵），然後點取下圖圈起來的錯誤圖示，就會在畫面下方顯示錯誤訊息，包括第幾行和發生錯誤的原因，此例為第 9 行發生語法錯誤 (SyntaxError)。

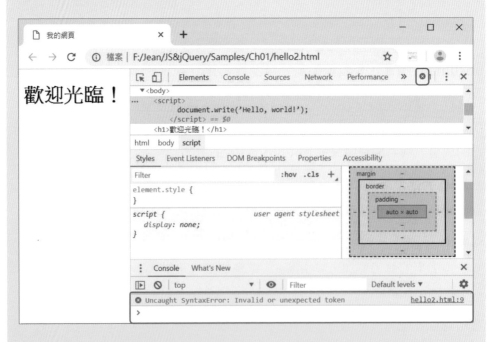

通常我們可以檢查錯誤行和前後行，看看是否有語法錯誤、拼錯字或誤用全形符號，例如用來標示字串的單引號和敘述結尾的分號都應該是半形符號，我們會在第 7 章進一步說明錯誤處理。

TIP 透過事件屬性或 <a> 元素設定 JavaScript 程式

除了使用 <script> 元素之外，我們也可以透過 HTML 元素的事件屬性設定以 JavaScript 撰寫的事件處理程式。以下面的敘述為例，當按一下「顯示訊息」按鈕時，會觸發 click 事件，進而呼叫事件處理程式，也就是 Window 物件的 alert() 方法，以對話方塊顯示參數指定的「Hello, world!」：

```html
<button onclick="javascript:window.alert('Hello, world!');">
  顯示訊息 </button>
```

❶ 按一下此鈕   ❷ 顯示對話方塊

或者，我們可以透過 <a> 元素的 href 屬性設定 JavaScript 程式。以下面的敘述為例，當點取「顯示訊息」超連結時，會呼叫 Window 物件的 alert() 方法，以對話方塊顯示參數指定的「Hello, world!」：

```html
<a href="javascript:window.alert('Hello, world!');">顯示訊息 </a>
```

❶ 點取超連結   ❷ 顯示對話方塊

1-3-2 將 JavaScript 程式放在外部檔案

我們也可以將 JavaScript 程式放在外部檔案，然後在 HTML 文件中使用 <script> 元素嵌入 JavaScript 程式。舉例來說，我們可以先撰寫如下的 JavaScript 程式，將它儲存在一個純文字檔，注意副檔名為 .js：

\Ch01\hello3.js

```javascript
document.write('Hello, world!');
```

接著撰寫如下的 HTML 文件，其中第 09 行是使用 <script> 元素的 src 屬性設定外部的 JavaScript 檔案路徑。

\Ch01\hello3.html

```html
01  <!DOCTYPE html>
02  <html>
03    <head>
04      <meta charset="utf-8">
05      <title> 我的網頁 </title>
06    </head>
07    <body>
08      <h1> 歡迎光臨！</h1>
09      <script src="hello3.js"></script> ❶
10      <noscript> 無法使用 JavaScript！</noscript>
11    </body>
12  </html>
```

> ❶ 使用 <script> 元素的 src 屬性設定外部的 JavaScript 檔案路徑
>
> ❷ 瀏覽結果會先顯示「歡迎光臨！」，再顯示「Hello, world!」

T I P <script> 元素的屬性

<script> 元素可以用來嵌入 Script，常用的屬性如下：

- **language**="..."：設定 Script 的類型，例如 "javascript" 表示 JavaScript，省略不寫的話，表示預設為 JavaScript。

- **src**="*url*"：設定 Script 的相對或絕對網址。

- **type**="*content-type*"：設定 Script 的內容類型。

T I P 將 JavaScript 程式放在外部檔案的優點

誠如前面所說的，我們可以將 JavaScript 程式寫進 HTML 文件，也可以放在外部檔案。由於在實際開發網站的過程中，JavaScript 程式往往比較複雜，而且可能有多人共同開發，因此，我們應該盡量將 JavaScript 程式放在外部檔案，將網頁的內容 (*.html)、網頁的外觀 (*.css) 與網頁的行為 (*.js) 分隔開來，其優點如下：

- **簡化 *.html 檔案的原始碼，提高可讀性。**

- **維持各個檔案的獨立性，方便偵錯、修改與維護。**

在本書中，我們會將一些簡短的 JavaScript 程式寫進 HTML 文件，讓兩者並列在一起，方便您看得更清楚，比較容易學習，例如 \Ch01\hello1.html。

另外有些 JavaScript 程式則會放在外部檔案，此時，我們會將 JavaScript 檔案和 HTML 檔案儲存成相同名稱，方便您做識別，例如 \Ch01\hello3.js 和 \Ch01\hello3.html，當您要執行程式時，直接以瀏覽器開啟同名的 HTML 檔案即可。

最後要提醒您的是網路上有許多關於 JavaScript 的學習資源，其中比較完整是 MDN Web Docs 網站 (https://developer.mozilla.org/zh-TW/docs/Web/JavaScript)，有興趣的讀者可以自行參考。

1-4 JavaScript 程式碼撰寫慣例

程式 (program) 是由一行一行的**敘述** (statement) 所組成，裡面包含「關鍵字」、「特殊字元」或「識別字」，例如下面的敘述是宣告一個名稱為 studentName 的變數。

- **關鍵字** (keyword)：關鍵字又稱為**保留字** (reserved word)，它是由 JavaScript 所定義，包含特定的意義與用途，程式設計人員必須遵守 JavaScript 的規定來使用關鍵字，否則會發生錯誤，例如 var 是 JavaScript 用來宣告變數的關鍵字，不能用來宣告函式或類別。

- **特殊字元** (special character)：JavaScript 有不少特殊字元，例如標示敘述結尾的分號 (;)、標示字串的單引號 (') 或雙引號 (")、標示註解的雙斜線 (//) 或 /* */、函式呼叫的小括號等。

- **識別字** (identifier)：除了關鍵字和特殊字元，程式設計人員可以自行定義新字，做為變數、函式或類別的名稱，例如 studentName、userID，這些新字就叫做識別字，識別字不一定要合乎英文文法，但要合乎 JavaScript 命名規則，而且英文字母有大小寫之分。

原則上，敘述是程式中最小的可執行單元，而多個敘述可以構成函式、流程控制、類別等較大的可執行單元，稱為**程式區塊** (code block)。JavaScript 程式碼撰寫慣例涵蓋了空白、縮排、註解、命名規則等的建議寫法，遵循這些慣例可以提高程式的可讀性，讓程式更容易偵錯、修改與維護。

英文字母有大小寫之分

JavaScript 和 CSS 一樣會區分英文字母的大小寫,這點和 HTML 不同,例如 studentName 和 StudentName 是兩個不同的變數,因為小寫的 s 和大寫的 S 不同。

此外,諸如分號 (;)、單引號 (')、雙引號 (")、小括號、中括號、大括號、//、/* */、空白等特殊字元都是半形符號,注意不要混合到全形符號。

敘述結尾加上分號、一行一個敘述

JavaScript 並沒有硬性規定要在敘述結尾加上分號,以及一行一個敘述,但是請您遵守這個不成文規定,養成良好的程式撰寫習慣,例如將下面三個敘述寫成三行就比全部寫在同一行來得容易閱讀:

```
var x = 1;
var y = 2;
var z = 3;
```

```
var x = 1; var y = 2; var z = 3;
```

　　　　一行一個敘述比較容易閱讀　　　　　　盡量不要將多個敘述寫在同一行

此外,建議每行不要超過 80 個字元,若真的需要換行,可以在有意義的關鍵字或符號後面換行,不能任意切斷關鍵字,例如下面的敘述會發生錯誤,因為 write() 方法的名稱被切斷了:

```
document.wri
te('Hello, world!');
```

```
document.
write('Hello, world!');
```

　　　　切斷方法名稱換行將會發生錯誤　　　　在符號後面換行就不會發生錯誤

空白

- JavaScript 會忽略多餘的空白，例如 x = 1; 和 x = 1; 的意義相同。

- 建議在運算子的前後加上一個空白，例如 c = (a + b) * (a - b); 就比 c=(a+b)*(a-b); 來得容易閱讀。

- 建議在逗號的後面加上一個空白，例如 write(x, y)。

- 下列情況避免額外的空白，例如 write(x, y) 不要寫成 write (x, y)、write(x, y)、write(x , y)：

    - 緊連在小括號、中括號、大括號之內

    - 逗號或分號前面

    - 函式呼叫的左括號前面

縮排

程式區塊每增加一個縮排層級就加上 2 個空白，不建議使用 [Tab] 鍵，例如：

```
var x = 1;
switch(x){ ❶
  case 1: ❷
    document.write('ONE'); ❸
    break;
  case 2:
    document.write('TWO');
    break;
  default:
    document.write(' 超過範圍！');
    break;
} ❹
```

> ❶ 使用大括號標示程式區塊，裡面可以有多個敘述
> ❷ 第一個縮排層級加上 2 個空白
> ❸ 第二個縮排層級加上 4 個空白
> ❹ 大括號結尾不用加上分號

註解

註解 (comment) 可以用來記錄程式的用途與結構，JavaScript 提供下列註解符號：

▶ **//**：標示單行註解，可以自成一行，也可以放在一行敘述的最後，當直譯器遇到 // 符號時，會忽略從 // 符號到該行結尾之間的敘述，不會加以執行，例如：

```
// 宣告一個名稱為 x、值為 1 的變數
var x = 1;

// 宣告一個名稱為 y、值為 2 的變數
var y = 2;
```

亦可寫成如下：

```
var x = 1;          // 宣告一個名稱為 x、值為 1 的變數
var y = 2;          // 宣告一個名稱為 y、值為 2 的變數
```

▶ **/* */**：標示多行註解，當直譯器遇到 /* */ 符號時，會忽略從 /* 符號到 */ 符號之間的敘述，不會加以執行，例如：

```
/* 我的第一個 JavaScript 程式
   它會印出 Hello, world!
*/
document.write('Hello, world!');
```

適當的註解可以提高程式的可讀性，建議您在程式的開頭以註解說明程式的用途，而在一些重要的函式或步驟前面也以註解說明其功能或所採取的演算法，同時註解盡可能簡明扼要，掌握「過猶不及」的原則。

命名規則

當您要自訂識別字時 (例如變數名稱、函式名稱等)，請遵守下列規則：

➜ 第一個字元可以是英文字母、底線 (_) 或錢字符號 ($)，其它字元可以是英文字母、底線 (_)、錢字符號 ($) 或數字，而且英文字母要區分大小寫。

➜ 不能使用 JavaScript 關鍵字，以及內建函式、內建物件等的名稱。

➜ 變數名稱與函式名稱建議採取字中大寫，也就是以小寫字母開頭，之後每換一個單字就以大寫開頭，例如 userPhoneNumber、showMessage()。

➜ 常數名稱採取全部大寫和單字間以底線隔開，例如 PI、TAX_RATE。

➜ 類別名稱建議採取字首大寫，也就是以大寫字母開頭，之後每換一個單字就以大寫開頭，例如 ClubMember。

➜ 事件處理函式名稱以 on 開頭，例如 onclick()。

關鍵字一覽

下面列出一些 JavaScript 關鍵字供您參考。

break	case	catch	class
continue	const	default	delete
do	else	export	extends
finally	for	function	if
import	in	instanceof	interface
new	package	private	protected
public	return	super	switch
this	throw	try	typeof
var	void	while	with

02

使用 ChatGPT 撰寫 JavaScript 程式

如果您以為 JavaScript×ChatGPT 聯名只是搶搭生成式 AI 工具的熱潮，那麼在您看過本章之後，可就要改觀了，因為 ChatGPT 不但真的會寫 JavaScript 程式，而且程式碼簡潔乾淨，不輸給程式設計高手。

或許您會問，「既然如此，那我還買這本書做什麼，通通交給 ChatGPT 寫不就好了？！」，事實上，如果您完全不懂 JavaScript，甚至沒有程式設計基礎，您要如何對 ChatGPT 提問呢？怎樣才能讓 ChatGPT 寫出您心裡面想要的 JavaScript 程式呢？再者，您又要如何判斷 ChatGPT 所寫出來的程式對不對呢？品質好不好呢？

畢竟 ChatGPT 所提供的答案無法保證百分之百正確，因此，ChatGPT 就是一個很厲害的小幫手，可以幫助您快速撰寫程式，但您還是需要一本有系統的好書帶您學會 JavaScript，才能勝任產品經理或程式碼審查員的工作。

使用 ChatGPT 的方式很簡單，請連線到 ChatGPT 官方網站 (https://chat.openai.com/auth/login)，已經註冊的人可以按 [Log in]，然後輸入帳號與密碼進行登入，尚未註冊的人可以按 [Sign up]，然後依照畫面上的提示進行註冊。

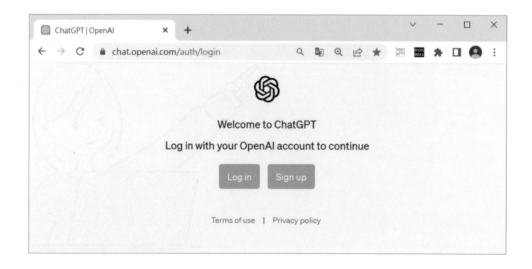

成功登入之後，我們先來問 ChatGPT 對於學習 JavaScript 有何建議，於是輸入「**以下對話的 JS 指的是 JavaScript, 你是 JS 專家 , 我是 JS 初學者 , 請問 JS 是什麼？我該如何開始學習 JS?**」，得到如下回答。

JE　以下對話的JS指的是JavaScript, 你是JS專家, 我是JS初學者, 請問JS是什麼? 我該如何開始學習JS?

JS是指JavaScript，它是一種廣泛使用的程式設計語言，主要應用於網頁開發。JavaScript使網頁具有交互性和動態效果，提高用戶體驗。除此之外，JavaScript也可以用於後端開發（例如Node.js）和桌面應用開發等領域。

對於初學者而言，學習JavaScript的建議步驟如下：

1. 學習基本概念：首先了解什麼是網頁開發，以及HTML、CSS和JavaScript之間的區別和聯繫。

2. 學習JavaScript基礎語法：了解變量、數據類型、運算符、流程控制（條件語句和迴圈）等基本概念。

3. 學習函數和物件：JavaScript是一個基於物件的語言，因此理解函數和物件的概念至關重要。

4. 深入瞭解DOM操作：DOM（文檔對象模型）是JavaScript與網頁互動的橋樑，學會操作DOM對於實現網頁交互性至關重要。

5. 學習事件處理：了解如何為網頁元素綁定事件，以便在用戶與網頁互動時觸發相應的功能。

6. 了解Ajax和異步處理：學習如何使用JavaScript發送異步請求，以實現無需刷新整個網頁的局部更新。

7. 學習常用的JavaScript函式庫和框架：例如jQuery、React、Vue.js和Angular等，這些工具可以幫助您更快更高效地開發應用。

8. 實踐經驗：通過實際開發項目來不斷提高自己的技能，並將所學知識運用到實際中。

ChatGPT 的建議步驟有 8 個，您可以跟本書的目錄做對照，步驟 1. 對照至第 1、2 章；步驟 2. 對照至第 3、4 章；步驟 3. 對照至第 5、6、7 章；步驟 4. 對照至第 8 章；步驟 5. 對照至第 9、10、11 章；步驟 6. 對照至第 12 章；步驟 7. 對照至第 13、14 章，本書所挑選的函式庫為目前普遍使用的 jQuery，以及相當受歡迎的 Vue.js。前面的 7 個步驟您可以依照本書的安排，按部就班的學習，至於最後的步驟 8. 則是要靠您自己多加練習，實戰經驗愈豐富，功力自然愈強大。

2-2 查詢 JavaScript 語法與技術建議

您可以向 ChatGPT 提出任何有關 JavaScript 的問題，就會得到相關的說明與程式碼範例，例如「JavaScript 有哪些資料型別？」、「isNaN() 的語法？」、「if 的語法？」、「如何使用 JavaScript 的陣列？」、「如何使用 JavaScript 撰寫一個俄羅斯方塊遊戲的網頁？」等。

下面是我們在 ChatGPT 輸入「**for 迴圈的語法以及使用範例**」所得到的回答，裡面有詳細的語法說明和一個使用範例，若想查看更多使用範例，可以請 ChatGPT 繼續提供。

JE for迴圈的語法以及使用範例

在JavaScript中，`for`迴圈是一種常用的迴圈結構，用於重複執行一段代碼。`for`迴圈的語法如下：

```javascript
for (initialization; condition; finalExpression) {
    // code to be executed
}
```

* `initialization`：在迴圈開始前執行的表達式，通常用於初始化迴圈變量。
* `condition`：每次迴圈迭代前要求值的表達式。如果該表達式的結果為`true`，則執行迴圈內的代碼。當表達式的結果為`false`時，迴圈結束。
* `finalExpression`：在每次迴圈迭代後執行的表達式，通常用於更新迴圈變量。

以下是一個`for`迴圈的使用範例，用於打印出0到4的數字：

```javascript
for (let i = 0; i < 5; i++) {
    console.log(i);
}
```

在此範例中，迴圈變量`i`在迴圈開始前初始化為0。迴圈將持續執行，直到`i`的值不再小於5。每次迴圈迭代後，`i`的值會遞增1。迴圈內的代碼將對每個`i`的值進行打印。

`for`迴圈非常靈活，可以根據需要進行調整，例如更改初始值、條件表達式或者更新迴圈變量的方式。熟練掌握`for`迴圈對於編寫JavaScript代碼非常有幫助。

此外，我們也可以請 ChatGPT 推薦一些有關 JavaScript 的學習資源，或是向 ChatGPT 請求技術建議，例如「我該如何撰寫一個效能良好的 JavaScript 程式？」、「我可以使用哪些 JavaScript 函式庫或框架來加快開發進程？」等。下面是我們在 ChatGPT 輸入「**請推薦一些有關 JavaScript 的學習資源**」所得到的回答，裡面有線上教材、書籍、影片、社群、討論區等。

 請推薦一些有關JavaScript的學習資源

 當然可以！以下是一些值得推薦的JavaScript學習資源：

1. 網上教程：
   * Mozilla Developer Network (MDN)：MDN是一個很好的學習JavaScript的資源，提供詳盡的文檔和指南。入門教程：https://developer.mozilla.org/en-US/docs/Web/JavaScript/Guide
   * W3Schools：W3Schools提供了豐富的JavaScript教程和範例，適合初學者。教程鏈接：https://www.w3schools.com/js/
2. 書籍：
   * 《JavaScript高級程序設計》（作者：Nicholas C. Zakas）：這本書被認為是JavaScript的經典教材，適合初學者和有經驗的開發者。
3. 視頻課程：
   * FreeCodeCamp：在YouTube上有很多免費的JavaScript教程，其中FreeCodeCamp提供了一個完整的JavaScript課程，涵蓋基礎到進階知識。鏈接：https://www.youtube.com/watch?v=PkZNo7MFNFg
   * Udemy：Udemy平台上有許多優質的JavaScript課程（收費），適合不同程度的學習者。網站鏈接：https://www.udemy.com/topic/javascript/
4. 編程挑戰和練習：
   * LeetCode：LeetCode是一個編程練習平台，提供了許多JavaScript編程挑戰，適合提高編程能力。網站鏈接：https://leetcode.com/
   * Codewars：Codewars是一個編程練習社區，提供了大量的JavaScript編程挑戰，適合練習實際技能。網站鏈接：https://www.codewars.com/
5. 開源項目和社區：
   * GitHub：GitHub上有許多開源的JavaScript項目和函式庫，你可以通過閱讀他人的代碼來學習最佳實踐。網站鏈接：https://github.com/
   * Stack Overflow：Stack Overflow是一個程式設計問答社區，你可以在這裡找到很多關於JavaScript的問題和答案。網站鏈接：https://stackoverflow.com/
6. 參加線上學習社區和討論區：加入JavaScript相關的線上社區和討論區，例如Reddit的r/javascript和r/learnjavascript，可以與其他學習者和開發者互動，分享經驗和解決問題。

2-3 撰寫 JavaScript 程式與除錯

我們可以請 ChatGPT 撰寫 JavaScript 程式、解讀 JavaScript 程式的意義、幫忙加上註解或進行除錯,以下有進一步的說明。

2-3-1 撰寫指定用途的 JavaScript 程式

當您要請 ChatGPT 撰寫 JavaScript 程式時,請詳細描述程式的用途,這樣它所撰寫出來的程式就會更符合要求,例如「請給我實現氣泡排序法的 JavaScript 程式」、「請給我使用 for 迴圈實現九九乘法表的 JavaScript 程式」、「請使用 JavaScript 撰寫一個計數器」、「請撰寫一個網頁,裡面有一個標題 1 格式的字串 "Hello!",當滑鼠指標移到該字串時,字串會變成紅色,當滑鼠指標離開該字串時,字串會恢復成預設的顏色」等。

下面是我們在 ChatGPT 輸入「**請給我計算整數 1 加到 10 的總和的 JavaScript 程式**」所得到的回答,裡面除了有程式碼,還有相關的說明,若要複製程式碼,只要點取程式碼方塊右上角的 **[Copy code]** 即可。

2-3-2 解讀 JavaScript 程式的意義

除了撰寫程式之外，ChatGPT 也可以解讀 JavaScript 程式的意義。以下面的對話為例，我們問 ChatGPT 這段程式碼可以做什麼，然後附上一段程式碼，ChatGPT 馬上辨識出這段程式碼是以 JavaScript 撰寫而成，並逐行講解，說得非常清楚。

為了方便截圖做示範，所以我們附上的程式碼相當簡短，您也可以自己試著提問更複雜的程式碼，看看 ChatGPT 是否能夠正確解讀。

 這段程式碼可以做什麼?

```javascript
let sum = 0;
for (let i = 1; i <= 10; i++) {
  sum += i;
}
console.log(sum);
```

這段程式碼是用JavaScript撰寫的。它的功能是計算從1到10（包括1和10）的所有整數的和，然後將結果打印到控制台。

程式碼解釋如下：

1. 定義一個變量 `sum` 並將其初始值設置為0。這個變量將用於存儲整數和的計算結果。
2. 使用 `for` 迴圈遍歷從1到10的整數範圍。迴圈變量 `i` 的初始值為1，迴圈條件為 `i <= 10`，每次迴圈迭代後，`i` 的值遞增1。
3. 在每次迴圈迭代中，將迴圈變量 `i` 的值累加到變量 `sum` 中。這樣可以在迴圈結束時得到1到10之間所有整數的和。
4. 迴圈結束後，使用 `console.log()` 函數將變量 `sum` 的值打印到控制台。

當這段程式碼執行時，它將計算出1到10之間所有整數的和，即1 + 2 + 3 + ... + 10 = 55。控制台將輸出結果 55。

2-3-3 幫 JavaScript 程式加上註解

適當的註解可以增加程式的可讀性，有助於其它共同開發者或未來的自己瞭解程式。以下面的對話為例，我們請 ChatGPT 幫這段程式碼加上註解，然後附上一段程式碼，ChatGPT 就會詳細的加上註解，只是裡面有些用語跟我們平常習慣的不同，建議您稍微修改一下會更順暢。

同樣的，為了方便截圖做示範，所以我們附上的程式碼相當簡短，您也可以自己試著提問更複雜的程式碼，看看 ChatGPT 是否能夠正確加上註解。

JE　幫這段程式碼加上註解
```
let sum = 0;
for (let i = 1; i <= 10; i++) {
  sum += i;
}
console.log(sum);
```

以下是為該段程式碼添加註解的版本：

```javascript
// 初始化一個變量 sum 用於存儲整數和
let sum = 0;

// 使用 for 迴圈遍歷從 1 到 10（包含）的整數
for (let i = 1; i <= 10; i++) {
  // 將當前的 i 值累加到 sum 變量中
  sum += i;
}

// 迴圈結束後，將變量 sum 的值（1 到 10 之間所有整數的和）打印到控制台
console.log(sum);
```

這些註解解釋了程式碼的主要部分，有助於理解其功能和工作原理。註解是一種好的編程實踐，有助於保持程式碼的可讀性，對於其他開發者或未來的自己來說，這是一個很有幫助的方式。

2-3-4 解決 JavaScript 程式的錯誤 (除錯)

當您遇到 JavaScript 程式執行錯誤時,可以向 ChatGPT 提問,讓它幫助您解決錯誤,也就是除錯,例如「為什麼這個 JavaScript 程式執行錯誤?」、「我該如何解決這個 JavaScript 程式的錯誤?」等。

以下面的對話為例,我們向 ChatGPT 提問這段程式碼有什麼錯誤,然後附上一段程式碼,ChatGPT 會先確認程式碼的意圖,接著根據意圖找出錯誤,解釋這樣的錯誤應該如何修正,然後提供修正完畢的程式碼。

JE　這段程式碼有什麼錯誤?
```
let sum = 0;
for (let i = 1; i <= 10; i++) {
  sum + i;
}
console.log(sum);
```

這段程式碼的錯誤在於在 `for` 迴圈內,應該將 `sum` 與 `i` 相加後的結果重新賦值給 `sum`。但是,目前的代碼中只有 `sum + i` 這個表達式,它並未更新 `sum` 的值。應該使用 `+=` 運算符來修正這個問題。

以下是修正後的程式碼:

```javascript
let sum = 0;
for (let i = 1; i <= 10; i++) {
  sum += i; // 使用 '+=' 運算符將 sum 與 i 相加後的結果重新賦值給 sum
}
console.log(sum);
```

在修正後的程式碼中,`sum += i` 將 `sum` 與 `i` 相加後的結果重新賦值給 `sum`。這樣,程式碼將正確地計算 1 到 10 之間所有整數的和並將結果打印到控制台。

2-9

2-4 與其它程式語言互相轉換

ChatGPT 不僅能夠撰寫 JavaScript 程式，還可以在 JavaScript 和其它程式語言之間做轉換，就像它能夠順暢地在中文、英文、日文、韓文、德文、法文等多種語言之間做翻譯一樣。

2-4-1 將 JavaScript 程式轉換成其它程式語言

我們可以透過 ChatGPT 將 JavaScript 程式轉換成其它程式語言，以下面的對話為例，我們請 ChatGPT 將一段 JavaScript 程式碼翻譯成 Python 語法，它除了會如實地轉換成 Python 程式，還會加上註解與相關的說明，您也可以自己試著轉換更複雜的程式碼。

JE　將這段程式碼翻譯成Python語法

```
let sum = 0;
for (let i = 1; i <= 10; i++) {
  sum += i;
}
console.log(sum);
```

以下是將該段 JavaScript 程式碼翻譯成 Python 語法的版本：

```python
sum = 0
for i in range(1, 11):  # 注意，Python 的 range 函數在此情況下是左閉右開區間，所以用 11

    sum += i

print(sum)
```

這段 Python 程式碼與原始的 JavaScript 程式碼具有相同的功能，即計算從 1 到 10（包括 1 和 10）的所有整數的和，然後將結果輸出到控制台。在 Python 中，`for` 迴圈使用 `range()` 函數生成一個整數序列，並使用 `print()` 函數將結果輸出到控制台。

2-4-2 將其它語言撰寫的程式轉換成 JavaScript

我們可以透過 ChatGPT 將其它語言撰寫的程式轉換成 JavaScript，以下面的
對話為例，我們請 ChatGPT 將一段程式碼改寫成 JavaScript 程式，它會先
判斷這是以 Python 所撰寫，然後改寫成 JavaScript。

2-4-3 將使用 jQuery 的程式轉換成原生的 JavaScript

為了提高效能，有些人會將使用 jQuery 的程式轉換成原生的 JavaScript。以
下面的對話為例，我們請 ChatGPT 將一段使用 jQuery 的程式碼改寫成原生
的 JavaScript，看不懂沒關係，這些語法會在接下來的章節中做介紹。

JE　用原生的JS語法改寫這段程式碼

```html
<!DOCTYPE html>
<html>
 <head>
  <meta charset="utf-8">
 </head>
 <body>
  <button id="btn">Toggle</button>
  <h1>Hello, jQuery!</h1>
  <script src="https://code.jquery.com/jquery-3.6.4.min.js"></script>
  <script>
   $('#btn').on('click', function() {
    $('h1').toggle();
   });
  </script>
 </body>
</html>
```

以下是將該段程式碼中的 jQuery 語法替換為原生 JavaScript 語法的版本：　

```html
<!DOCTYPE html>
<html>
  <head>
    <meta charset="utf-8">
  </head>
  <body>
    <button id="btn">Toggle</button>
    <h1>Hello, jQuery!</h1>
    <script>
      // 獲取按鈕和 h1 元素的引用
      const btn = document.getElementById('btn');
      const h1 = document.querySelector('h1');

      // 為按鈕元素添加點擊事件監聽器
      btn.addEventListener('click', function() {
        // 切換 h1 元素的可見性
        h1.style.display = h1.style.display === 'none' ? '' : 'none';
      });
    </script>
  </body>
</html>
```

在這個修改後的版本中，我們去掉了對 jQuery 函式庫的引用，並使用原生 JavaScript 語法替換了 jQuery 語法。首先，我們使用 `getElementById()` 和 `querySelector()` 函數分別獲取按鈕和 `<h1>` 元素的引用。然後，我們使用 `addEventListener()` 函數為按鈕元素添加個點擊事件監聽器。當按鈕被點擊時，監聽器將執行一個函數，該函數會切換 `<h1>` 元素的可見性。

勤加練習是提升程式功力的不二法門，ChatGPT 也可以幫忙出題練功。以下面的對話為例，我們請 ChatGPT 針對 JavaScript 的 for 語法提供一些題目，裡面有不同程度的 for 語法應用，若需要更多題目，可以輸入「**繼續**」，ChatGPT 就會再生成其它題目。

 請針對JavaScript的for語法提供一些題目讓我練習

以下是一些針對 JavaScript `for` 語法的練習題目：

1. 編寫一個程式，打印出 1 到 10 的所有整數。
2. 編寫一個程式，計算 1 到 100 的所有偶數的和。
3. 編寫一個程式，輸出 1 到 100 的所有質數。
4. 編寫一個程式，讀取一個包含多個整數的數組，並計算所有整數的平均值。
5. 編寫一個程式，讀取一個包含多個整數的數組，並找出最大和最小的整數。
6. 編寫一個程式，讀取一個包含多個整數的數組，並將所有整數逆序排列。
7. 編寫一個程式，讀取一個包含多個字符串的數組，並打印出每個字符串的長度。
8. 編寫一個程式，讀取一個包含多個字符串的數組，並將每個字符串轉換為大寫字母。
9. 編寫一個程式，讀取一個包含多個整數的數組，並打印出所有奇數的個數。
10. 編寫一個程式，讀取一個包含多個整數的數組，並計算這些整數的累積和。

這些題目涵蓋了不同程度的 JavaScript `for` 語法應用。您可以嘗試解決這些問題，並在實現過程中熟悉 `for` 語法。祝您學習愉快！

 繼續

以下是更多針對 JavaScript `for` 語法的練習題目：

11. 編寫一個程式，打印出一個 n x n 的乘法表，其中 n 是一個自然數。
12. 編寫一個程式，讀取一個包含多個整數的數組，並判斷數組是否包含重複的整數。
13. 編寫一個程式，讀取一個包含多個整數的數組，並將所有正數相加，所有負數相加，分別打印出正數和負數的和。
14. 編寫一個程式，讀取一個包含多個字符串的數組，並打印出所有以元音字母開頭的字符串。
15. 編寫一個程式，讀取一個包含多個整數的數組，並將所有偶數移到數組的前部分，所有奇數移到數組的後部分。

既然有了 ChatGPT 這個小幫手，我們當然要善加利用，所以在接下來的章節中，我們也會請 ChatGPT 生成一些隨堂練習，建議您先自己動手做，然後再去比對我們提供的解答或請 ChatGPT 作答。

ChatGPT 能夠生成題目，當然也能夠生成解答。以下面的對話為例，我們請 ChatGPT 解答剛才生成的題目「**編寫一個程式，輸出 1 到 100 的所有質數。**」，從回答可以看到程式碼不僅正確，而且簡潔，適合初學者觀摩學習。

編寫一個程式，輸出 1 到 100 的所有質數。

以下是一個 JavaScript 程式，輸出 1 到 100 的所有質數：

```javascript
function isPrime(num) {
  if (num <= 1) {
    return false;
  }
  for (let i = 2; i <= Math.sqrt(num); i++) {
    if (num % i === 0) {
      return false;
    }
  }
  return true;
}

for (let i = 1; i <= 100; i++) {
  if (isPrime(i)) {
    console.log(i);
  }
}
```

這個程式碼首先定義了一個名為 `isPrime` 的函數，用於檢查輸入的整數是否為質數。如果輸入的數字小於等於 1，則返回 `false`。然後，函數使用一個 `for` 迴圈檢查從 2 到 `num` 的平方根的所有整數。如果找到任何可以整除 `num` 的因數，則返回 `false`。否則，返回 `true` 表示該數字是質數。

接下來，程式碼使用另一個 `for` 迴圈遍歷 1 到 100 的所有整數，並使用 `isPrime` 函數檢查每個整數是否為質數。如果是質數，則將其輸出到控制台。

CHAPTER

03

變數、常數、型別 與運算子

3-1 變數

在程式的執行過程中，往往需要儲存一些資料，此時，我們可以使用**變數** (variable) 來儲存這些資料。

舉例來說，假設要撰寫一個程式根據半徑計算圓面積，已知公式為圓周率 ×（半徑）^{2}，那麼我們可以使用一個變數來儲存半徑，而且變數的值可以變更，這樣就能計算不同半徑的圓面積，例如半徑為 10 的圓面積是 $3.14159 \times 10 \times 10$，結果為 314.159，而半徑為 5 的圓面積是 $3.14159 \times 5 \times 5$，結果為 78.53975。

3-1-1 宣告變數

在開始使用變數之前，我們要使用 **var** 關鍵字宣告變數，例如下面的第一個敘述是宣告一個變數，而第二個敘述是宣告兩個變數，中間以逗號隔開：

❶ 使用 **var** 關鍵字告訴直譯器要宣告變數，直譯器會在記憶體保留一個空間給此變數用來儲存資料。

❷ 變數必須有一個**名稱** (name)，我們才能透過名稱來使用它。由於此處沒有設定變數的**值** (value)，所以直譯器會給它一個預設值 **undefined**（尚未定義值）。

3-1-2 設定變數的值

在宣告變數後，我們可以使用變數來儲存資料，**以程式設計人員慣用的說法就是設定變數的值，或將一個值儲存在變數，或將一個值指派給變數**，例如下面的敘述是使用**指派運算子 (=)** 將變數 radius 的值設定為 10，對於已經宣告的變數，不必重複寫出 var 關鍵字：

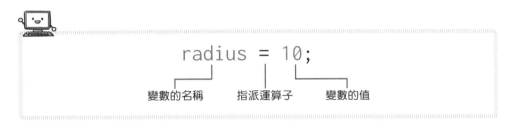

我們可以在一行敘述設定多個變數的值，例如下面的敘述是將變數 age1 和變數 age2 的值分別設定為 8 和 5：

我們也可以在宣告變數的同時設定變數的初始值，例如下面的敘述是宣告一個名稱為 total、初始值為 100 的變數：

提醒您，指派運算子 (=) 的用途是將 = 右邊的值指派給 = 左邊的變數，也就是設定或更新一個變數的值，請勿和數學的等於符號混淆了。

3-1-3 變數的命名規則

變數的名稱是一個識別字,其命名規則如下:

➡ 第一個字元可以是英文字母、底線 (_) 或錢字符號 ($),其它字元可以是英文字母、底線 (_)、錢字符號 ($) 或數字,英文字母要區分大小寫。

➡ 不能使用 JavaScript 關鍵字,以及內建函式、內建物件等的名稱。

➡ 建議採取字中大寫,也就是以小寫字母開頭,之後每換一個單字就以大寫開頭,例如 userPhoneNumber。

➡ 不要過長或過短,最好能夠描述其所儲存的資料性質,例如 studentName 表示學生姓名。

下面是一些例子:

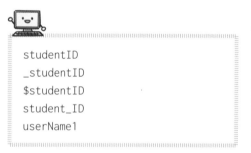

```
studentID
_studentID
$studentID
student_ID
userName1
```

```
class       // 不能使用關鍵字
student@ID  // 不能使用 @ 符號
7eleven     // 不能以數字開頭
myName.     // 不能使用句點
my  Name    // 不能包含空白
```

合法的變數名稱   不合法的變數名稱

ⓃⓄⓉⒺ var 關鍵字可以省略嗎?

只有第一次宣告變數時需要使用 var 關鍵字,日後存取此變數均無須重複寫出 var 關鍵字。雖然第一次宣告變數時的 var 關鍵字可以省略不寫,但我們並不鼓勵這種做法,因為養成使用變數之前先宣告的好習慣,對您是有益的。

3-1-4 使用 let 關鍵字宣告變數

ECMAScript 6 (ES6) 新增了 **let** 關鍵字可以用來宣告變數，語法和 var 關鍵字一樣，例如：

```
// 宣告變數 radius
let radius;
// 宣告變數 age1 和變數 age2
let age1, age2;
// 宣告變數 total，初始值為 100
let total = 100;
```

乍看之下不就是將 var 換成 let，這樣為何還要新增 let 呢？兩者主要的差別如下：

➡ **let 關鍵字不允許宣告相同的變數**，例如下面的第二個敘述會發生語法錯誤 Uncaught SyntaxError: Identifier 'radius' has already been declared (識別字 radius 已經宣告)：

```
let radius = 10;
let radius = 20;  ── 會發生語法錯誤
```

若換成是 var 關鍵字，就不會發生語法錯誤，只是第二個敘述會將變數 radius 的值重新設定為 20：

```
var radius = 10;
var radius = 20;  ── 不會發生語法錯誤
```

➡ **let 關鍵字所宣告的變數只能作用在目前的程式區塊**，而 var 關鍵字所宣告的變數可以作用在整個函式或整個程式，換句話說，兩者的有效範圍 (scope) 不同，第 5-7 節有進一步的說明。

常數 (constant) 和變數一樣可以用來儲存資料，**差別在於常數不能重複宣告，也不能重複設定值**，正因為這些特點，我們可以使用常數儲存一些不會隨著程式的執行而改變的資料。

舉例來說，假設要撰寫一個程式根據半徑計算圓面積，已知公式為圓周率 ×(半徑)^2，那麼我們可以使用一個常數來儲存圓周率 3.14159，這樣就能以常數代替一長串的數字，減少重複輸入的麻煩。

在開始使用常數之前，我們要使用 **const** 關鍵字宣告常數，例如下面的第一個敘述是宣告一個常數 PI，而第二個敘述是宣告兩個常數 ID1 和 ID2，中間以逗號隔開：

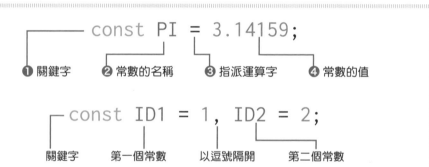

① 使用 **const** 關鍵字告訴直譯器要宣告常數。

② 常數的命名規則和變數相同，為了便於區分，建議採取全部大寫和單字間以底線隔開，例如 PI、TAX_RATE。

③ 指派運算子 (=) 的用途是將 = 右邊的值指派給 = 左邊的常數。

④ 常數的值可以是任何合法的運算式。

下面是一個例子，它會顯示半徑為 10 的圓面積，其中第 01 行將圓周率 PI 宣告為常數，日後若需要變更 PI 的值，例如將 3.14159 變更為 3.14，只要修改第 01 行即可。

此處僅列出 JavaScript 檔案的內容，您可以在本書範例程式中找到同名的 HTML 檔案 \Ch03\const.html。

\Ch03\const.js

```
01  const PI = 3.14159;               // 將圓周率 PI 宣告為常數
02  var radius = 10;                  // 將半徑設定為 10
03  var area = PI * radius * radius;  // 計算圓面積
04  window.alert(area);               // 顯示圓面積
```

 T I P 使用常數的優點

- 使用容易理解的單字來替常數命名可以提高程式的可讀性。

- 若程式中經常會用到常數，就不必重複輸入其值，避免輸入錯誤。

- 日後若需要變更常數的值，只要修改宣告常數的那行敘述即可，不必在程式中逐一修改。

3-3 型別

型別 (type) 指的是資料的種類，JavaScript 將資料分為數種型別，例如 10 是數值、'Hello, world!' 是字串，而 true (真) 或 false (假) 是布林。

相較於 C、C++、C#、Java 等**強型別** (strongly typed) 程式語言，JavaScript 對於型別的使用規定是比較寬鬆的，屬於**弱型別** (weakly typed) 程式語言。

程式設計人員在宣告變數的時候無須指定型別，就算變數一開始先用來儲存數值，之後改用來儲存字串、布林或陣列等不同型別的資料，也不會發生語法錯誤，例如：

```
// 在宣告變數的時候無須指定型別
var radius = 10;
// 將變數的值從數值改成字串也不會發生語法錯誤
radius = 'Hello, world!';
```

JavaScript 的型別分為**基本型別** (primitive type) 與**物件型別** (object type) 兩種類型，**基本型別指的是單純的值** (例如數值、字串、布林等)，不是物件，也沒有提供方法；**而物件型別會參照某個資料結構**，裡面包含資料和用來操作資料的方法。

類型	型別
基本型別	數值 (Number)，例如 1、3.14、-5、-0.32。
	BigInt，例如 1n、-25n，ES11 新增的型別。
	字串 (String)，例如 'Today is Monday.'、" 生日 "。
	布林 (Boolean)，例如 true 或 false。
	符號 (Symbol)，ES6 新增的型別，詳閱第 6-3-3 節。
	undefined (尚未定義值)，例如有宣告變數但沒有設定變數的值。
	null (空值)，表示沒有值或沒有物件。
物件型別	例如函式 (function)、陣列 (array)、物件 (object) 等。

3-3-1 數值型別 (Number)

JavaScript 的數值採取 IEEE 754 Double 格式，這是一種 64 位元雙倍精確浮點數表示法，正浮點數範圍是 2^{-1074} (**Number.MIN_VALUE**，約 $4.94065645841246544 \times 10^{-324}$) ~ 2^{1024} (**Number.MAX_VALUE**，約 $1.79769313486231570 \times 10^{308}$)，負浮點數範圍是 -2^{1024} ~ -2^{-1074}，可安全表示的最小整數為 $-(2^{53} - 1)$，即 -9007199254740991 (**Number.MIN_SAFE_INTEGER**)，可安全表示的最大整數為 $2^{53} - 1$，即 9007199254740991 (**Number.MAX_SAFE_INTEGER**)，超過此範圍的整數會被儲存為雙倍精確浮點數的近似值。

諸如 1、100、3.14159、-2.48 等數值都是屬於**數值型別** (Number)，也可以使用科學記法，例如 1.2345e7、1.2345E7 表示 1.2345×10^7，3.84e-3、3.84E-3 表示 3.84×10^{-3}。請注意，不能使用千分位符號，例如 1,000,000 是不合法的，不過，ES12 新增了數字分隔符號，例如 1_000_000_000 就相當於 1000000000。

此外，JavaScript 提供了下列幾個特殊的數值：

- **NaN**：Not a Number (非數值)，表示不當數值運算，例如將 0 除以 0、將數值乘以字串。

- **Infinity**：正無限大，例如將任意正數除以 0。

- **-Infinity**：負無限大，例如將任意負數除以 0。

超出 $\pm(2^{-1074} \sim 2^{1024})$ 範圍的數值會自動轉換成如下：

- 大於 Number.MAX_VALUE (2^{1024}) 的正值會被轉換成 Infinity。

- 小於 Number.MIN_VALUE (2^{-1074}) 的正值會被轉換成 0。

- 小於 -Number.MAX_VALUE (-2^{1024}) 的負值會被轉換成 -Infinity。

- 大於 -Number.MIN_VALUE (-2^{-1074}) 的負值會被轉換成 0。

下面是一個例子，它會呼叫 **console.log()** 方法將 0 / 0、1 / 0、-1 / 0 的結果顯示在瀏覽器開發人員工具的主控台，Chrome 或 Edge 的使用者只要按 **[F12]** 鍵，就能看到類似下圖的主控台。

此處僅列出 JavaScript 檔案的內容，您可以在本書範例程式中找到同名的 HTML 檔案 \Ch03\num.html。

\Ch03\num.js

```
console.log(0 / 0);          // 顯示 NaN
console.log(1 / 0);          // 顯示 Infinity
console.log(-1 / 0);         // 顯示 -Infinity
```

```
  NaN                                      num.js:1
  Infinity                                 num.js:2
  -Infinity                                num.js:3
> |
```

TIP 如何表示二、八、十六進位數值？

除了十進位數值之外，JavaScript 亦接受二、八、十六進位數值，如下：

- **二進位數值**：在數值的前面冠上前置詞 **0b** 或 **0B** 做為區分，例如 0b1100 或 0B1100 就相當於 12。

- **八進位數值**：在數值的前面冠上前置詞 **0o** 或 **0O** 做為區分，例如 0o11 或 0O11 就相當於 9。

- **十六進位數值**：在數值的前面冠上前置詞 **0x** 或 **0X** 做為區分，例如 0x1A 或 0X1A 就相當於 26。

3-3-2 BigInt 型別

BigInt 是 ES11 新增的型別，用來表示任意大小的整數，當您要儲存或操作大於 Number.MAX_SAFE_INTEGER 或 小 於 Number.MIN_SAFE_INTEGER 的整數時，就可以使用 BigInt 型別來避免發生錯誤。

我們可以透過下列兩種方式使用 BigInt 整數：

- 方式一：在整數的後面加上小寫字母 **n**，例如 100n、-25n。若要表示 BigInt 型別的二、八、十六進位整數，同樣也是在整數的後面加上小寫字母 n，例如 0b1100n、0o11n、0x1An 就相當於 12n、9n、26n。

- 方式二：使用 **BigInt()** 函式將數字或字串轉換成 BigInt 整數，例如 BigInt(Number.MAX_SAFE_INTEGER) 會傳回9007199254740991n。

下面是一個例子，其中 Number.MAX_SAFE_INTEGER + 1 和 Number.MAX_SAFE_INTEGER + 2 的結果都是 9007199254740992，而這顯然是因為超過可安全表示的最大整數所造成的錯誤，若要正確操作，可以改用 BigInt 整數。

\Ch03\big.js

```
console.log(Number.MAX_SAFE_INTEGER + 1);        // 顯示 9007199254740992
console.log(Number.MAX_SAFE_INTEGER + 2);        // 顯示 9007199254740992
console.log(BigInt(Number.MAX_SAFE_INTEGER) + 1n); // 顯示 9007199254740992n
console.log(BigInt(Number.MAX_SAFE_INTEGER) + 2n); // 顯示 9007199254740993n
```

```
9007199254740992                    big.js:1
9007199254740992                    big.js:2
9007199254740992n                   big.js:3
9007199254740993n                   big.js:4
>
```

3-3-3 字串型別 (String)

「字串」是由一連串字元所組成，包含文字、數字、符號等。JavaScript 提供了**字串型別** (String)，並規定字串的前後必須加上單引號 (') 或雙引號 (") 做為標示，但兩者不可混用，例如：

正確的字串表示方式	錯誤的字串表示方式

跳脫字元

對於一些無法直接輸入的字元，例如換行、[Tab] 鍵，或諸如 '、"、\ 等特殊符號，我們可以使用**跳脫字元** (escaping character) 來表示。

跳脫字元	意義	跳脫字元	意義
\'	單引號 (')	\b	倒退鍵 (Backspace)
\"	雙引號 (")	\f	換頁 (Formfeed)
\\	反斜線 (\)	\r	歸位 (Carriage Return)
\n	換行 (Linefeed)	\t	[Tab] 鍵 (Horizontal Tab)
\xXX	Latin-1 字元 (XX 為十六進位表示法)，例如 \x41 表示 A		
\uXXXX	Unicode 字元 (XXXX 為十六進位表示法)，例如 \u0041 表示 A		
\u{XXXXX}	ES6 新增了超過 \uffff 的 Unicode 字元 (XXXXX 為十六進位表示法)，例如 \u{1d306} 表示 ▤ 字元		

原則上，若字串包含雙引號，那麼可以使用單引號來標示字串；相反的，若字串包含單引號，那麼可以使用雙引號來標示字串；或者，乾脆使用跳脫字元來表示字串包含的雙引號和單引號，這樣就不用擔心會發生錯誤。

下面是一個例子，它會使用跳脫字元設定字串的值，然後在對話方塊中顯示此字串，其中 \' 表示單引號，\t 表示 [Tab] 鍵，而 \n 表示換行。

\Ch03\str1.html

```html
<!DOCTYPE html>
<html>
  <head>
    <meta charset="utf-8">
  </head>
  <body>
    <script src="str1.js"></script>
  </body>
</html>
```

\Ch03\str1.js

```javascript
var str = '\' 國文 \'\t90\n\' 英文 \'\t80\n\' 數學 \'\t70';
window.alert(str);
```

使用跳脫字元設定字串的值

樣板字串

ECMAScript 6 (ES6) 新增了**樣板字串** (template string) 語法，可以將變數的值嵌入字串，以及使用多行字串，也就是在輸入字串時能夠直接按 [Enter] 鍵換行，不必加上跳脫字元 \n。

樣板字串的使用方式如下：

→ 將標示字串的單引號或雙引號換成**反引號 (`)**。

→ 使用 **${XXX}** 格式將變數 *XXX* 的值嵌入字串。

下面是一個例子，它先將變數 name 的值設定為 '小丸子' (第 01 行)，接著將變數 name 的值嵌入變數 str 所儲存的多行字串 (第 02、03、04 行)，然後在對話方塊中顯示此字串 (第 05 行)。

\Ch03\str2.js

```
01    var name = ' 小丸子 ';
02    var str = `${name} 您好！          使用 ${name} 格式將變數 name 的值嵌入字串
03    歡迎光臨！
04    請多多指教！ `;
05    window.alert(str);
```

3-3-4 布林型別 (Boolean)

布林型別 (Boolean) 只有 **true（真）**和 **false（假）**兩種邏輯值,當要表示的資料只有對或錯、是或否、有或沒有等兩種選擇時,就可以使用布林型別。

布林型別經常用來表示運算式成立與否或情況滿足與否,例如 1 < 2 會得到 true,表示 1 小於 2 是真的,而 1 > 2 會得到 false,表示 1 大於 2 是假的。

當布林和數值進行運算時,true 會被視為 1,而 false 會被視為 0,例如 10 + true 會得到 11,而 10 + false 會得到 10。

3-3-5 undefined

undefined 表示尚未定義值,例如:

➡ 有宣告變數但沒有設定變數的值,則預設值為 undefined。

➡ 存取到尚未定義的屬性會傳回 undefined。

➡ 沒有宣告傳回值的函式會傳回 undefined。

3-3-6 null

null 表示空值、沒有值或沒有物件,舉例來說,假設我們宣告一個函式用來傳回國文分數,但執行過程中卻沒有成功取得國文分數,此時,函式會傳回 null,表示沒有對應的值存在。

3-3-7 函式 (function)

函式 (function) 是將一段具有某種功能或重複使用的敘述寫成獨立的程式區塊,然後給予名稱,供後續呼叫使用,以簡化程式並提高可讀性。JavaScript 將函式當作一種可操作的型別,第 5 章有進一步的說明。

3-3-8 陣列 (array)

陣列 (array) 可以用來儲存多個資料，這些資料叫做**元素** (element)，每個元素有各自的**索引** (index) 與**值** (value)。

索引可以用來識別元素，例如第 1 個元素的索引為 0，第 2 個元素的索引為 1，...，第 n 個元素的索引為 n - 1。當陣列最多儲存 n 個元素時，表示它的**長度** (length) 為 n。

例如下面的敘述是建立一個陣列並指派給變數 A：

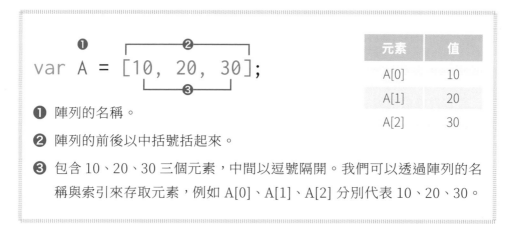

❶ 陣列的名稱。

❷ 陣列的前後以中括號括起來。

❸ 包含 10、20、30 三個元素，中間以逗號隔開。我們可以透過陣列的名稱與索引來存取元素，例如 A[0]、A[1]、A[2] 分別代表 10、20、30。

陣列裡面也可以儲存其它陣列，形成**巢狀陣列** (nested array)，例如下面的敘述是建立一個巢狀陣列並指派給變數 B：

```
var B = [10, [21, 22], 30];
```

❶ 巢狀陣列的名稱。

❷ 第二個元素是另一個陣列，我們可以透過陣列的名稱與兩個索引來存取元素，例如 B[1][0]、B[1][1] 分別代表 21、22。

元素	值
B[0]	10
B[1]	[21, 22]
B[1][0]	21
B[1][1]	22
B[2]	30

3-3-9 物件 (object)

JavaScript 的**物件** (object) 是一種**關聯陣列** (associative array)，它和一般陣列的差別如下：

→ 陣列所儲存的資料稱為**元素** (element)，而物件所儲存的資料稱為**屬性** (property)，屬性除了可以是數值、字串、布林等資料，也可以是函式，這種儲存了函式的屬性又稱為**方法** (method)。

→ 陣列是使用**索引** (index) 來識別元素，而物件是使用**鍵** (key) 來識別屬性，索引是數字，而鍵是字串。事實上，物件的屬性就是一個**鍵 / 值對** (key/value pair)，分別代表屬性的名稱與值。

例如下面的敘述是建立一個物件並指派給變數 user：

我們可以使用**成員運算子 (.)** 或**中括號表示法**存取物件的屬性，例如下面兩個寫法均會傳回 age 屬性的值，也就是 20。有關如何操作物件的屬性與方法，第 6 章有進一步的說明。

基本型別和物件型別主要的差別在於變數是使用哪種方式來儲存值，基本型別的變數所儲存的是值本身，而物件型別的變數所儲存的是值在記憶體中的位址。

兩者在實際操作上會有些許不同，例如基本型別的指派運算是採取**傳值指派**，而物件型別的指派運算是採取**傳址指派**。

下面是一個例子，它示範了何謂傳值指派：

➡ 01：宣告變數 a，並將指定的值 (1) 儲存在變數 a。

➡ 02：宣告變數 b，並將變數 a 所儲存的值 (1) 複製一份給變數 b。

➡ 03：將變數 a 所儲存的值變更為 2。

➡ 04：由於變數 b 的值是複本，即使變數 a 的值改變了，也不會影響到變數 b，因而顯示變數 b 的值為 1。

\Ch03\assign.js

```
01   var a = 1;
02   var b = a;
03   a = 2;
04   window.alert(b);
```

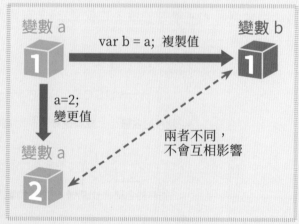

下面是另一個例子，它示範了何謂傳址指派：

⊙ 01：宣告變數 a，並將陣列 [1, 1, 1] 的位址儲存在變數 a，表示變數 a 指向陣列 [1, 1, 1]，在下面的示意圖中，我們假設此陣列的位址為 300。

⊙ 02：宣告變數 b，並將變數 a 所儲存的位址 (300) 複製給變數 b，表示變數 b 和變數 a 指向相同的陣列 [1, 1, 1]。

⊙ 03：透過變數 a 將陣列的第一個元素變更為 2，此時，陣列的內容變成 [2, 1, 1]。

⊙ 04：由於變數 b 和變數 a 指向相同的陣列，當陣列的內容改變了，也會連帶影響到變數 b，因而顯示變數 b 的值為 [2, 1, 1]。

\Ch03\assign2.js

```
01   var a = [1, 1, 1];
02   var b = a;
03   a[0] = 2;
04   window.alert(b);
```

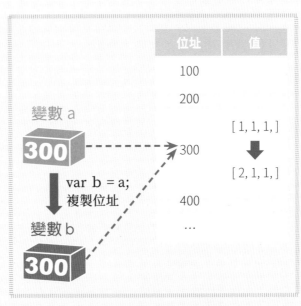

ECMAScript 6 (ES6) 新增了**解構指派** (destructuring assignment) 語法，可以從陣列或物件中取出資料，然後指派給獨立的變數。

陣列解構指派

常見的陣列解構指派如下：

→ **基本指派**：例如下面的第二個敘述會從陣列 arr 中取出元素指派給變數 x、y、z，此時，變數 x、y、z 的值分別為 10、20、30：

```
var arr = [10, 20, 30];
var [x, y, z] = arr;
```

→ **宣告指派**：例如下面的敘述會在宣告的時候從陣列中取出元素指派給變數 x、y、z，此時，變數 x、y、z 的值分別為 10、20、30：

```
var [x, y, z] = [10, 20, 30];
```

→ **預設值指派**：例如下面的敘述會先將變數 x、y 的預設值設定為 5 和 7，然後從陣列中取出元素指派給變數 x，而變數 y 因為沒有對應的元素，所以會保持預設值，此時，變數 x、y 的值分別為 1、7：

```
var [x = 5, y = 7] = [1];
```

→ **其餘元素指派**：例如下面的第二個敘述會從陣列中取出 10 和 20 指派給變數 x、y，其餘元素則指派給變數 rest，此時，變數 x、y、rest 的值分別為 10、20、[30, 40, 50]：

```
var x, y, rest;
var [x, y, ...rest] = [10, 20, 30, 40, 50];
```

物件解構指派

常見的物件解構指派如下：

➔ **基本指派**：例如下面的第二個敘述會從物件 obj 中取出屬性 x、y 的值指
   派給變數 x、y，此時，變數 x、y 的值分別為 1、2：

```
var obj = {x: 1, y: 2};
var {x, y} = obj;
```

➔ **無宣告指派**：例如下面的第二個敘述會從物件中取出屬性 x、y 的值指派
   給變數 x、y，此時，變數 x、y 的值分別為 1、2：

```
var x, y;
({x, y} = {x: 1, y: 2});
```
這個敘述的前後要加上小括號，而且結尾有分號

➔ **指派給新變數**：例如下面的第二個敘述會從物件 obj 中取出屬性 x、y 的
   值指派給新變數 a、b，此時，變數 a、b 的值分別為 1、2：

```
var obj = {x: 1, y: 2};
var {x: a, y: b} = obj;
```

➔ **預設值指派**：例如下面的敘述會先將變數 x、y 的預設值設定為 5 和 7，
   然後從物件中取出屬性 x 的指派給變數 x，而變數 y 因為沒有對應的屬
   性，所以會保持預設值，此時，變數 x、y 的值分別為 1、7：

```
var {x = 5, y = 7} = {x: 1};
```

➔ **其餘屬性指派**：例如下面的敘述會從物件中取出屬性 x、y 的值指派給變
   數 x、y，其餘屬性則指派給變數 rest，此時，變數 x、y、rest 的值分別
   為 1、2、{z: 3, w: 4}：

```
var {x, y, ...rest} = {x: 1, y: 2, z: 3, w: 4};
```

運算子

運算子 (operator) 是一種用來進行運算的符號,而**運算元** (operand) 是運算子進行運算的對象,我們將運算子與運算元所組成的敘述稱為**運算式** (expression),例如:

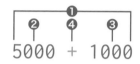

❶ 運算式　　❷ 運算元 1　　❸ 運算元 2　　❹ 運算子

❶ 運算式會產生一個值,稱為「傳回值」或「結果」,此例的傳回值為 6000。

❷ 此例的運算元 1 為 5000,放在運算子的左邊。

❸ 此例的運算元 2 為 1000,放在運算子的右邊。

❹ 此例的運算子為加法運算子,放在兩個運算元的中間,可以傳回運算元 1 加上運算元 2 的結果。

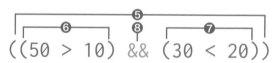

❺ 運算式 3　　❻ 運算元 1 (運算式 1)　　❼ 運算元 2 (運算式 2)　　❽ 運算子

❺ 運算式 3 的前後以小括號括起來,此例的傳回值為 false。

❻ 運算式 3 的運算元 1 是運算式 1,裡面有一個大於運算子,以及 50 和 10 兩個運算元,運算式 1 的傳回值為 true,表示 50 大於 10 是真的。

❼ 運算式 3 的運算元 2 是運算式 2,裡面有一個小於運算子,以及 30 和 20 兩個運算元,運算式 2 的傳回值為 false,表示 30 小於 20 是假的。

❽ 此例的運算子是邏輯 AND 運算子,放在兩個運算元的中間,可以傳回運算元 1 和運算元 2 進行邏輯 AND 運算的結果。

我們可以依照功能將 JavaScript 的運算子分為下列幾種類型：

類型	運算子
算術運算子	+ 、- 、* 、/ 、% 、**
字串運算子	+
遞增 / 遞減運算子	++ 、--
比較運算子	== 、!= 、< 、<= 、> 、>= 、=== 、!==
邏輯運算子	&&（邏輯 AND)、||（邏輯 OR)、!（邏輯 NOT)、??（空值合併）
位元運算子	&（位元 AND)、|（位元 OR)、^（位元 XOR)、~（位元 NOT)、<<（左移）、>>（有號右移）、>>>（無號右移）
指派運算子	= 、+= 、-= 、*= 、/= 、%= 、**= 、&= 、|= 、^= 、<<= 、>>= 、>>>= 、&&= 、||= 、??=
條件運算子	? :
其它運算子	typeof 、delete 、instanceof 、new 、void

或者，我們也可以依照運算元的個數將 JavaScript 的運算子分為下列三種類型：

- **單元運算子**：只有一個運算元，採取前置記法 (prefix notation) 或後置記法 (postfix notation)，前者是將運算子放在運算元的前面，例如 -100，而後者是將運算子放在運算元的後面，例如 x++、y--。

- **二元運算子**：有兩個運算元，採取中置記法 (infix notation)，也就是將運算子放在兩個運算元的中間，例如 x + y、x - y。

- **三元運算子**：有三個運算元，採取中置記法，也就是將運算子放在三個運算元的中間，例如 c? x : y。

3-4-1 算術運算子

算術運算子用來將兩個運算元進行算術運算，JavaScript 提供如下的算術運算子。

運算子	語法	說明	範例	傳回值
+（加法）	x + y	x 加上 y	5 + 3	8
-（減法）	x - y	x 減去 y	5 - 3	2
*（乘法）	x * y	x 乘以 y	5 * 3	15
/（除法）	x / y	x 除以 y	5 / 3	1.6666666666666667
			0 / 0	NaN
%（餘數）	x % y	x 除以 y 的餘數	5 % 3	2
			5.21 % 3	2.21
**（指數）	x ** y	x 的 y 次方	5 ** 2	25

➡ + 運算子也可以用來表示正數值，例如 +5 表示正整數 5。

➡ - 運算子也可以用來表示負數值，例如 -5 表示負整數 5。

➡ **+ 運算子也可以用來連接字串**，例如 'ab' + 'cd' 會得到 'abcd'，而 3 + 'ab' 會得到 '3ab'，3 + '10' 會得到 '310'，因為數值 3 會先被轉換成字串 '3'，然後將兩個字串連接成一個字串。

➡ 當 -（減法）、*（乘法）、/（除法）、%（餘數）、指數 (**) 等運算子的任一運算元為字串時，直譯器會試著將字串轉換成數值，例如 '50' - '10' 會得到 40，因為字串 '50' 和字串 '10' 會先被轉換成數值 50 和數值 10，然後進行減法運算；又例如 '50' - 'ab' 會得到 NaN，因為字串 '50' 和字串 'ab' 會先被轉換成數值 50 和數值 NaN，然後進行減法運算。

➡ 當數值和布林進行算術運算時，true 會被視為 1，而 false 會被視為 0，例如 10 + true 會得到 11，而 10 + false 會得到 10。

3-4-2 字串運算子

字串運算子用來將兩個或多個字串連接成一個字串，JavaScript 提供的字串運算子為 **+（加號）**。

下面是一個例子，它會使用字串運算子連接三個字串，並將傳回的字串指派給變數 str4（第 04 行），然後顯示出來。

\Ch03\op1.js

```
01   var str1 = 'JavaScript';
02   var str2 = ' 程式設計 ';
03   var str3 = ' 寶典 ';
04   var str4 = str1 + str2 + str3;
05   window.alert(str4);
```

NOTE

+（加號）可以用來進行加法，也可以用來連接字串，這樣不會混淆嗎？別擔心，當兩個運算元都是數值，或一個數值和一個布林時，+（加號）會進行加法，而當任一運算元為字串時，+（加號）會連接字串，例如 5 + 'cats' 會得到 '5cats'，5 + '99' 會得到 '599'，true + '99' 會得到 'true99'，因為數值 5 和布林 true 會先被轉換成字串 '5' 和字串 'true'，然後進行字串連接。

3-4-3　遞增 / 遞減運算子

遞增運算子 (++) 用來將運算元的值加 1，其語法如下：

- **前置遞增** (pre increment)：**++x**　　（相當於 x = x + 1）

- **後置遞增** (post increment)：**x++**　　（相當於 x = x + 1）

乍看之下，兩者好像都一樣，不過，當我們使用遞增運算子設定變數的值時，就會有不同的結果。以下面的敘述為例，第 02 行是將遞增運算子放在運算元的前面，於是得到 x 的值為 6、y 的值為 6。

\Ch03\op2.js

```
01   var x = 5;
02   var y = ++x;
03   window.alert('x 的值為 ' + x + '、y 的值為 ' + y);
```

先將 x 的值遞增 1，得到 x 的值為 6，然後後指派給 y，使得 y 的值為 6

> 這個網頁顯示
> x的值為6、y的值為6
>
> 確定

相反的，若第 02 行改將遞增運算子放在運算元的後面，則會得到 x 的值為 6、y 的值為 5。

\Ch03\op3.js

```
01   var x = 5;
02   var y = x++;
03   window.alert('x 的值為 ' + x + '、y 的值為 ' + y);
```

先將 x 的值指派給 y，使得 y 的值為 5，然後將 x 的值遞增 1，得到 x 的值為 6

> 這個網頁顯示
> x的值為6、y的值為5
>
> 確定

遞減運算子 (++) 用來將運算元的值減 1，其語法如下：

🔵 **前置遞減** (pre decrement)：**--x**　　（相當於 x = x - 1）

🔵 **後置遞減** (post decrement)：**x--**　　（相當於 x = x - 1）

乍看之下，兩者好像都一樣，不過，當我們使用遞減運算子設定變數的值時，就會有不同的結果。以下面的敘述為例，第 02 行是將遞減運算子放在運算元的前面，於是得到 x 的值為 4、y 的值為 4。

\Ch03\op4.js

```
01  var x = 5;
02  var y = --x;
03  window.alert('x 的值為 ' + x + '、y的值為 ' + y);
```

> 先將 x 的值遞減 1，得到 x 的值為 4，然後指派給 y，使得 y 的值為 4

> 這個網頁顯示
> x的值為4、y的值為4
> 　　　　　　　　確定

相反的，若第 02 行改將遞減增運算子放在運算元的後面，則會得到 x 的值為 4、y 的值為 5。

\Ch03\op5.js

```
01  var x = 5;
02  var y = x--;
03  window.alert('x 的值為 ' + x + '、y的值為 ' + y);
```

> 先將 x 的值指派給 y，使得 y 的值為 5，然後將 x 的值遞減 1，得到 x 的值為 4

> 這個網頁顯示
> x的值為4、y的值為5
> 　　　　　　　　確定

3-4-4 比較運算子

比較運算子用來比較兩個運算元的大小或相等與否,若結果為真,就傳回 true,否則傳回 false。JavaScript 提供如下的比較運算子,運算元可以是數值、字串、布林或物件。

運算子	語法	說明
== (等於)	x == y	若x的值等於y,就傳回true,否則傳回false,例如 (18 + 3) == 21 會傳回 true,而 5 == '5' 也會傳回 true,因為 '5' 會先被轉換成數值 5。
!= (不等於)	x != y	若 x 的值不等於 y,就傳回 true,否則傳回 false,例如 (18 + 3) != 21 會傳回 false。
< (小於)	x < y	若 x 的值小於 y,就傳回 true,否則傳回 false,例如 (18 + 3) < 21 會傳回 false。
<= (小於等於)	x <= y	若 x 的值小於等於 y,就傳回 true,否則傳回 false,例如 (18 + 3) <= 21 會傳回 true。
> (大於)	x > y	若 x 的值大於 y,就傳回 true,否則傳回 false,例如 (18 + 3) > 21 會傳回 false。
>= (大於等於)	x >= y	若 x 的值大於等於 y,就傳回 true,否則傳回 false,例如 (18 + 3) >= 21 會傳回 true。
=== (嚴格等於)	x === y	若 x 的值和型別等於 y,就傳回 true,否則傳回 false,例如 5 === '5' 會傳回 false,因為型別不同。
!== (嚴格不等於)	x !== y	若 x 的值或型別不等於 y,就傳回 true,否則傳回 false,例如 5 !== '5' 會傳回 true,因為型別不同。

當兩個字串在比較是否相等時,大小寫會被視為不同,例如 'ABC' == 'aBC' 和 'ABC' === 'aBC' 均會傳回 false;當兩個字串在比較大小時,大小順序取決於其 Unicode 值,例如 'ABC' > 'aBC' 會傳回 false,因為 'A' 的 Unicode 值為 41,而 'a' 的 Unicode 值為 61。

ⓃⓄⓉⒺ 型別轉換 (type coercion)

我們在前面講過 JavaScript 是一種弱型別程式語言，它對於型別的使用規定是比較寬鬆的。當我們混用不同型別時，直譯器會試著轉換型別，讓敘述繼續執行，不會馬上回報錯誤。

例如下面的敘述會將變數 x 的值設定為 99，因為直譯器會先將字串 '1' 轉換成數值 1，然後進行減法運算：

```
var x = 100 - '1';            // x 的值為 99
```

而下面的敘述會將變數 x 的值設定為 NaN，因為直譯器會先將字串 'abc' 轉換成數值 NaN，然後進行減法運算：

```
var x = 100 - 'abc';            // x 的值為 NaN
```

不過，這種彈性有時會造成超乎預期的錯誤。舉例來說，假設原本要將變數 x 的值設定為 101，卻不慎將敘述誤寫成如下，導致變數 x 的值是字串 '1001'，因為直譯器一看到第二個運算元是字串 '1'，就會將第一個運算元轉換成字串 '100'，然後進行字串連接，中間不會回報任何錯誤：

```
var x = 100 + '1';            // x 的值為 '1001'
```

此外，由於 JavaScript 會自動轉換型別，因此，若要比較兩個運算元是否相等或不相等，一般建議是使用 ===（嚴格等於）和 !==（嚴格不等於）運算子，而不要使用 ==（等於）和 !=（不等於）運算子，這樣才能比較值與型別，畢竟 JavaScript 只是型別比較寬鬆，並不是沒有型別。

例如 1 == true 和 1 == '1' 均會傳回 true，因為直譯器會將 true 和 '1' 轉換成數值 1；相反的，1 === true 和 1 === '1' 均會傳回 false，因為直譯器不只會比較值是否相等，也會比較型別是否相同。

3-4-5 邏輯運算子

邏輯運算子用來針對比較運算式或布林進行邏輯運算，JavaScript 提供如下的邏輯運算子。

運算子	語法	說明
&& (邏輯 AND)	x && y	將 x 和 y 進行邏輯交集，若兩者的值均為 true (即兩個條件均成立)，就傳回 true，否則傳回 false。
|| (邏輯 OR)	x || y	將 x 和 y 進行邏輯聯集，若兩者的值至少有一個為 true (即至少一個條件成立)，就傳回 true，否則傳回 false。
! (邏輯 NOT)	!x	將 x 進行邏輯否定 (將值轉換成相反值)，若 x 的值為 true，就傳回 false，否則傳回 true。
?? (空值合併)	x ?? y	若 x 的值為 null 或 undefined，就傳回 y，否則傳回 x，例如 null ?? 5 會傳回 5，而 100 ?? 5 會傳回 100。

我們可以根據兩個運算元的值，將邏輯運算子的運算結果歸納如下。

x	y	x && y	x || y	!x
true	true	true	true	false
true	false	false	true	false
false	true	false	true	true
false	false	false	false	true

下面是一些例子：

```
(5 > 4) && (3 > 2)    // 5 > 4為 true，3 > 2為 true，true && true 會得到 true
(5 > 4) && (3 < 2)    // 5 > 4為 true，3 < 2為 false，true && false 會得到 false
(5 > 4) || (3 < 2)    // 5 > 4為 true，3 < 2為 false，true || false 會得到 true
(5 < 4) || (3 < 2)    // 5 < 4為 false，3 < 2為 false，false || false 會得到 false
!(5 > 4)              // 5 > 4為 true，!true 會得到 false
!(5 < 4)              // 5 < 4為 false，!false 會得到 true
```

邏輯運算子的兩個運算元並不一定要是比較運算式或布林，事實上，在進行邏輯運算時，JavaScript 會將下列幾個值視為 false，這些值以外的其它值則視為 true：

- 空字串 (" 或 "")
- 數值 0、NaN
- undefined
- null

下面是一些例子：

```
!0               // 0 被視為 false，!false 會得到 true
!null            // null 被視為 false，!false 會得到 true
!'abc'           // 'abc' 被視為 true，!true 會得到 false
!NaN             // NaN 被視為 false，!NaN 會得到 true
null && (5 > 4)  // null 被視為 false，5 > 4 為 true，false && true 會得到 false
'abc' && (5 > 4) // 'abc' 被視為 true，5 > 4 為 true，true && true 會得到 true
```

此外，**??** 是 ES11 新增的空值合併運算子，可以用來提供變數的預設值，例如 x ?? 'default for x' 的意義是當 x 為 null 或 undefined 時，就將 x 的值設定為 'default for x'。

ⓉⓘⓅ shortcut 運算 (捷徑運算)

在條件足夠的情況下，當我們使用 && 或 || 運算子時，直譯器只會判斷左邊的運算式，而不會判斷右邊的運算式，稱為 **shortcut 運算** (捷徑運算)。

以 (5 < 4) && (3 > 2) 為例，直譯器一判斷出左邊的 5 < 4 為 false，就會直接傳回 false，因為無論右邊的 3 > 2 到底是 true 或 false，&& 運算的結果都是 false。

同理，以 (5 > 4) || (3 > 2) 為例，直譯器一判斷出左邊的 5 > 4 為 true，就會直接傳回 true，因為無論右邊的 3 > 2 到底是 true 或 false，|| 運算的結果都是 true。

3-4-6 位元運算子

位元運算子用來進行位元運算，JavaScript 提供如下的位元運算子。由於這需要二進位運算的基礎，建議初學者簡略看過就好。

運算子	語法	說明
& (AND)	x & y	將 x 和 y 的每個位元進行 AND 運算（位元結合），若兩者對應的位元均為 1，AND 運算就是 1，否則是 0，例如 10 & 6 會得到 2，因為 1010 & 0110 會得到 0010，即 2。
| (OR)	x | y	將 x 和 y 的每個位元進行 OR 運算（位元分離），若兩者對應的位元至少有一個為 1，OR 運算就是 1，否則是 0，例如 10 | 6 得到 14，因為 1010 | 0110 會得到 1110，即 14。
^ (XOR)	x ^ y	將 x 和 y 的每個位元進行 XOR 運算（位元互斥），若兩者對應的位元一個為 1 一個為 0，XOR 運算就是 1，否則是 0，例如 10 ^ 6 會得到 12，因為 1010 ^ 0110 會得到 1100，即 12。
~ (NOT)	~x	將 x 的每個位元進行 NOT 運算（位元否定），當位元為 1 時，NOT 運算就是 0，當位元為 0 時，NOT 運算就是 1，例如 ~10 會得到 -11，因為 10 的二進位值是 1010，~10 的二進位值是 0101，而 0101 在 2's 補數表示法中就是 -11。
<< （左移）	x << y	將 x 的每個位元向左移動 y 個位元，右側會補上 0，例如 9 << 2 會得到 36，因為 1001 向左移動 2 個位元會得到 100100，即 36。
>> （有號右移）	x >> y	將 x 的每個位元向右移動 y 個位元，最高位的位元會被複製並補到左側，例如 9 >> 2 會得到 2，因為 1001 向右移動 2 個位元會得到 0010，即 2，而 -9 >> 2 會得到 -3，因為最高位用來表示正負號的位元被保留。
>>> （無號右移）	x >>> y	將 x 的每個位元向右移動 y 個位元，左側會補上 0，例如 19 >>> 2 得到 4，因為 10011 向右移動 2 個位元會得到 0100，即 4。對於非負數值來說，無號右移和有號右移的結果相同。

3-4-7 指派運算子

指派運算子用來指派值給變數，JavaScript 提供如下的指派運算子。

運算子	語法	說明
=	x = y	將 y 指派給 x，也就是將 x 的值設定為 y 的值。
+=	x += y	相當於 x = x + y，+ 為加法運算子或字串運算子。
-=	x -= y	相當於 x = x - y，- 為減法運算子。
*=	x *= y	相當於 x = x * y，* 為乘法運算子。
/=	x /= y	相當於 x = x / y，/ 為除法運算子。
%=	x %= y	相當於 x = x % y，% 為餘數運算子。
**=	x **= y	相當於 x = x ** y，** 為指數運算子。
&=	x &= y	相當於 x = x & y，& 為位元 AND 運算子。
|=	x |= y	相當於 x = x | y，| 為位元 OR 運算子。
^=	x ^= y	相當於 x = x ^ y，^ 為位元 XOR 運算子。
<<=	x <<= y	相當於 x = x << y，<< 為左移運算子。
>>=	x >>= y	相當於 x = x >> y，>> 為有號右移運算子。
>>>=	x >>>= y	相當於 x = x >>> y，>>> 為無號右移運算子。
&&=	x &&= y	相當於 x = x && y，& 為邏輯 AND 運算子。
||=	x ||= y	相當於 x = x || y，|| 為邏輯 OR 運算子。
??=	x ??= y	相當於 x ?? (x = y)，?? 為空值合併運算子。

下面是一些例子：

```
var x = 1, y = 2;        // 將 x、y 的值設定為 1、2
x += 100;                // 相當於 x = x + 100;，會得到 x 的值為 101
y -= 100;                // 相當於 y = y - 100;，會得到 y 的值為 -98
```

3-4-8 條件運算子

條件運算子 ?: 是 JavaScript 唯一的三元運算子，它會根據條件運算式的結果傳回對應的值，例如下面的敘述會傳回 'Yes'：

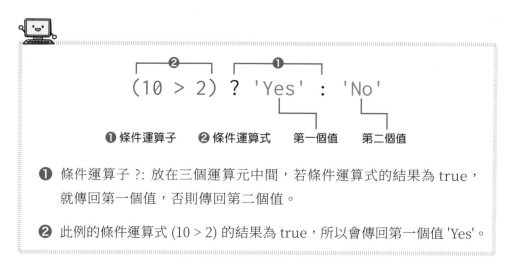

❶ 條件運算子 ?: 放在三個運算元中間，若條件運算式的結果為 true，就傳回第一個值，否則傳回第二個值。

❷ 此例的條件運算式 (10 > 2) 的結果為 true，所以會傳回第一個值 'Yes'。

3-4-9 typeof 運算子

typeof 運算子用來傳回代表運算元型別的字串，例如 typeof(5) 和 typeof 5 均會傳回 5 的型別為 'number'，下面是一些例子：

```
var size = 100;              // 宣告一個數值並指派給變數 size
var shape = 'circle';        // 宣告一個字串並指派給變數 shape
var arr = [5, 4, 3];         // 建立一個陣列並指派給變數 arr
typeof(size);                // 傳回 'number'
typeof(shape);               // 傳回 'string'
typeof(arr);                 // 傳回 'object'
typeof(myVar);               // 傳回 'undefined'
typeof(true);                // 傳回 'boolean'
typeof(NaN);                 // 傳回 'number'
typeof(undefined);           // 傳回 'undefined'
typeof(null);                // 傳回 'object'
typeof(100n);                // 傳回 'bigint'
```

3-4-10 運算子的優先順序

當運算式中有多個運算子時，JavaScript 會依照如下的優先順序高者先執行，相同者則按出現順序由左到右依序執行。若要改變預設的優先順序，可以加上小括號，JavaScript 就會優先執行小括號內的運算式。

類型	運算子
成員存取	.、[]
函式呼叫、建立物件	()、new
後置遞增、後置遞減	...++、...--
單元運算子	!、~、+、-、++...（前置遞增）、--...（前置遞減）、typeof
指數運算子	**
乘 / 除 / 餘數運算子	*、/、%
加 / 減運算子	+、-
移位運算子	<<、>>、>>>
比較運算子	<、<=、>、>=
等於運算子	==、!=、===、!==
位元 AND	&
位元 XOR	^
位元 OR	|
邏輯 AND	&&
邏輯 OR、空值合併	||、??
指派運算子、條件運算子	=、+=、-=、**=、*=、/=、%=、<<=、>>=、>>>=、&=、^=、|=、&&=、||=、??=、?:

（左側由「高」至「低」的箭頭表示優先順序）

舉例來說，假設運算式為 25 < 10 + 3 * 4，首先執行乘法運算子，3 * 4 會得到 12，接著執行加法運算子，10 + 12 會得到 22，最後執行比較運算子，25 < 22 會得到 false。若加上小括號，結果可能就不同了，假設運算式為 25 < (10 + 3) * 4，首先執行小括號內的 10 + 3 會得到 13，接著執行乘法運算子，13 * 4 會得到 52，最後執行比較運算子，25 < 52 會得到 true。

在本章的最後，我們來做個練習，讓您了解變數、型別和運算子的綜合運用。這個練習很實用，它會要求使用者輸入身高（公分）與體重（公斤），然後顯示 BMI 與判斷結果。

BMI（Body Mass Index，身體質量指數）是以身高為基礎來測量體重是否符合標準，計算公式如下，健康體位的 BMI 為大於等於 18.5 小於 24：

$$\text{BMI} = 體重（公斤）/ 身高^2（公尺^2）$$

此處僅列出 JavaScript 檔案的內容，您可以在本書範例程式中找到同名的 HTML 檔案 \Ch03\BMI.html。

\Ch03\BMI.js

```
01   // 要求輸入身高並指派給變數 height
02   var height = window.prompt('請輸入身高（公分）');
03
04   // 要求輸入體重並指派給變數 weight
05   var weight = window.prompt('請輸入體重（公斤）');
06
07   // 根據公式計算 BMI 並四捨五入到小數點後面一位
08   var BMI = (weight / ((height / 100) ** 2)).toFixed(1);
09
10   // 使用條件運算子判斷體位
11   var result = ((BMI >= 18.5) && (BMI < 24)) ? '健康體位' : '異常體位';
12
13   // 顯示 BMI 與判斷結果
14   window.alert('您的 BMI 為 ' + BMI + ', 判斷結果為 ' + result);
```

第 02、05 行有呼叫 Window 物件的 **prompt()** 方法，用來顯示對話方塊要求輸入身高與體重，然後將傳回值指派給變數 height 和 weight。prompt() 方法的第一個參數是對話方塊中的提示文字，第二個參數是欄位的預設值，此例沒有指定第二個參數，所以欄位一開始是空白的。至於第 08 行呼叫的 **toFixed(x)** 方法則用來將 BMI 值四捨五入到參數 x 指定的小數點位數。

執行結果如下圖。

❶ 輸入身高後按 [確定]　　❷ 輸入體重後按 [確定]　　❸ 顯示 BMI 與判斷結果

ChatGPT 隨堂練習

下面是我們請 ChatGPT 針對 JavaScript 的運算子生成一些題目讓您做練習，建議您先自己撰寫解答，之後再請 ChatGPT 解題來做比較，而我們所提供的解答為 \Ch03\ex.js。

(1)　計算 2 的 10 次方。

(2)　計算 100 除以 7 的商和餘數。

(3)　計算 10 除以 3 的結果，保留 2 位小數。

(4)　將字串 "5" 轉換成數值型別，然後加上 10。

(5)　計算圓形的面積，半徑為 7。

(6)　將字串 "hello" 與字串 "world" 連接起來。

(7)　計算數字 123 的個位數字。

(8)　將數字 4 轉換成字串型別，然後連接上字串 "2"。

(9)　判斷數字 15 是否在 10 到 20 的範圍內，若是，就輸出 true，否則輸出 false。

(10)　判斷字串 "hello" 是否既不是空字串也不是 undefined，若是，就輸出 true，否則輸出 false。

(11)　判斷數字 25 是否為偶數，若是，就輸出 "Even"，否則輸出 "Odd"。

(12)　比較數字 x 和數字 y 的大小，若 x 大於 y，就輸出 x，否則輸出 y。

▌提示

Math.floor(*num*) 方法會傳回小於等於參數 *num* 的整數 (無條件捨去)；**toFixed(*x*)** 方法會傳回四捨五入到參數 *x* 指定的小數點位數；**Math.PI** 常數表示圓周率 π；**Number(*obj*)** 會傳回參數 *obj* 轉換成數值的結果；**String(*obj*)** 方法會傳回參數 *obj* 轉換成字串的結果。

流程控制

4-1 認識流程控制

我們在前幾章所示範的例子都是很單純的程式，它們的執行方向都是從第一行敘述開始，由上往下依序執行，不會轉彎或跳行，但大部分的程式並不會這麼單純，它們可能需要針對不同的情況做不同的處理，以完成更多任務，於是就需要**流程控制** (flow control) 來協助控制程式的執行方向。

JavaScript 的流程控制分成下列兩種類型：

- **選擇結構** (decision structure)：用來檢查條件式，然後根據結果為 true 或 false 去執行不同的敘述。JavaScript 提供的選擇結構如下：

  - ⊘ if

  - ⊘ switch

  - ⊘ try...catch...finally (例外處理，詳閱第 7 章)

- **迴圈結構** (loop structure)：用來重複執行指定的敘述。JavaScript 提供的迴圈結構如下：

  - ⊘ for

  - ⊘ while

  - ⊘ do...while

  - ⊘ for...in

  - ⊘ for...of

流程控制經常需要檢查一些條件式或資料是 true 或 false，原則上，JavaScript 會將空字串 (" 或 "")、數值 0、NaN、undefined、null 等值視為 false，這些值以外的其它值則視為 true。

if 可以用來檢查條件式，然後根據結果為 true 或 false 去執行不同的敘述，又分成 if、if...else、if...else if 等類型。

4-2-1 if (若 ... 就 ...)

if 的語法如下，若條件式的結果為 true，就執行敘述，換句話說，若條件式的結果為 false，就不執行敘述。

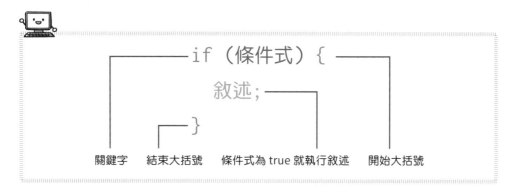

if （條件式）{

敘述;

}

關鍵字　　結束大括號　　條件式為 true 就執行敘述　　開始大括號

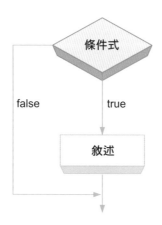

條件式

false　　　　true

敘述

NOTE

在條列 if 的語法時，為了提高可讀性，我們將大括號裡面的敘述以 if 關鍵字為基準向右縮排一個層次 (兩個空白)。此外，敘述可以是一個或多個，若只有一個，那麼大括號可以省略，不過，為了避免混淆，建議還是保留大括號。

下面是一個例子，它會要求使用者輸入數學分數 (0-100)，若該分數大於等於 60，就顯示「及格！」。

\Ch04\if1.html

```
01  <!DOCTYPE html>
02  <html>
03    <head>
04      <meta charset="utf-8">
05    </head>
06    <body>
07      <script src="if1.js"></script>
08    </body>
09  </html>
```

\Ch04\if1.js

```
10  // 呼叫 Window 物件的 prompt() 方法要求輸入數學分數並指派給變數 score
11  var score = window.prompt(' 請輸入數學分數 (0-100)', '');
12  if (score >= 60) {
13    window.alert(' 及格！');
14  }
```

執行結果如下圖，若所輸入的分數大於等於 60，條件式 (score >= 60) 的結果為 true，就會執行第 13 行，顯示「及格！」；相反的，若所輸入的分數小於 60，條件式 (score >= 60) 的結果為 false，就不會執行第 13 行。

❶ 輸入數學分數 (例如 80)　　❷ 按 [確定]　　❸ 顯示「及格！」

prompt() 是 Window 物件提供的方法，可以用來顯示對話方塊要求使用者輸入資料，然後傳回該資料。prompt() 方法的第一個參數是對話方塊中的提示文字，第二個參數是欄位預設的輸入值，此例的第二個參數為空字串，所以欄位一開始是空白的。

4-2-2 if...else (若 ... 就 ... 否則 ...)

if...else 的語法如下,若條件式的結果為 true,就執行敘述 1,否則執行敘述 2,所以敘述 1 和敘述 2 只有一組會被執行。

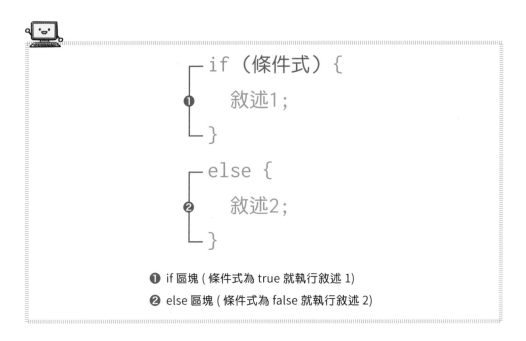

```
      ┌─ if (條件式) {
   ❶  │      敘述1;
      └─ }
      ┌─ else {
   ❷  │      敘述2;
      └─ }
```

❶ if 區塊 (條件式為 true 就執行敘述 1)

❷ else 區塊 (條件式為 false 就執行敘述 2)

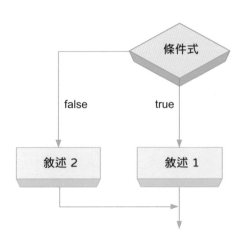

下面是一個例子，它會要求使用者輸入數學分數 (0-100)，若該分數大於等於 60，就顯示「及格！」，否則顯示「不及格！」。

\Ch04\if2.js

```
01  var score = window.prompt(' 請輸入數學分數 (0-100)', '');
02  if (score >= 60) {
03    window.alert(' 及格！');
04  }
05  else {
06    window.alert(' 不及格！');
07  }
```

執行結果如下圖，若所輸入的分數大於等於 60，條件式 (score >= 60) 的結果為 true，就會執行 if 區塊的敘述，也就是第 03 行，顯示「及格！」，然後跳出 if...else 結構，不會再去執行第 06 行；相反的，若所輸入的分數小於 60，條件式 (score >= 60) 的結果為 false，就會執行 else 區塊的敘述，也就是跳過第 03 行，直接執行第 06 行，顯示「不及格！」。

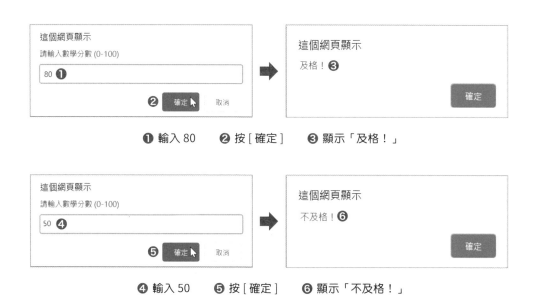

❶ 輸入 80　　❷ 按 [確定]　　❸ 顯示「及格！」

❹ 輸入 50　　❺ 按 [確定]　　❻ 顯示「不及格！」

4-2-3 if...else if (若 ... 就 ... 否則 若 ... 就 ... 否則 ...)

if...else if 的語法如下,一開始先檢查條件式 1,若條件式 1 的結果為 true,就執行敘述 1,否則檢查條件式 2,若條件式 2 的結果為 true,就執行敘述 2,...,依此類推,若所有條件式的結果均為 false,就執行敘述 N+1,所以敘述 1 ~ 敘述 N+1 只有一組會被執行。

```
if（條件式1）{
    敘述1; ❶
}
else if（條件式2）{
    敘述2; ❷
}
...
else {
    敘述N+1; ❸
}
```

❶ 條件式 1 為 true 就執行敘述 1
❷ 條件式 2 為 true 就執行敘述 2
❸ 所有條件式均為 false 就執行敘述 N+1

if...else if 就是巢狀的 if...else,看似複雜但實用性也最高,因為 if...else if 可以處理多個條件式,而 if 和 if...else 只能處理一個條件式。

除了 if 之外,接下來要介紹的 switch、for、while、do...while 等也都能使用巢狀結構,只是層次盡量不要太多,而且要利用縮排來提高可讀性。

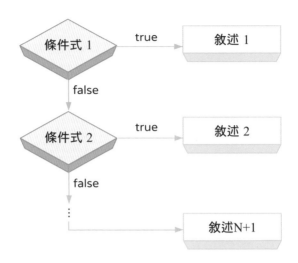

下面是一個例子，它會要求使用者輸入數學分數 (0-100)，然後根據級距判斷該分數的等第。

```
01  var score = window.prompt('請輸入數學分數 (0-100)', '');
02  if (score >= 90) {
03    window.alert('優等！');
04  }
05  else if (score < 90 && score >= 80) {
06    window.alert('甲等！');
07  }
08  else if (score < 80 && score >= 70) {
09    window.alert('乙等！');
10  }
11  else if (score < 70 && score >= 60) {
12    window.alert('丙等！');
13  }
14  else {
15    window.alert('不及格！');
16  }
```

根據 90 以上 (含)、89 ~ 80、79 ~ 70、69 ~ 60、59 以下 (含) 的級距，判斷該分數的等第為「優等！」、「甲等！」、「乙等！」、「丙等！」或「不及格！」

執行結果如下圖，此例所輸入的分數為 85，表示在執行第 02 行時，條件式 (score >= 90) 的結果為 false，於是跳過第 03 行，直接執行第 05 行，此時條件式 (score < 90 && score >= 80) 的結果為 true，於是執行第 06 行，顯示「甲等！」，然後跳出 if...else if 結構，不會再去執行第 08 ~ 16 行。您不妨試著輸入其它數字，看看執行結果是否符合預期。

❶ 輸入 85　　❷ 按 [確定]　　❸ 顯示「甲等！」

4-3 switch

switch 結構可以根據運算式的值去執行不同的敘述，其語法如下，首先將運算式當作比較對象，接下來依序比較它有沒有等於哪個 case 後面的值，若有，就執行該 case 的敘述，然後執行 break 指令跳出 switch 結構，若沒有，就執行 default 的敘述，然後執行 break 指令跳出 switch 結構。

switch 結構的 case 區塊或 default 區塊的後面都要加上 break 指令，用來跳出 switch 結構。 至於 if...else 結構則不需要加上 break 指令，因為在 if 區塊或 else 區塊執行完畢後，就會自動跳出 if...else 結構。

```
switch（運算式）{
    case 值1: ┐
        敘述1;  ❶
        break; ┘
    case 值2: ┐
        敘述2;  ❷
        break; ┘
    ...
    default: ┐
        敘述N+1; ❸
        break; ┘
}
```

❶ case 區塊 (運算式等於值 1 就執行敘述 1)
❷ case 區塊 (運算式等於值 2 就執行敘述 2)
❸ default 區塊 (運算式不等於任何值就執行敘述 N+1)

下面是一個例子，它會要求使用者輸入 1-3 的數字，然後顯示對應的英文「ONE」、「TWO」、「THREE」，否則顯示「數字超過範圍」。

\Ch04\switch.js

```
01  var number = window.prompt('請輸入 1-3 的數字', '');
02  switch (number) {
03    case '1':
04      window.alert('ONE');
05      break;
06    case '2':
07      window.alert('TWO');
08      break;
09    case '3':
10      window.alert('THREE');
11      break;
12    default:
13      window.alert(' 數字超過範圍 ');
14      break;
15  }
```

執行結果如下圖，此例所輸入的數字為 2，它會被當作 switch 結構的比較對象（第 02 行），接下來依序比較它有沒有等於哪個 case 後面的值，發現等於 case '2':（第 06 行），於是執行 case '2': 的敘述，顯示「TWO」（第 07 行），然後執行 break 指令跳出 switch 結構（第 08 行），不會再去執行第 09 ~ 15 行。

❶ 輸入 2　　❷ 按 [確定]　　❸ 顯示「TWO」

這個例子也可以使用 if...else if 來完成，如下。

\Ch04\if4.js

```
01   var number = window.prompt(' 請輸入 1-3 的數字 ', '');
02   if (number === '1') {
03     window.alert('ONE');
04   }
05   else if (number === '2') {
06     window.alert('TWO');
07   }
08   else if (number === '3') {
09     window.alert('THREE');
10   }
11   else {
12     window.alert(' 數字超過範圍 ');
13   }
```

❶ 輸入 2　　❷ 按 [確定]　　❸ 顯示「TWO」

NOTE

- switch 結構在比較有沒有等於哪個 case 後面的值時，所使用的是 === 運算子，而不是 == 運算子，值和型別都必須相同才會被判斷為相等。

- switch 結構的優點在於能夠清楚呈現出所要執行的效果，程式寫到愈大就愈能看到其優點，不過，它也有缺點，那就是只能執行一個條件式，而 if...else if 則無此限制。

4-4 for

迴圈結構 (loop structure) 可以用來重複執行指定的敘述，它會檢查條件式，若結果為 true，就執行指定的敘述，然後再度檢查條件式，若結果仍為 true，就重複執行指定的敘述，然後再度檢查條件式，...，如此周而復始，直到條件式的結果為 false 才跳出迴圈。

JavaScript 提供的迴圈結構有 for、while、do...while、for...in 和 for...of，其中最常見的是 **for** 迴圈，適合應用在有指定重複次數的情況。舉例來說，假設要計算 1 加 2 加 3 一直加到 100 的總和，那麼可以使用 for 迴圈逐一將 1、2、3、...、100 累加在一起，就能求出總和，而且迴圈的執行次數就是 100 次。

由於我們通常會使用變數來控制 for 迴圈的執行次數，所以 for 迴圈又稱為**計數迴圈**，而此變數稱為**計數器**。

for 迴圈的語法如下，在進入 for 迴圈時，會先執行初始化運算式將計數器加以初始化，接著檢查條件式，若結果為 false，就跳出迴圈，若結果為 true，就執行迴圈內的敘述，完畢後執行迭代器將計數器加以更新，接著再度檢查條件式，若結果為 false，就跳出迴圈，若結果為 true，就重複執行迴圈內的敘述，完畢後執行迭代器將計數器加以更新，接著再度檢查條件式，...，如此周而復始，直到條件式的結果為 false 才跳出迴圈。

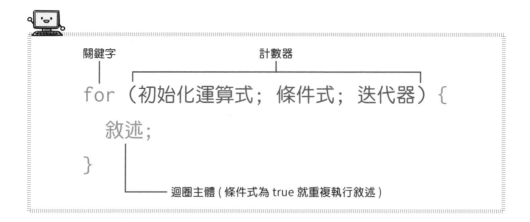

關鍵字　　　　　　　　　　　計數器

```
for (初始化運算式; 條件式; 迭代器) {
    敘述;
}
```

迴圈主體 (條件式為 true 就重複執行敘述)

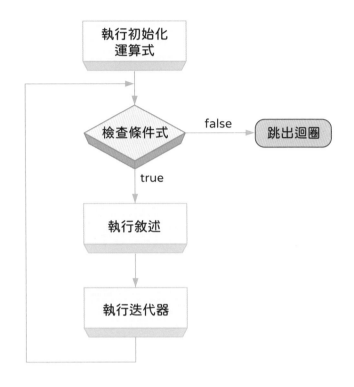

for 迴圈的計數器包含三個部分，例如：

```
for (let i = 0; i < 10; i++) {
❶          ❷        ❸
}
```

❶ **初始化運算式**：此例是宣告變數 i 做為計數器，初始值設定為 0。

❷ **條件式**：此例是將條件式設定為 i < 10;，只要變數 i 小於 10 就重複
執行迴圈內的敘述，直到變數 i 大於等於 10 才跳出迴圈。

❸ **迭代器**：此例是將迭代器設定為 i++，表示迴圈每重複一次就將變數
i 的值遞增 1，所以變數 i 的值會從 0 遞增為 1、2、3、...、10。**迭
代** (iteration) 一詞指的是要重複執行的一組敘述，亦可視為「重複」
的同義字。

下面是一個例子，它會計算 1 ~ 10 的整數總和，然後顯示結果為 55。

\Ch04\for1.js

```
01  var total = 0;
02  for (let i = 1; i <= 10; i++){
03    total = total + i;
04  }
05  window.alert(total);
```

這個網頁顯示

55

確定

➡ 01：宣告變數 total 用來存放總和，初始值設定為 0。

➡ 02 ~ 04：let i = 1; 是宣告變數 i 做為計數器，初始值設定為 1，而 i <= 10; 是做為條件式，只要變數 i 小於等於 10 就重複執行迴圈內的敘述，至於 i++ 則是做為迭代器，迴圈每重複一次就將變數 i 的值遞增 1。

for 迴圈的執行次數為 10 次，針對每一次的執行，第 03 行 total = total + i; 左右兩邊的 total 和 i 的值如下。

迴圈的執行次數	右邊的 total	i	左邊的 total	迴圈的執行次數	右邊的 total	i	左邊的 total
第一次	0	1	1	第六次	15	6	21
第二次	1	2	3	第七次	21	7	28
第三次	3	3	6	第八次	28	8	36
第四次	6	4	10	第九次	36	9	45
第五次	10	5	15	第十次	45	10	55

下面是另一個例子，它會顯示 1 ~ 10 之間所有奇數的總和。

\Ch04\for2.js

```
01  var total = 0;
02  for (let i = 1; i <= 10; i+=2){
03    total = total + i;
04  }
05  window.alert(total);
```

這個網頁顯示

25

確定

這個例子的差別在於將第 02 行的 i++ 改為 i+=2，令計數器每次遞增 2，因此，for 迴圈的執行次數為 5 次，針對每一次的執行，第 03 行 total = total + i; 左右兩邊的 total 和 i 的值如下。

迴圈的執行次數	右邊的 total	i	左邊的 total	迴圈的執行次數	右邊的 total	i	左邊的 total
第一次	0	1	1	第四次	9	7	16
第二次	1	3	4	第五次	16	9	25
第三次	4	5	9				

T I P

原則上，在我們撰寫迴圈後，程式就會依照設定將迴圈執行完畢，不會中途跳出迴圈。不過，有時我們可能需要在迴圈內檢查其它條件式，一旦成立就強制跳出迴圈，此時可以使用 break 指令，第 4-9 節有進一步的說明。

巢狀迴圈

巢狀迴圈指的是迴圈裡面包含一個或多個迴圈，外層迴圈每執行一次，就會重新執行內層迴圈。下面是一個例子，它會顯示九九乘法表。

\Ch04\nestedfor.js

```
01  var str1 = '', str2 = '';                        // 宣告兩個變數用來存放乘法表
02  for (let i = 1; i <= 9; i++) {                   // 外層迴圈的開始
03    str1 = '';
04    for (let j = 1; j <= 9; j++) {                 // 內層迴圈的開始
05      str1 = str1 + i + '*' + j + '=' + (i * j) + '\t'; // '\t' 表示 [Tab] 鍵
06    }                                              // 內層迴圈的結尾
07    str2 = str2 + str1 + '\n';                     // '\n' 表示 [Enter] 鍵
08  }                                                // 外層迴圈的結尾
09  window.alert(str2);
```

```
這個網頁顯示
1*1=1 1*2=2 1*3=3 1*4=4 1*5=5 1*6=6 1*7=7 1*8=8 1*9=9
2*1=2 2*2=4 2*3=6 2*4=8 2*5=10 2*6=12 2*7=14 2*8=16 2*9=18
3*1=3 3*2=6 3*3=9 3*4=12 3*5=15 3*6=18 3*7=21 3*8=24 3*9=27
4*1=4 4*2=8 4*3=12 4*4=16 4*5=20 4*6=24 4*7=28 4*8=32 4*9=36
5*1=5 5*2=10 5*3=15 5*4=20 5*5=25 5*6=30 5*7=35 5*8=40 5*9=45
6*1=6 6*2=12 6*3=18 6*4=24 6*5=30 6*6=36 6*7=42 6*8=48 6*9=54
7*1=7 7*2=14 7*3=21 7*4=28 7*5=35 7*6=42 7*7=49 7*8=56 7*9=63
8*1=8 8*2=16 8*3=24 8*4=32 8*5=40 8*6=48 8*7=56 8*8=64 8*9=72
9*1=9 9*2=18 9*3=27 9*4=36 9*5=45 9*6=54 9*7=63 9*8=72 9*9=81
                                                        確定
```

一開始外層迴圈的 i 是 1（第 02 行），先將變數 str1 重設為空字串（第 03 行），接著第 1 次執行內層迴圈（第 04 ~ 06 行），將 i 乘上 j，待內層迴圈執行完畢，就將變數 str2 原來的值、變數 str1 的值和換行字元存放在變數 str2（第 07 行），然後返回外層迴圈，此時外層迴圈的 i 是 2，先將變數 str1 重設為空字串，接著第 2 次執行內層迴圈，將 i 乘上 j，待內層迴圈執行完畢，就將變數 str2 原來的值、變數 str1 的值和換行字元存放在變數 str2，然後返回外層迴圈，...，如此周而復始，直到 i 等於 10 就跳出外層迴圈。

此處要特別說明第 03、05、07 行，第 03 行是將存放乘法表的變數 str1 歸零，即重設為空字串；第 05 行是將乘法表的結果存放在變數 str1，str1 = str1 + i + '*' + j + '=' + (i * j) + '\t';，其中 '\t' 表示 [Tab] 鍵，以外層迴圈的 i 等於 1 為例，內層迴圈的執行次數如下。

內層迴圈	i	j	= 右邊的 str1	= 左邊的 str1
第 1 次	1	1	''	1*1=1[Tab]
第 2 次	1	2	1*1=1[Tab]	1*1=1[Tab]1*2=2[Tab]
第 3 次	1	3	1*1=1[Tab]1*2=2[Tab]	1*1=1[Tab]1*2=2[Tab]1*3=3[Tab]
…	…	…	…	…
第 9 次	1	9	1*1=1[Tab]1*2=2[Tab]1*3=3[Tab]1*4=4[Tab]1*5=5[Tab]1*6=6[Tab]1*7=7[Tab]1*8=8[Tab]	1*1=1[Tab]1*2=2[Tab]1*3=3[Tab]1*4=4[Tab]1*5=5[Tab]1*6=6[Tab]1*7=7[Tab]1*8=8[Tab]1*9=9[Tab]

在外層迴圈第 1 次執行完畢時，變數 str1 的值為 1*1=1[Tab]1*2=2[Tab]1*3=3[Tab]1*4=4[Tab]1*5=5[Tab]1*6=6[Tab]1*7=7[Tab]1*8=8[Tab]1*9=9[Tab]，於是執行第 07 行，得到變數 str2 的值為 1*1=1[Tab]1*2=2[Tab]1*3=3[Tab]1*4=4[Tab]1*5=5[Tab]1*6=6[Tab]1*7=7[Tab]1*8=8[Tab]1*9=9[Tab][Enter]。

在外層迴圈第 2 次執行完畢時，變數 str1 的值為 2*1=2[Tab]2*2=4[Tab]2*3=6[Tab]2*4=8[Tab]2*5=10[Tab]2*6=12[Tab]2*7=14[Tab]2*8=16[Tab]2*9=18[Tab]，於是執行第 07 行，得到變數 str2 的值為 1*1=1[Tab]1*2=2[Tab]1*3=3[Tab]1*4=4[Tab]1*5=5[Tab]1*6=6[Tab]1*7=7[Tab]1*8=8[Tab]1*9=9[Tab][Enter]2*1=2[Tab]2*2=4[Tab]2*3=6[Tab]2*4=8[Tab]2*5=10[Tab]2*6=12[Tab]2*7=14[Tab]2*8=16[Tab]2*9=18[Tab][Enter]，…，依此類推，待外層迴圈執行完畢，就可以印出整個九九乘法表。

4-5 while

有別於 for 迴圈是以計數器控制迴圈的執行次數，**while** 迴圈則是以條件式是否成立做為執行迴圈的依據，只要條件式成立，就會繼續執行迴圈，所以又稱為**條件式迴圈**。

while 迴圈的語法如下，在進入 while 迴圈時，會先檢查條件式，若結果為 false 表示不成立，就跳出迴圈，若結果為 true 表示成立，就執行迴圈內的敘述，然後返回迴圈的開頭再度檢查條件式，...，如此周而復始，直到條件式的結果為 false 才跳出迴圈。若要在中途強制跳出迴圈，可以使用 break 指令。

❶ while (條件式) {

敘述; ❷

}

❶ 關鍵字　　❷ 迴圈主體 (條件式為 true 就重複執行敘述)

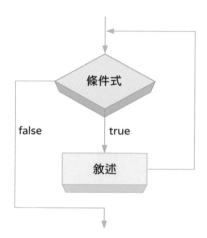

下面是一個例子，它會要求使用者猜數字，正確的數字為 6，若輸入的數字大於 6，就顯示「太大了！請重新輸入！」，然後要求繼續猜；若輸入的數字小於 6，就顯示「太小了！，請重新輸入！」，然後要求繼續猜；若輸入的數字是 6，就顯示「答對了！」。

\Ch04\while1.js

```javascript
var number = prompt('請輸入1-10的數字', '');
while (number != 6) {
  if (number > 6){
    window.alert('太大了！請重新輸入！');
    number = prompt('請輸入1-10的數字', '');
  }
  else if (number < 6) {
    window.alert('太小了！請重新輸入！');
    number = prompt('請輸入1-10的數字', '');
  }
}
window.alert('答對了！');
```

❶ 輸入 2　　❷ 按 [確定]　　❸ 顯示「太小了！請重新輸入！」

❹ 輸入 6　　❺ 按 [確定]　　❻ 顯示「答對了！」

4-6 do...while

do...while 迴圈也是以條件式是否成立做為執行迴圈的依據，其語法如下，在進入 do...while 迴圈時，會先執行迴圈內的敘述，完畢後碰到 while，再檢查條件式，若結果為 false 表示不成立，就跳出迴圈，若結果為 true 表示成立，就返回 do，再度執行迴圈內的敘述，...，如此周而復始，直到條件式的結果為 false 才跳出迴圈。

do...while 迴圈和 while 迴圈很相似，主要的差別在於能夠確保敘述至少會被執行一次，即使條件式不成立。同樣的，若要在中途強制跳出迴圈，可以使用 break 指令。

❶ do {

敘述; ❸

} while (條件式); ❹
❷

❶ 關鍵字　　❷ 關鍵字　　❸ 迴圈主體 (條件式為 true 就重複執行敘述)　　❹ 結尾分號

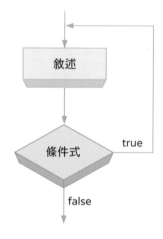

我們可以使用 do...while 迴圈改寫前一節的猜數字程式,執行結果是相同的。

\Ch04\do1.js

```js
do {
  var number = prompt(' 請輸入 1-10 的數字 ', '');
  if (number > 6){
    window.alert(' 太大了!請重新輸入! ');
  }
  else if (number < 6) {
    window.alert(' 太小了!請重新輸入! ');
  }
} while (number != 6);
window.alert(' 答對了! ');
```

❶ 輸入 6　　❷ 按 [確定]　　❸ 顯示「答對了!」

NOTE

當您撰寫迴圈時,務必留意迴圈的結束條件,避免陷入**無窮迴圈** (infinite loop),例如下面的敘述就是無窮迴圈,程式會一直執行迴圈無法跳出,此時可以關閉瀏覽器來終止程式。

```js
for ( ; ; ) {
  window.alert('Hello!');
}
```

```js
do {
  window.alert('Hello!');
} while (1);
```

4-7 for...in

for...in 迴圈可以用來取得物件的全部屬性，然後針對每個屬性執行指定的敘述，其語法如下，變數用來暫時儲存屬性的鍵，若要在中途強制跳出迴圈，可以使用 break 指令。

❶ for（變數 in 物件）{

　　敘述; ❷

　　}

❶ 關鍵字　　❷ 迴圈主體 (要重複執行的敘述)

下面是一個例子，它一開始先宣告一個名稱為 object1 的物件，裡面有三個屬性，鍵分別為 cats、dogs、pigs，值分別為 10、20、30 (第 02 行)，接著使用 for...in 迴圈顯示全部屬性的鍵與值 (第 05 ~ 07 行)。

\Ch04\forin.js

```
01    // 宣告一個名稱為 object1 的物件
02    var object1 = {cats: 10, dogs: 20, pigs: 30};
03
04    // 使用 for...in 迴圈顯示全部屬性的鍵與值
05    for (let property1 in object1) {
06       window.alert(property1 + '=' + object1[property1]);
07    }
```

執行結果如下圖，會依序顯示「cats=10」、「dogs=20」、「pigs=30」。有關如何操作物件的屬性與方法，第 6 章有進一步的說明。

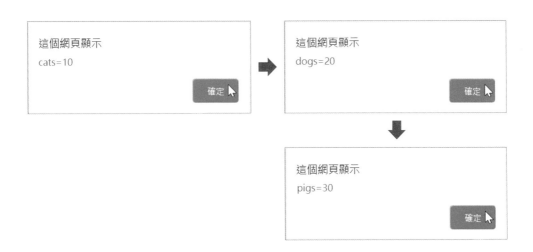

在第 05 行的 **for (let property1 in object1)** 敘述中，我們使用 let 關鍵字宣告變數 property1 用來暫時儲存屬性的鍵，在第一次執行第 05 行時，變數 property1 是第一個屬性的鍵為 cats，所以第 06 行的 object1[property1] 就是 object1['cats']，其值為 10，於是顯示「cats=10」。

接著，在第二次執行第 05 行時，變數 property1 是第二個屬性的鍵為 dogs，所以第 06 行的 object1[property1] 就是 object1['dogs']，其值為 20，於是顯示「dogs=20」；最後，在第三次執行第 05 行時，變數 property1 是第三個屬性的鍵為 pigs，所以第 06 行的 object1[property1] 就是 object1['pigs']，其值為 30，於是顯示「pigs=30」，由於這是最後一個屬性，所以在顯示完畢後就會跳出 for...in 迴圈。

雖然 for...in 迴圈可以用來取得物件的全部屬性，但無法保證處理順序，因此，若要存取重視索引順序的陣列或字串，我們應該改用 for...of 迴圈，下一節有進一步的說明。

4-8 for...of

ECMAScript 6 (ES6) 新增了 **for...of** 迴圈可以用來依序取得可迭代物件 (iterable object) 的全部值,然後針對每個值執行指定的敘述,其語法如下,變數用來暫時儲存可迭代物件的值,而可迭代物件包含字串、陣列、類似陣列的物件 (參數或 NodeList 等)、型別陣列 (typed array)、Map、Set 等。若要在中途強制跳出迴圈,可以使用 break 指令。

❶ for (變數 of 可迭代物件) {

　　敘述; ❷

　　}

❶ 關鍵字　　❷ 迴圈主體 (要重複執行的敘述)

下面是一個例子,它一開始先宣告一個名稱為 iterable 的陣列,裡面有 10、20、30 三個元素 (第 02 行),接著使用 for...of 迴圈依序顯示全部元素 (第 05 ~ 07 行)。

\Ch04\forof1.js

```
01    // 宣告一個名稱為 iterable 的陣列
02    var iterable = [10, 20, 30];
03
04    // 使用 for...of 迴圈依序顯示全部元素
05    for (let value of iterable) {
06        window.alert(value);
07    }
```

執行結果如下圖,會依序顯示「10」、「20」、「30」。有關如何操作陣列,第 6 章有進一步的說明。

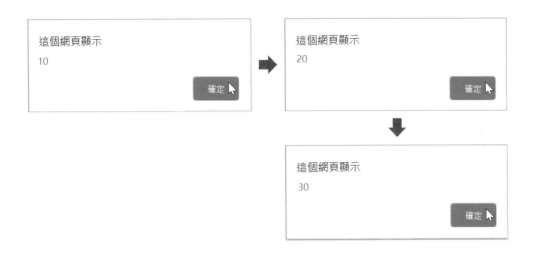

在第 05 行的 **for (let value of iterable)** 敘述中，我們使用 let 關鍵字宣告變數 value 用來暫時儲存元素，在第一次執行第 05 行時，變數 value 是陣列的第一個元素為 10，所以第 06 行會顯示「10」。

接著，在第二次執行第 05 行時，變數 value 是陣列的第二個元素為 20，所以第 06 行會顯示「20」；最後，在第三次執行第 05 行時，變數 value 是陣列的第三個元素為 30，所以第 06 行會顯示「30」，由於這是最後一個元素，所以在顯示完畢後就會跳出 for...of 迴圈。

NOTE

乍看之下 for...of 和 for...in 似乎很雷同，但兩者還是不同的，主要的差別在於所迭代的對象，for...in 的對象是屬性的鍵，而且沒有一定的順序，至於 for...of 的對象是實際的值，而且會依照順序，好比是依照陣列的索引順序或字串的字元順序。舉例來說，假設我們將前面例子中的第 02 行改為 var iterable = 'cat';，把陣列 [10, 20, 30] 換成字串 'cat'，那麼執行結果會依照字元順序顯示「c」、「a」、「t」。

break

原則上,在我們撰寫迴圈後,程式就會依照設定將迴圈執行完畢,不會中途跳出迴圈。不過,有時我們可能需要在迴圈內檢查其它條件式,一旦成立就強制跳出迴圈,此時可以使用 **break** 指令。

下面是一個例子,其中第 03 ~ 08 行的 for 迴圈並沒有執行到 10 次,因為在第 04 行檢查到變數 i 等於 3 時,就會執行第 05 行的 break 指令,強制跳出迴圈,然後執行第 09 行顯示結果為 1、2。

\Ch04\break.js

```
01    // 宣告用來存放結果的變數 str,初始值為空字串
02    var str = '';
03    for (let i = 1; i <= 10; i++) {
04      if (i === 3) {
05        break;
06      }
07      str = str + i + '\t';
08    }
09    window.alert(str);
```

若變數 i 等於 3,就強制跳出迴圈

continue

除了 break 指令，JavaScript 還提供了另一個經常使用於迴圈的 **continue** 指令，用來在迴圈內跳過後面的敘述，直接返回迴圈的開頭。

下面是一個例子，它會顯示 1~ 10 之間有哪些整數是 3 的倍數，因為在第 04 行檢查到變數 i 除以 3 的餘數不等於 0 時（表示不是 3 的倍數），就會執行第 05 行的 continue 指令，跳過第 07 行，直接返回迴圈的開頭，繼續檢查下一個變數 i，直到變數 i 大於 10 才會跳出迴圈，然後執行第 09 行顯示結果為 3、6、9。

\Ch04\continue.js

```
01  // 宣告用來存放結果的變數 str，初始值為空字串
02  var str = '';
03  for (let i = 1; i <= 10; i++) {
04    if ((i % 3) !== 0){
05      continue;
06    }
07    str = str + i + '\t';
08  }
09  window.alert(str);
```

> 若變數 i 除以 3 的餘數不等於 0，就返回迴圈的開頭，繼續檢查下一個變數 i

標記 (label)

當我們在巢狀迴圈中使用 break 或 continue 指令時，預設會跳出或返回最內層的迴圈，若要設定跳出或返回整個巢狀迴圈，可以搭配**標記** (label)。

下面是一個例子，它改寫自第 4-4 節的九九乘法表，差別在於加入第 05 ~ 07 行，若第 05 行檢查到乘積大於 40，就執行第 06 行的 break 指令跳出內層迴圈，所以執行結果會顯示乘積小於等於 40 的九九乘法表。

\Ch04\nestedfor2.js

```
01  var str1 = '', str2 = '';
02  for (let i = 1; i <= 9; i++) {              // 外層迴圈的開始
03    str1 = '';
04    for (let j = 1; j <= 9; j++) {            // 內層迴圈的開始
05      if ((i * j) > 40){
06        break;                                    若乘積大於 40，
07      }                                           就跳出內層迴圈
08      str1 = str1 + i + '*' + j + '=' + (i * j) + '\t';  // '\t' 表示 [Tab] 鍵
09    }                                         // 內層迴圈的結尾
10    str2 = str2 + str1 + '\n';  ◄             // '\n' 表示 [Enter] 鍵
11  }                                           // 外層迴圈的結尾
12  window.alert(str2);
```

這個網頁顯示

```
1*1=1 1*2=2 1*3=3 1*4=4 1*5=5 1*6=6 1*7=7 1*8=8 1*9=9
2*1=2 2*2=4 2*3=6 2*4=8 2*5=10 2*6=12 2*7=14 2*8=16 2*9=18
3*1=3 3*2=6 3*3=9 3*4=12 3*5=15 3*6=18 3*7=21 3*8=24 3*9=27
4*1=4 4*2=8 4*3=12 4*4=16 4*5=20 4*6=24 4*7=28 4*8=32 4*9=36
5*1=5 5*2=10 5*3=15 5*4=20 5*5=25 5*6=30 5*7=35 5*8=40
6*1=6 6*2=12 6*3=18 6*4=24 6*5=30 6*6=36
7*1=7 7*2=14 7*3=21 7*4=28 7*5=35
8*1=8 8*2=16 8*3=24 8*4=32 8*5=40
9*1=9 9*2=18 9*3=27 9*4=36
```

確定

若要改成一旦乘積大於 40，就停止顯示九九乘法表，該怎麼辦呢？此時，break 指令就不能只是跳出內層迴圈，而是要跳出整個巢狀迴圈，我們可以使用標記將程式改寫成如下，關鍵在於加入第 02 行，表示將外層迴圈標記為 outerloop，如此一來，若第 06 行檢查到乘積大於 40，就執行第 07 行的 break outerloop; 跳出標記的整個區塊（即外層迴圈），得到執行結果如下圖。

標記的命名規則和變數相同，只是後面要加上冒號。此外，標記不能單獨使用，必須搭配 break 或 continue 指令，而且要寫在同一行不能分行，不然會被當作兩個獨立的敘述，導致無法預期的結果。

\Ch04\nestedfor3.js

```
01  var str1 = '', str2 = '';
02  outerloop:
03  for (let i = 1; i <= 9; i++) {          // 外層迴圈的開始
04    str1 = '';
05    for (let j = 1; j <= 9; j++) {        // 內層迴圈的開始
06      if ((i * j) > 40){
07        break outerloop;                   ┌─────────────┐
                                             │ 若乘積大於 40， │
08      }                                    │ 就跳出外層迴圈  │
                                             └─────────────┘
09      str1 = str1 + i + '*' + j + '=' + (i * j) + '\t';   // '\t' 表示 [Tab] 鍵
10    }                                     // 內層迴圈的結尾
11    str2 = str2 + str1 + '\n';            // '\n' 表示 [Enter] 鍵
12  }                                       // 外層迴圈的結尾
13  window.alert(str2);
```

這個網頁顯示

```
1*1=1  1*2=2  1*3=3  1*4=4  1*5=5  1*6=6  1*7=7  1*8=8  1*9=9
2*1=2  2*2=4  2*3=6  2*4=8  2*5=10  2*6=12  2*7=14  2*8=16  2*9=18
3*1=3  3*2=6  3*3=9  3*4=12  3*5=15  3*6=18  3*7=21  3*8=24  3*9=27
4*1=4  4*2=8  4*3=12  4*4=16  4*5=20  4*6=24  4*7=28  4*8=32  4*9=36
```

確定

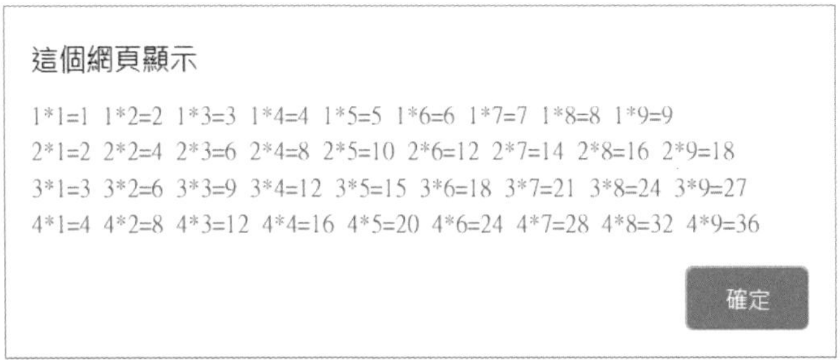

下面是我們請 ChatGPT 針對 JavaScript 的流程控制生成一些題目讓您做練習，建議您先自己撰寫解答，之後再請 ChatGPT 解題來做比較。

（1） 提示使用者輸入一個年份，判斷這個年份是否為閏年。若這個年份能被 4 整除但不能被 100 整除，或者能被 400 整除，就是閏年，否則不是閏年。(解答：\Ch04\ex_if.js)

（2） 提示使用者輸入一個月份，然後輸出這個月份所對應的天數。若輸入的是 1、3、5、7、8、10 或 12 月，就輸出「31 天」；若輸入的是 4、6、9 或 11 月，就輸出「30 天」；若輸入的是 2 月，就輸出「28 天」或「29 天」，需要考慮閏年的情況。(解答：\Ch04\ex_switch.js)

（3） 提示使用者輸入一個字串，然後使用 for 迴圈將字串反轉。(解答：\Ch04\ex_for.js)

（4） 使用 for 迴圈印出由 "*" 組成的倒直角三角形。(解答：\Ch04\ex_for2.js)

（5） 使用 while 迴圈判斷一個數是否為質數。(解答：\Ch04\ex_while.js)

（6） 使用 while 迴圈印出由 "*" 組成的倒直角三角形。(解答：\Ch04\ex_while2.js)

（7） 輸入一個正整數 n，使用 do...while 迴圈計算 n! 的值 (即 n 的階乘)，輸出結果。(解答：\Ch04\ex_do.js)

（8） 使用 for...of 迴圈找出陣列中的最大值，假設陣列為 [1, 5, 2, 7, 3]。(解答：\Ch04\ex_of.js)

（9） 使用 for...of 迴圈計算陣列中所有偶數元素的總和，假設陣列為 [1, 2, 3, 4, 5, 6, 7, 8]。(解答：\Ch04\ex_of2.js)

（10） 使用 for...in 迴圈計算物件中屬性值的總和，假設物件為 {a: 1, b: 2, c: 3, d: 4, e: 5}。(解答：\Ch04\ex_in.js)

CHAPTER

05

函式

5-1 認識函式

函式 (function) 是將一段具有某種功能或重複使用的敘述寫成獨立的程式區塊，然後給予名稱，供後續呼叫使用，以簡化程式並提高可讀性。

有些程式語言將函式稱為**方法** (method)、**程序** (procedure) 或**副程式** (subroutine)，例如 JavaScript、Python、Java 和 C# 是將物件所提供的函式稱為「方法」。

函式可以執行一般動作，也可以處理事件，前者稱為**一般函式** (general function)，而後者稱為**事件函式** (event function)。舉例來說，我們可以針對網頁上某個按鈕的 onclick 屬性撰寫事件函式，假設該函式的名稱為 showMsg()，一旦使用者按一下這個按鈕，就會呼叫 showMsg() 函式。

原則上，事件函式通常處於閒置狀態，直到為了回應使用者或系統所觸發的事件時才會被呼叫；相反的，一般函式與事件無關，程式設計人員必須自行撰寫程式碼來呼叫一般函式。

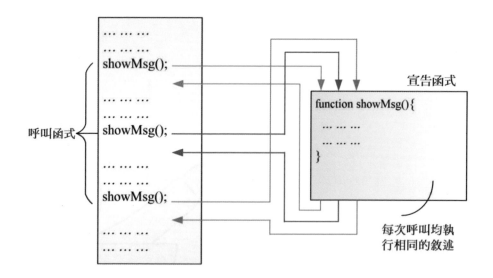

使用函式的優點如下：

➡ 函式具有重複使用性，我們可以在程式中不同的地方呼叫相同的函式，這樣就不必重複撰寫相同的敘述。

➡ 使用函式後，程式會變得比較精簡。

➡ 使用函式後，程式的可讀性會提高。

➡ 將程式拆成幾個函式後，寫起來比較輕鬆，程式的邏輯性與正確性都會提高，這樣不僅容易理解，也比較好偵錯、修改與維護。

至於使用函式的缺點則是會使程式的執行速度減慢，因為多了一道呼叫的手續，執行速度自然比直接將敘述寫進程式慢一點。

JavaScript 除了允許使用者自訂函式之外，也提供許多**內建函式** (build-in function)。由於多數的內建函式隸屬於物件，所以又稱為「方法」，我們在前幾章所使用的 alert()、prompt() 方法都是 JavaScript 的內建函式。

在本章中，我們會先說明如何宣告與呼叫函式，最後再介紹下列的**上層預先定義函式** (top-level predefined function)：

➡ eval()

➡ Number()、String()

➡ isFinite()

➡ isNaN()

➡ parseInt()、parseFloat()

➡ encodeURI()、decodeURI()

➡ encodeURIComponent()、decodeURIComponent()

JavaScript 的內建函式通常是針對常見的用途所提供，不一定能夠滿足所有需求，若要客製化一些功能，就要自行宣告函式。

JavaScript 提供了數種方式可以用來宣告函式，例如 function 關鍵字、匿名函式、箭頭函式或 Function 建構子，以下有進一步的說明。

5-2-1 使用 function 關鍵字宣告函式

我們可以使用 **function** 關鍵字宣告函式，其語法如下：

```
          ❶           ❷
function 函式名稱(參數1, 參數2, …) {
    敘述;
                      ❸
    return 傳回值;
          ❹
}
```

❶ **函式名稱**的命名規則和變數相同，一般建議採取「動詞＋名詞」、字中大寫的格式，例如 showMessage、getArea。

❷ **參數**用來傳遞資料給函式，可以有 0 個、1 個或多個。若沒有參數，小括號仍須保留；若有多個參數，中間以逗號隔開。

❸ **函式主體**用來執行動作，可以有 1 個或多個敘述。

❹ **傳回值**是函式執行完畢的結果，可以有 0 個、1 個或多個，會傳回給呼叫函式的地方。若沒有傳回值，return 指令可以省略不寫，此時會傳回預設的 undefined；若有多個傳回值，可以利用陣列或物件來達成。

例如下面的敘述是宣告一個名稱為 sum、有兩個參數、有一個傳回值的函式，它會傳回兩個參數的總和：

```
function sum(a, b) {
  return a + b;
}
```

例如下面的敘述是宣告一個名稱為 getArea1、有一個參數、沒有傳回值的函式，它會根據參數所指定的半徑計算圓面積，然後顯示結果：

```
function getArea1(radius) {
  var area = 3.14 * radius * radius;
  window.alert('半徑為 ' + radius + '的圓面積為 ' + area);
}
```

例如下面的敘述是宣告一個名稱為 getArea2、有一個參數、有一個傳回值的函式，它會根據參數所指定的半徑計算圓面積，然後傳回圓面積，和前一個函式的差別在於不會顯示結果，但會傳回圓面積：

```
function getArea2(radius) {
  var area = 3.14 * radius * radius;
  return area;
}
```

NOTE

- 當函式裡面沒有 return 指令或 return 指令後面沒有任何值時，我們習慣說它沒有傳回值，但嚴格來說，它其實是傳回預設的 undefined。

- 當函式有傳回值時，return 指令通常寫在函式的結尾，若寫在函式的中間，那麼後面的敘述就不會被執行，這點要特別注意。

一般函式必須加以呼叫才會執行，其語法如下，若沒有參數，小括號仍須保留；若有參數，參數的個數及順序都必須正確：

函式名稱(參數1, 參數2, …);

若函式沒有傳回值，我們可以將函式呼叫視為一般的敘述。下面是一個例子，首先執行第 01 行，發現第 01 ~ 04 行是函式宣告，於是將這些敘述儲存在記憶體，暫時不執行；接著略過第 05 行的空白，執行第 06 行，將使用者輸入的半徑儲存在變數 circleRadius。

繼續執行第 07 行，呼叫 getArea1() 函式並將變數 circleRadius 當作參數傳遞給它，此時，控制權會轉移到第 01 行的 getArea1() 函式，執行第 02、03 行，根據半徑計算圓面積並顯示結果，然後將控制權返回呼叫函式的地方，即第 07 行，由於後面已經沒有敘述，所以會結束程式。

\Ch05\func1.js

```
01  function getArea1(radius) {
02    var area = 3.14 * radius * radius;
03    window.alert('半徑為 ' + radius + ' 的圓面積為 ' + area);
04  }
05
06  var circleRadius = window.prompt('請輸入半徑 ', '');
07  getArea1(circleRadius);  ⓑ
```

ⓐ 宣告函式
ⓑ 呼叫函式

這個網頁顯示
請輸入半徑

10 ❶

❷ 確定　　取消

這個網頁顯示
半徑為10的圓面積為314 ❸

確定

❶ 輸入 10　　❷ 按 [確定]　　❸ 顯示結果

相反的，若函式有傳回值，我們可以將函式呼叫視為一般的值做處理或指派給其它變數。下面是一個例子，它和 \Ch05\func1.js 的差別在於 getArea2() 函式不會顯示結果，但會傳回圓面積，所以第 07 行是將函式的傳回值指派給變數 circleArea。

同樣的，在執行到第 07 行時，控制權會轉移到第 01 行的 getArea2() 函式，執行第 02、03 行，根據半徑計算圓面積並傳回圓面積，然後將控制權返回呼叫函式的地方，即第 07 行，將傳回值指派給變數 circleArea，最後執行第 08 行顯示結果。

\Ch05\func2.js

```
01  function getArea2(radius) {
02    var area = 3.14 * radius * radius;
03    return area;
04  }
05
06  var circleRadius = window.prompt('請輸入半徑', '');
07  var circleArea = getArea2(circleRadius); ❻
08  window.alert('半徑為 ' + circleRadius + ' 的圓面積為 ' + circleArea);
```

ⓐ 宣告函式
ⓑ 呼叫函式並將傳回值指派給變數 circleArea

❶ 輸入 10　　❷ 按 [確定]　　❸ 顯示結果

我們將函式宣告中的參數稱為**形式參數** (formal parameter) 或**參數** (parameter)，例如第 01 行的 radius，而函式呼叫中的參數稱為**實際參數** (actual parameter) 或**引數** (argument)，例如第 07 行的 circleRadius。

5-2-2 匿名函式

由於 JavaScript 的函式是一種型別，因此，我們可以將函式像數值或字串一樣指派給變數，也可以將函式當作其它函式的參數或傳回值。

下面是一個例子，其中第 01 ~ 03 行是使用 function 關鍵字宣告一個沒有名稱的函式，將它指派給變數 sum，而第 05 行是呼叫函式傳回 20 與 10 的總和並顯示結果，我們將這種函式稱為**匿名函式** (anonymous function)。

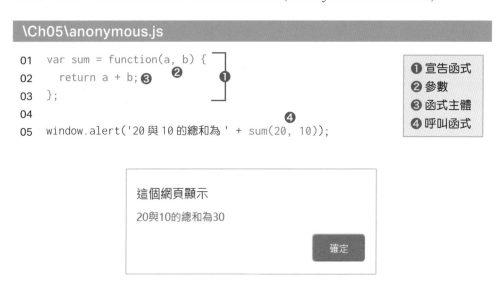

5-2-3 箭頭函式

箭頭函式 (arrow function) 可以讓我們使用更精簡的方式宣告函式，其語法如下，裡面沒有 function 關鍵字，改以 **=>** 連接參數與函式主體：

$$(參數1，參數2，\cdots) => \{$$
$$函式主體;$$
$$\}$$

下面是一個例子，其中第 01 ~ 03 行是宣告一個箭頭函式，將它指派給變數 sum，而第 05 行是呼叫函式傳回 20 與 10 的總和並顯示結果。

```
\Ch05\arrow.js

01   var sum = (a, b) => {
02      return a + b;
03   };
04
05   window.alert('20 與 10 的總和為 ' + sum(20, 10));
```

❶ 宣告函式
❷ 參數
❸ 函式主體
❹ 呼叫函式

> 這個網頁顯示
>
> 20與10的總和為30
>
> 確定

TIP

- 若箭頭函式的函式主體只有一個 return 指令和傳回值，那麼大括號和 return 指令可以省略不寫，例如第 01 ~ 03 行可以改寫成如下：

  var sum = (a, b) => a + b;

- 箭頭函式的參數可以有 0 個、1 個或多個，若沒有參數，小括號仍須保留；若有一個參數，小括號可以省略；若有多個參數，中間以逗號隔開，小括號亦須保留。以下面的敘述為例，箭頭函式只有一個參數 radius，因此，小括號可以省略不寫：

  var area = radius => 3.14 * radius * radius;

5-2-4 使用 Function 建構子宣告函式

JavaScript 內建一個 **Function** 物件用來表示函式，我們可以使用該物件的建構子宣告函式，其語法如下：

❶   ❷   ❸   ❹

new Function(參數1, 參數2, …, 函式主體)

❶ **new 運算子**用來根據指定的型別建立物件，此處所要建立的是 Function 物件，new 運算子可以省略不寫。

❷ **Function 建構子**，這是在建立 Function 物件時用來進行初始化的方法，和 Function 物件同名。

❸ **參數**用來傳遞資料給函式，若有多個參數，中間以逗號隔開。

❹ **函式主體**用來執行動作，若有多個敘述，中間以分號隔開。

下面是一個例子，其中第 01 行是建立一個 Function 物件，將它指派給變數 sum，而第 03 行是呼叫函式傳回 20 與 10 的總和並顯示結果。

\Ch05\func3.js

```
01   var sum = new Function('a', 'b', 'return a + b;');
02
03   window.alert('20 與 10 的總和為 ' + sum(20, 10));
```

TIP

■ new 運算子可以省略不寫，例如第 01 行可以改寫成如下：

```
var sum = Function('a', 'b', 'return a + b;');
```

■ 我們可以將多個參數寫成單一參數，例如第 01 行可以改寫成如下：

```
var sum = new Function('a, b', 'return a + b;');
```

■ Function 建構子是使用字串來宣告參數和函式主體，若函式主體有多個敘述，中間以分號隔開。

■ 使用 Function 建構子宣告函式的可讀性並沒有比 function 關鍵字好，而且要將參數和函式主體寫成字串也容易疏忽寫錯，建議還是以 function 關鍵字為主。

NOTE

■ 當使用 function 關鍵字宣告函式時，函式呼叫可以放在宣告敘述的前面或後面，因為宣告敘述會儲存在記憶體中，但若使用匿名函式、箭頭函式或 Functon 建構子，函式呼叫必須放在宣告敘述的後面，因為這些方式都是將函式指派給變數，而變數一定要先有值才能使用。

■ 即使函式主體只有一行敘述，用來括住函式主體的大括號也不能省略。

■ 在呼叫函式時，直譯器並不會檢查傳遞進去的參數個數是否符合宣告的參數個數，若有少掉的參數，會使用預設值 undefined，若有多出的參數，會自動忽略，而不會發出錯誤訊息。

■ return 指令和傳回值不可以分行，例如 return a + b; 不能寫成 return 在一行，a + b; 在另一行，一旦直譯器看到 return 指令自成一行，就會直接離開函式，不會再傳回 a + b。

5-3 函式的參數

參數 (parameter) 可以用來傳遞資料給函式，我們已經示範過如何使用參數，接下來要介紹參數傳遞方式、預設參數、具名參數和其餘參數。

5-3-1 參數傳遞方式 (傳值呼叫與傳址呼叫)

傳值呼叫

當參數屬於數值、字串、布林、符號、undefined、null 等基本型別時，JavaScript 會採取**傳值呼叫** (call by value)，此時，函式無法改變當作參數傳遞給函式的那個變數的值，因為傳遞給函式的是變數的值，而不是變數的位址，下面是一個例子。

\Ch05\pass1.js

```
01  function change(x) {
02    x = 100;
03  }
04
05  var a = 1;                    // 將變數 a 的值設定為 1
06  window.alert(a);              // 顯示變數 a 在當作參數傳遞給函式之前的值
07  change(a);                    // 呼叫 change() 函式變更參數的值
08  window.alert(a);              // 顯示變數 a 在當作參數傳遞給函式之後的值
```

宣告 change() 函式用來將參數的值變更為 100

這個網頁顯示

1

確定

➡

這個網頁顯示

1

確定

由於變數 a 的值為數值，屬於基本型別，因此，第 07 行是採取傳值呼叫，表示被變更的是參數 x 的值，而當作參數傳遞給函式的變數 a 的值則不受影響，所以第 06 行和第 08 行會顯示相同的值。

傳址呼叫

當參數屬於函式、陣列、物件等物件型別時，JavaScript 會採取**傳址呼叫** (call by reference)，此時，函式能夠改變當作參數傳遞給函式的那個變數的值，因為傳遞給函式的是變數的位址，而不是變數的值，下面是一個例子。

\Ch05\pass2.js

```
01  function change(x) {
02    x.score = 100;
03  }
04
05  var a = {score: 1};
06  window.alert(a.score);
07  change(a);
08  window.alert(a.score);
```

宣告 change() 函式用來將參數的屬性值變更為 100

```
// 將變數 a 的值設定為物件
// 顯示變數 a 在當作參數傳遞給函式之前的屬性值
// 呼叫 change() 函式變更參數的屬性值
// 顯示變數 a 在當作參數傳遞給函式之後的屬性值
```

由於變數 a 的值為物件，屬於物件型別，因此，第 07 行是採取傳址呼叫，表示變數 a 和參數 x 參照相同的位址，一旦參數 x 的屬性值被變更，變數 a 的屬性值也會跟著被變更，所以第 06 行和第 08 行會顯示不同的屬性值。

5-3-2 預設參數

原則上,參數的預設值均為 undefined,不過,ECMAScript 6 (ES6) 允許我們在宣告函式時自行設定參數的預設值,稱為**預設參數** (default parameter)。當函式呼叫裡面沒有提供某個參數時,就會採取預設值。

下面是一個例子:

➡ 01 ~ 04:宣告 trapezoidArea() 函式用來根據上底、下底與高計算梯形面積並顯示結果,注意第 01 行將第三個參數的預設值設定為 5。

➡ 06:呼叫 trapezoidArea() 函式,裡面沒有提供第三個參數,所以會採取預設值 5,於是顯示梯形面積為 75。

➡ 07:呼叫 trapezoidArea() 函式,裡面沒有提供第二、三個參數,所以會採取預設值 undefined 和 5,於是顯示梯形面積為 NaN。

\Ch05\para1.js

```
01  function trapezoidArea(top, bottom, height = 5) {
02    var area = (top + bottom) * height / 2;
03    window.alert(' 梯形面積為 ' + area);
04  }                                              ❶
05
06  trapezoidArea(10, 20); ❷
07  trapezoidArea(10);      ❸
```

❶ 宣告函式 (預設參數必須放在一般參數的後面)
❷ 呼叫函式 (沒有提供第三個參數)
❸ 呼叫函式 (沒有提供第二、三個參數)

這個網頁顯示
梯形面積為75
確定

這個網頁顯示
梯形面積為NaN
確定

5-3-3 具名參數

JavaScript 預設採取**位置參數** (position parameter)，函式呼叫裡面的參數順序必須對應函式宣告裡面的參數順序，一旦寫錯順序，會導致對應錯誤，產生無法預期的結果。

不過，有些參數順序實在不好記，此時可以使用**具名參數** (named parameter)，也就是在函式呼叫裡面指定參數的名稱和值，這樣就不會弄錯參數順序。

下面是一個例子：

🢒 01 ～ 04：宣告 trapezoidArea() 函式用來根據上底、下底與高計算梯形面積並顯示結果，注意第 01 行使用具名參數。

🢒 06、07：呼叫 trapezoidArea() 函式，具名參數無須對應函式宣告裡面的參數順序，一樣能夠正確顯示梯形面積為 75。

\Ch05\para2.js

```
01  function trapezoidArea({top, bottom, height}) {
02    var area = (top + bottom) * height / 2;
03    window.alert('梯形面積為 ' + area);         ❶
04  }
05
06  trapezoidArea({height: 5, bottom: 20, top: 10}); ❷
07  trapezoidArea({height: 5, top: 10, bottom: 20}); ❸
```

❶ 宣告函式 (具名參數的前後必須以大括號括起來)
❷ 呼叫函式 (具名參數無須對應參數順序)
❸ 呼叫函式

5-3-4 其餘參數

ECMAScript 6 (ES6) 新增了**其餘參數** (rest parameter) 語法，可以讓函式接受不限定個數的參數。

下面是一個例子：

➡ 01 ~ 07：宣告 add() 函式用來傳回參數的總和，注意第 01 行使用其餘參數，前面要加上 ... 符號。若函式有一般參數，那麼其餘參數必須放在一般參數的後面。此外，其餘參數會被視為一個陣列，因此，第 03 ~ 05 行可以使用 for...of 迴圈來依序取得陣列的全部元素。

➡ 09：呼叫 add() 函式，會傳回兩個參數的總和為 3。

➡ 10：呼叫 add() 函式，會傳回五個參數的總和為 15。

\Ch05\rest.js

```
01  function add(...numbers) {
02    var result = 0;
03    for (let num of numbers) {
04      result += num;
05    }                          ❶
06    return result;
07  }
08
09  window.alert(add(1, 2));               ❷
10  window.alert(add(1, 2, 3, 4, 5));  ❸
```

❶ 宣告函式 (其餘參數的前面要加上 … 符號)　　❸ 呼叫函式 (五個參數)
❷ 呼叫函式 (兩個參數)

我們可以解構其餘參數，也就是從陣列中取出元素，然後指派給獨立的變數，下面是一個例子：

➡ 01 ~ 03：宣告 add() 函式用來傳回參數的總和，注意第 01 行使用其餘參數，同時將它解構指派給 x、y、z 三個變數。

➡ 05：呼叫 add() 函式，x、y、z 為 1、2、undefined，會傳回總和為 NaN。

➡ 06：呼叫 add() 函式，x、y、z 為 1、2、3，會傳回總和為 6。

➡ 07：呼叫 add() 函式，x、y、z 為 1、2、3，會傳回總和為 6，至於多出來的第四個參數會被忽略。

\Ch05\rest2.js

```
01  function add(...[x, y, z]) {     ❶
02    return x + y + z;
03  }
04
05  window.alert(add(1, 2));         ❷
06  window.alert(add(1, 2, 3));      ❸
07  window.alert(add(1, 2, 3, 4));   ❹
```

❶ 宣告函式 (其餘參數被解構指派給三個變數) ❸ 呼叫函式 (三個參數)
❷ 呼叫函式 (兩個參數) ❹ 呼叫函式 (四個參數)

這個網頁顯示

NaN

確定

這個網頁顯示

6

確定

這個網頁顯示

6

確定

5-4 函式的傳回值

原則上，在函式裡面的敘述執行完畢之前，程式的控制權都不會離開函式，不過，有時我們可能需要提早離開函式，返回呼叫函式的地方，此時可以使用 **return** 指令。

下面是一個例子，其中第 01 ~ 12 行是宣告 checkScore() 函式，它會先檢查分數是否小於 0 或大於 100，是就顯示「分數超過範圍！」，然後使用 return 指令提早離開函式，返回呼叫函式的地方，否則檢查分數有沒有及格。

\Ch05\checkscore.js

```
01   function checkScore(score) {
02     if ((score < 0) || (score > 100)) {
03       window.alert('分數超過範圍！');
04       return;
05     }
06     else if (score >= 60) {
07       window.alert('及格！');
08     }
09     else {
10       window.alert('不及格！');
11     }
12   }
13
14   var score = window.prompt('請輸入數學分數 (0-100)', '');
15   checkScore(score);
```

> 若分數小於 0 或大於 100，就顯示訊息，然後提早離開函式

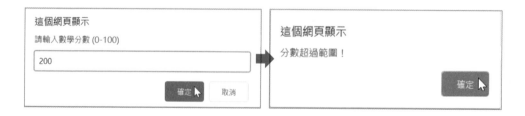

或者，我們可能需要從函式傳回一個或多個值，此時可以使用 return 指令，後面加上傳回值，注意 return 指令和傳回值不可以分行，當傳回值的個數不只一個時，可以利用陣列或物件來達成。

下面是一個例子：

➡ 01 ~ 05：宣告 addsub() 函式用來傳回兩個參數的和與差，注意第 04 行利用陣列傳回兩個值。

➡ 07：呼叫 addsub() 函式，然後將傳回的和與差指派給變數 result。

\Ch05\addsub.js

```
01    function addsub(x, y) {
02      var add = x + y;
03      var sub = x - y;
04      return [add, sub];
05    }
06
07    var result = addsub(5, 3);
08    window.alert('5 加 3 等於 ' + result[0] + '，5 減 3 等於 ' + result[1]);
```

❶ 宣告函式 (利用陣列傳回兩個參數的和與差)
❷ 呼叫函式 (將傳回的和與差指派給變數 result)
❸ 和為陣列的第一個元素
❹ 差為陣列的第二個元素

這個網頁顯示

5加3等於8，5減3等於2

確定

我們也可以使用解構指派的方式將第 07 ~ 08 行改寫成如下：

```
07    var [a, s] = addsub(5, 3);
08    window.alert('5 加 3 等於 ' + a + '，5 減 3 等於 ' + s);
```

高階函式

我們在前面提過，JavaScript 的函式是一種型別，除了可以將函式像數值或字串一樣指派給變數，也可以將函式當作其它函式的參數或傳回值，我們將這種函式稱為**高階函式** (higher-order function)。

5-5-1 將函式當作其它函式的參數

下面是一個例子：

➡ 05 ~ 07：宣告 welcome() 函式，它的第一個參數是函式。

➡ 09：呼叫 welcome() 函式並將 sayHello() 函式當作參數傳遞給它，我們將這種被當作參數的函式稱為**回呼函式** (callback function)。

\Ch05\higher1.js

```
01  function sayHello() {
02    return 'Hello, ';
03  }
04
05  function welcome(callback, name) {
06    window.alert(callback() + name);    ❶
07  }
08
09  welcome(sayHello, ' 小丸子 ');    ❷
```

❶ 宣告函式 (第一個參數是函式)

❷ 呼叫函式 (將 sayHello() 函式當作 welcome() 函式的參數)

這個網頁顯示

Hello, 小丸子

確定

5-5-2 將函式當作其它函式的傳回值

下面是一個例子：

➡️ 01 ~ 05：宣告 sayHello() 函式，它的傳回值是一個匿名函式。

➡️ 07：呼叫 sayHello() 函式，其中使用雙括號來呼叫 sayHello() 函式所傳回的函式。

\Ch05\higher2.js

```
01    function sayHello(name) {
02      return function() {
03        window.alert('Hello, ' + name);  ❶
04      }
05    }
06
07    sayHello(' 小丸子 ')(); ❷
```

❶ 宣告函式 (傳回值是函式)
❷ 呼叫函式 (使用雙括號來呼叫所傳回的函式)

這個網頁顯示

Hello, 小丸子

確定

這個程式也可以改寫成如下，執行結果是相同的：

```
var sayHello = function(name) {
  return function() {
    window.alert('Hello, ' + name);
  }
}
var myFunc = sayHello(' 小丸子 ');
myFunc();
```

5-6 遞迴函式

遞迴函式 (recursive function) 是可以呼叫自己本身的函式,若函式 f1() 呼叫函式 f2(),而函式 f2() 又在某種情況下呼叫函式 f1(),那麼函式 f1() 也可以算是一個遞迴函式。

遞迴函式通常可以被 for 或 while 迴圈取代,但由於遞迴函式的邏輯性、可讀性及彈性均比迴圈來得好,所以在很多時候,尤其是要撰寫遞迴演算法,還是會選擇遞迴函式。

下面是一個例子,它使用 for 迴圈來計算 5 階乘,即 5! 等於 $1 \times 2 \times 3 \times 4 \times 5$,但它有個缺點,就是只能計算 5 階乘,若要計算其它正整數的階乘,for 迴圈的計數器就要重新設定範圍,相當不方便,而且也沒有考慮到 0! 等於 1 和負數的情況。

\Ch05\factorial.js

```
01  var result = 1;
02
03  for (let i = 1; i <= 5; i++) {
04    result *= i;
05  }
06
07  window.alert('5! = ' + result);
```

這個網頁顯示

5! = 120

確定

事實上，只要根據如下的公式，我們可以使用遞迴函式改寫這個例子：

當 n = 0 時，F(n) = n! = 0! = 1
當 n > 0 時，F(n) = n! = n * F(n - 1)
當 n < 0 時，F(n) = -1，表示無法計算階乘

\Ch05\factorial2.js

```
01  function F(n) {
02    if (n === 0) {                    // 當 n = 0 時，F(n) = n! = 0! = 1
03      return 1;
04    }
05    else if (n > 0) {                 // 當 n > 0 時，F(n) = n! = n * F(n - 1)
06      return n * F(n - 1);
07    }
08    else {                            // 當 n < 0 時，F(n) = -1，表示無法計算階乘
09      return -1;
10    }
11  }
12
13  window.alert('0! = ' + F(0));
14  window.alert('5! = ' + F(5));
```

很明顯的，遞迴函式比 for 迴圈來得有彈性，只要改變參數，就能計算不同正整數的階乘，而且連 0! 等於 1 和負數的情況都考慮到了。遞迴函式的語法並不難，重點在於如何設計遞迴演算法，而這需要演算法的基礎，建議初學者簡略看過就好，等有需要的時候再來研究。

5-7 變數的有效範圍

變數的**有效範圍** (scope) 指的是程式的哪些敘述能夠存取變數，JavaScript 將之分為「全域變數」、「區域變數」和「區塊變數」。

全域變數

在函式外面宣告的變數屬於**全域變數** (global variable)，程式的所有敘述均能加以存取。下面是一個例子，它示範了函式內外的敘述均能存取全域變數。

\Ch05\global.js

```
function showMsg() {
  window.alert(msg); ◄------------┐
}                                 ┊
                                  ┊
var msg = 'Hello'; ❶              ┊
showMsg(); ❷----------------------┘
window.alert(msg); ❸
```

❶ 宣告全域變數

❷ 呼叫函式，在函式裡面顯示全域變數的值，結果如下圖 (a)

❸ 在函式外面顯示全域變數的值，結果如下圖 (b)

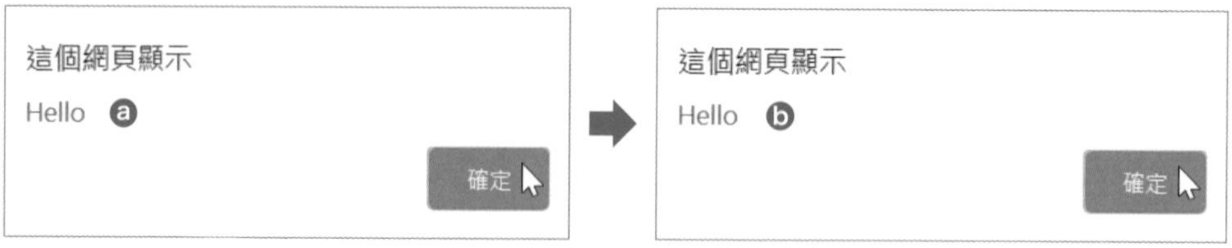

```
這個網頁顯示

Hello  ⓐ

                    確定 ▶
```

➡

```
這個網頁顯示

Hello  ⓑ

                    確定 ▶
```

區域變數

在函式裡面使用 var 關鍵字宣告的變數屬於**區域變數** (local variable)，只有函式裡面的敘述能夠加以存取。若沒有使用 var 關鍵字，那麼無論在函式裡面或函式外面所宣告的變數均屬於全域變數。下面是一個例子，它示範了只有函式裡面的敘述能夠存取區域變數。

\Ch05\local.js

```
function showMsg() {
  var msg = 'Hello';
  window.alert(msg);
}

showMsg(); ❶
window.alert(msg); ❷
```

❶ 呼叫函式 (先宣告區域變數，然後在函式裡面顯示區域變數的值，結果如下圖 (a))

❷ 在函式外面顯示區域變數的值，結果會發生錯誤，如下圖 (b)，因為函式執行完畢就會移除區域變數

這個網頁顯示

Hello ⓐ

確定

⊗ ▶Uncaught ReferenceError: local.js:7
    msg is not defined
            at local.js:7 ⓑ
>

區塊變數

在區塊裡面使用 let 關鍵字宣告的變數屬於**區塊變數** (block variable)，只有區塊裡面的敘述能夠加以存取，所謂的「區塊」就是以大括號括起來的敘述。下面是一個例子，它示範了區塊外面的敘述無法存取區塊變數。

\Ch05\block.js

```
if (true) {
  let msg = 'Hello'; ❶
}
window.alert(msg); ❷
```

❶ 宣告區塊變數

❷ 在區塊外面顯示區塊變數的值，結果會發生錯誤，因為區塊執行完畢就會移除區塊變數

⊗ Uncaught ReferenceError: block.js:4
    msg is not defined
            at block.js:4
>

最後要來討論一種情況，若函式裡面宣告與全域變數同名的區域變數，會怎麼樣呢？下面是一個例子，它在函式外面宣告一個名稱為 msg、值為 'Hello' 的全域變數（第 06 行），又在函式裡面宣告一個名稱為 msg、值為 'Good' 的區域變數（第 02 行），顯然兩者同名，這會發生命名衝突嗎？

執行結果是先顯示 Good，再顯示 Hello，不會發生命名衝突，因為若在執行函式時遇到與全域變數同名的區域變數，會參照函式裡面的區域變數，而忽略全域變數，我們將這個特點稱為**遮蔽效應**（shadowing）。

\Ch05\shadow.js

```
01  function showMsg() {
02      var msg = 'Good';
03      window.alert(msg);
04  }
05
06  var msg = 'Hello'; ❶
07  showMsg(); ❷
08  window.alert(msg); ❸
```

❶ 宣告全域變數
❷ 呼叫函式（先宣告區域變數，然後在函式裡面顯示區域變數的值）
❸ 顯示全域變數的值

這個網頁顯示
Good
　　　　　確定

這個網頁顯示
Hello
　　　　　確定

ＮＯＴＥ 變數的生命週期

在執行函式或區塊時，直譯器會建立區域變數或區塊變數，待函式或區塊執行完畢就會將它們移除；相反的，在宣告全域變數時，直譯器會建立全域變數，待整個程式執行完畢才會將它們移除，因此，全域變數愈多，佔用的記憶體就愈多，我們應該盡量以區域變數或區塊變數取代全域變數。

5-8 上層預先定義函式

在本章的最後，我們要介紹 JavaScript 提供的**上層預先定義函式** (top-level predefined function)，這些函式都可以直接呼叫，無須透過物件。

➡ eval(*str*)

將參數 *str* 指定的字串當作程式碼執行，然後傳回結果，例如：

```
eval('window.alert("Hello, world!");');
```

> 這個網頁顯示
> Hello, world!
>
> 　　　　　　　　　　　　　　　　確定

➡ Number(*obj*)

傳回將參數 *obj* 轉換成數值的結果，例如：

```
Number('2.5');                          // 傳回數值 2.5
Number('2.5') + Number('8');            // 傳回數值 10.5
Number(true);                           // 傳回數值 1
Number(null);                           // 傳回數值 0
Number('abc');                          // 傳回 NaN
```

➡ String(*obj*)

傳回將參數 *obj* 轉換成字串的結果，例如：

```
String(2.5);                            // 傳回字串 '2.5'
String(true);                           // 傳回字串 'true'
String(null);                           // 傳回字串 'null'
String(2.5) + String(8);                // 傳回字串 '2.58'
```

➔ isFinite(*value*)

若參數 *value* 為有限值 (非 NaN、Infinity、-Infinity)，就傳回 true，否則傳回 false，例如：

```
isFinite(NaN);            // 傳回 false（NaN 不是有限值）
isFinite(Infinity);      // 傳回 false（Infinity 不是有限值）
isFinite(-Infinity);     // 傳回 false（-Infinity 不是有限值）
isFinite(100);           // 傳回 true（100 是有限值）
isFinite('100');         // 傳回 true（'100' 會被轉換成數值 100）
isFinite(true);          // 傳回 true（true 會被轉換成數值 1）
isFinite(null);          // 傳回 true（null 會被轉換成數值 0）
isFinite('abc');         // 傳回 false（'abc' 會被轉換成 NaN）
```

提醒您，若參數 *value* 不是數值，直譯器會先將它轉換成數值，再來判斷是否為有限值。

➔ isNaN(*value*)

若參數 *value* 為 NaN，就傳回 true，否則傳回 false，例如：

```
isNaN(NaN);              // 傳回 true
isNaN('abc');            // 傳回 true（'abc' 會被轉換成 NaN）
isNaN(true);             // 傳回 false（true 會被轉換成數值 1）
isNaN(null);             // 傳回 false（null 會被轉換成數值 0）
isNaN(100);              // 傳回 false（數值 100 不是 NaN）
isNaN(Infinity);         // 傳回 false（Infinity 不是 NaN）
```

同樣的，若參數 *value* 不是數值，直譯器會先將它轉換成數值，再來判斷是否為 NaN。

請注意，我們必須使用 isNaN() 函式來判斷資料是否為 NaN，不能使用 == 或 === 運算子，因為 (NaN == NaN) 和 (NaN === NaN) 都會傳回 false，只有 isNaN(NaN) 會傳回 true。

parseInt(*str* [, *radix*])

傳回將參數 *str* 轉換成整數的結果,若要指定參數 *str* 的進位系統,可以加上參數 *radix*,預設為 10 進位,例如:

```
parseInt(10.5);                 // 傳回 10
parseInt('10.5');               // 傳回 10
parseInt('123abc.456');         // 傳回 123
parseInt(true);                 // 傳回 NaN
parseInt(null);                 // 傳回 NaN
parseInt(10, 2);                // 傳回 2 ( 二進位數字 10 會轉換成 2)
parseInt(20, 8);                // 傳回 16 ( 八進位數字 20 會轉換成 16)
parseInt(20, 16);               // 傳回 32 ( 十六進位數字 20 會轉換成 32)
```

parseFloat(*str*)

傳回將參數 *str* 轉換成浮點數的結果,例如:

```
parseFloat('2.5');              // 傳回 2.5
parseFloat('567.89');           // 傳回 567.89
parseFloat('123.4abc5');        // 傳回 123.4
parseFloat(true);               // 傳回 NaN
parseFloat(false);              // 傳回 NaN
parseFloat(null);               // 傳回 NaN
```

encodeURI(*str*)

傳回將參數 *str* 指定的 URI 編碼的結果,URI (Universal Resource Identifier) 是網路上各種資源的位址。

encodeURI() 函式會將英文字母、數字和 ! # $ & ' ( ) * + , - . / : ; = ? @ _ ~ 之外的字元加以編碼,例如下面的敘述會傳回 'http://me.org/?x=a%20b',其中空白字元會被編碼為 %20:

```
encodeURI('http://me.org/?x=a b');    // 傳回 'http://me.org/?x=a%20b'
```

⮞ decodeURI(*str*)

傳回將參數 *str* 解碼成 URI 的結果，也就是將被 encodeURI() 函式編碼過的資料加以解碼，例如下面的敘述會傳回 'http://me.org/?x=a b'，其中 %20 會被解碼為空白字元：

```
decodeURI('http://me.org/?x=a%20b');          // 傳回 'http://me.org/?x=a b'
```

⮞ encodeURIComponent(*str*)

傳回將參數 *str* 指定的 URI 編碼的結果，encodeURIComponent() 函式的用途和 encodeURI() 函式相似，不同的是它會將英文字母、數字和 ! ' ( ) * - . _ ~ 之外的字元加以編碼，之所以有這樣的差異是考慮到是否將一個完整的 URI 所包含的 http:// 或 https:// 字串加以編碼。

encodeURI() 函式不會將 :// 加以編碼，而 encodeURIComponent() 函式會將 :// 加以編碼，例如 encodeURI('http://'); 會傳回 'http://'，而 encodeURIComponent('http://'); 會傳回 'http%3A%2F%2F'，其中 : 被編碼為 %3A，/ 被編碼為 %2F。

⮞ decodeURIComponent(*str*)

傳回將參數 *str* 解碼成 URI 的結果，也就是將被 encodeURIComponent() 函式編碼過的資料加以解碼，例如 decodeURIComponent('http%3A%2F%2F'); 會傳回 'http://'。

NOTE

JavaScript 還有另一組 **escape()**、**unescape()** 函式可以將 URI 編碼及解碼，不過，由於不同的瀏覽器所編碼的字元可能不一致，而且 escape()、unescape() 又會將一些不需要編碼的字元加以編碼及解碼，後來遂被 encodeURI()、decodeURI()、encodeURIComponent()、decodeURIComponent() 等函式取代。

下面是我們請 ChatGPT 針對 JavaScript 的函式生成一些題目讓您做練習，建議您先自己撰寫解答，之後再請 ChatGPT 解題來做比較。

(1) 寫一個函式用來計算任意數量數字的平均值。

(2) 寫一個函式用來檢查一個數字是否為質數。

(3) 寫一個函式用來將一個數字轉換為其二進位表示法的字串。

(4) 寫一個函式用來找出陣列中的最小值和最大值。

提示 ▸ 解答：\Ch05\ex1.js

```javascript
// 第(1)題，其中 length 屬性可以用來取得數字的個數
function average(...nums) {
  let sum = 0;
  for (let num of nums) {
    sum += num;
  }
  return sum / nums.length;
}

// 第(4)題，其中 length 屬性可以用來取得陣列的元素個數
function findMinMax(array) {
  let min = array[0], max = array[0];
  for (let i = 1; i < array.length; i++) {
    if (array[i] < min) {
      min = array[i];
    } else if (array[i] > max) {
      max = array[i];
    }
  }
  return {min: min, max: max};
}
```

ChatGPT 隨堂練習

下面是我們請 ChatGPT 針對 JavaScript 的遞迴函式生成一些題目讓您做練習，建議您先自己撰寫解答，之後再請 ChatGPT 解題來做比較。

（1）　寫一個遞迴函式用來計算費氏數列中的第 n 項。

（2）　寫一個遞迴函式用來計算兩個正整數的最大公因數 (GCD)。

提示　解答：\Ch05\ex2.js

(1)　費氏 (Fibonacci) 數列的公式如下：

當 n = 1 時，fibo(n) = fibo(1) = 1
當 n = 2 時，fibo(n) = fibo(2) = 1
當 n > 2 時，fibo(n) = fibo(n - 1) + fibo(n - 2)

```
function fibonacci(n) {
  if (n === 1 || n === 2)
    return 1;
  else
    return fibonacci(n - 1) + fibonacci(n - 2);
}
```

(2)　兩個正整數 m、n 的最大公因數 (GCD) 公式如下：

當 n 可以整除 m 時，GCD(m, n) 等於 n
當 n 無法整除 m 時，GCD(m, n) 等於 GCD(n, m 除以 n 的餘數)

```
function GCD(m, n) {
  if (m % n === 0)
    return n;
  else
    return GCD(n, m % n);
}
```

內建物件

6-1 認識物件

我們在第 1 章有介紹過**物件** (object) 是由一些屬性、方法與事件所組成，用來表示生活中的物品，其中**屬性** (property) 用來描述物件的特質，**方法** (method) 用來定義物件的動作，而**事件** (event) 用來在某些情況下發出訊號，好讓使用者針對事件做出回應。

對 JavaScript 來說，物件是一些屬性、方法與事件的集合，代表某個東西，例如瀏覽器視窗、網頁本身或表單、圖片、表格、超連結等元素，透過這些物件，網頁設計人員就可以操作網頁上的元素。

舉例來說，Window 物件代表目前開啟的瀏覽器視窗，該物件包含了一些與瀏覽器視窗相關的屬性、方法與事件，如下圖。

我們可以透過 Window 物件的屬性取得瀏覽器視窗的網頁高度、網頁寬度、狀態列文字等資訊，也可以透過 Window 物件的方法操作瀏覽器視窗，例如顯示對話方塊或開新視窗，還可以透過 Window 物件的事件指定在某些情況下所要執行的動作，例如在載入網頁時顯示歡迎訊息。

6-2 使用物件

在開始使用物件之前,通常需要先建立物件,我們將這個建立物件的動作稱為**實體化** (instantiation)。JavaScript 提供了數種建立物件的方式,比較常用的是實字方式和建構子方式,以下有進一步的說明。

6-2-1 使用實字方式建立物件

我們在第 3-3-9 節有示範過如何使用**實字** (literal) 方式建立物件,例如下面的敘述是建立一個物件並將物件儲存在名稱為 user 的變數,其中物件的屬性或方法都是一個**鍵 / 值對** (key/value pair),分別代表屬性或方法的名稱與值,屬性的值可以是數值、字串、布林、陣列或另一個物件,而方法的值是一個函式:

```
var user = {                                          物
  name: '小丸子', ❶                                     件
  age: 20,                                               屬
                                                         性
  showMsg: function() {
                                   ❷                     方
    window.alert('Hi, 我是' + this.name + '!');           法
  }
};
```

❶ 鍵與值之間以冒號隔開,而每個屬性或方法之間以逗號隔開,但最後一個屬性或方法的後面不需要加上逗號。

❷ 這個 this 關鍵字指的是此物件本身,所以 this.name 就是此物件的 name 屬性。

存取物件的屬性與方法

我們可以使用**成員運算子 (.)** 存取物件的屬性與方法，例如下面的第一個敘述會傳回 age 屬性的值，而第二個敘述會呼叫 showMsg() 方法：

❶ 物件的名稱   ❷ 成員運算子   ❸ 屬性的名稱   ❹ 方法的名稱

此外，我們也可以使用**中括號表示法**存取物件的屬性，例如下面的敘述同樣會傳回 age 屬性的值：

❶ 物件的名稱   ❷ 中括號   ❸ 屬性的名稱 (前後加上單引號)

變更物件的屬性

我們可以變更物件的屬性值，例如下面的敘述會將 age 屬性的值變更為 18：

```
user.age = 18;
```

刪除物件的屬性

我們可以使用 **delete** 運算子刪除物件的屬性，例如下面的敘述會刪除 age 屬性，日後若存取該屬性，將會傳回 undefined：

```
delete user.age;
```

6-2-2　使用建構子方式建立物件

除了實字方式之外，我們也可以使用建構子方式建立物件，步驟是先使用 **new** 關鍵字和物件建構子建立一個空物件，然後一一加入屬性與方法，例如第 6-2-1 節的敘述可以改寫成如下，兩者都是建立一個 user 物件：

```
❶ var user = new Object();

  ┌ user.name = '小丸子';
❷ └ user.age = 20;

  ┌ user.showMsg = function() {
❸ │   window.alert('Hi, 我是' + this.name + '!');
  └ };
```

❶ 使用 new 關鍵字和 Object 物件建構子建立一個空物件

❷ 加入兩個屬性

❸ 加入一個方法

ＮＯＴＥ　靜態屬性與靜態方法

事實上，JavaScript 也提供了一些無須建立物件，就可以使用的屬性與方法，稱為**靜態屬性** (static property) 與**靜態方法** (static method)，例如下面的敘述是透過成員運算子存取 Math 物件提供的 PI 屬性，這是一個靜態屬性：

```
window.alert(Math.PI);          // 顯示圓周率 3.141592653589793
```

有時我們需要建立多個物件來表示類似的東西，此時，可以先使用建構子方式
建立物件的樣板，例如下面的敘述是建立一個名稱為 User 的函式做為物件的
樣板，裡面有 name 和 age 兩個屬性，以及 showMsg() 方法，物件的樣板
通常是以大寫字母開頭，例如 User，這主要是提醒程式開發人員在使用此函
式建立物件時記得要加上 new 關鍵字：

```javascript
function User(name, age) {
  this.name = name;                                    屬
  this.age = age;                                      性
  this.showMsg = function() {                          方
    window.alert('Hi, 我是' + this.name + '!');         法
  };
}
```

有了物件的樣板後，我們可以使用 new 關鍵字和樣板建立物件，例如下面的
第一個敘述建立了 user1 物件，使用者名稱是「小丸子」、20 歲；而第二個敘
述建立了 user2 物件，使用者名稱是「小紅豆」、18 歲：

```javascript
    ❶              ❷      ❸
var user1 = new User('小丸子', 20);
var user2 = new User('小紅豆', 18);
```

❶ 物件　　❷ 建構子函式　　❸ 指派給屬性的值

我們在前面的 user 物件中使用了一個特殊的 **this** 關鍵字，這個關鍵字用來指向一個物件，通常是使用 this 的函式所隸屬的物件。以 user 物件為例，使用 this 關鍵字的是 showMsg() 方法，而該方法隸屬於 user 物件，因此，this 關鍵字是指向 user 物件，而 this.name 就是 user 物件的 name 屬性。

this 關鍵字會隨著不同的情況指向不同的物件，當 this 關鍵字是出現在全域範圍的函式裡面時，也就是該函式不在其它物件或函式裡面，那麼 this 關鍵字會指向預設的物件，也就是 Window 物件。

在下面的程式碼中，this 關鍵字是出現在全域範圍的 getXY() 函式裡面，因此，this 關鍵字會指向預設的 Window 物件，而 this.screenX 和 this.screenY 就是 Window 物件的 screenX 與 screenY 屬性，即視窗左上角在螢幕上的 X 軸和 Y 軸座標：

```
function getXY() {
  var X = this.screenX;
  var Y = this.screenY;
  return [X, Y];
}
```

而在下面的程式碼中，this 關鍵字是出現在全域範圍的 getArea() 函式裡面，因此，this 關鍵字會指向預設的 Window 物件，而 this.X 和 this.Y 就是 Window 物件的 X 與 Y 變數，即 100 和 50：

```
var X = 100;
var Y = 50;
function getArea() {
  return this.X * this.Y;
}
```

6-3 JavaScript 內建物件

我們在第 1 章介紹過完整的 JavaScript 包含下列三個部分：

➔ **ECMAScript**：這是 JavaScript 的基本語法與內建物件。

➔ **文件物件模型 (DOM)**：DOM (Document Object Model) 是一個與網頁相關的模型，JavaScript 可以透過 DOM 存取網頁的元素。

➔ **瀏覽器物件模型 (BOM)**：BOM (Browser Object Model) 是一個與瀏覽器相關的模型，JavaScript 可以透過 BOM 存取瀏覽器的資訊。

原則上，ECMAScript 內建物件在所有 JavaScript 環境皆可使用，而 DOM 適用於網頁環境，至於 BOM 則適用於瀏覽器環境。ECMAScript 主要的內建物件如下，本章會針對其中幾個做進一步的介紹。

內建物件	說明
(Global)	全域物件，提供存取 JavaScript 核心功能的方法。
Number	提供操作數值的屬性與方法。
String	提供操作字串的屬性與方法。
Boolean	提供操作布林值的屬性與方法。
Symbol	提供操作符號的屬性與方法。
Function	提供操作函式的屬性與方法。
Array	提供操作陣列的屬性與方法。
Object	提供操作物件的屬性與方法。
Date	提供操作日期時間的屬性與方法。
Math	提供操作數值運算的屬性與方法。
RegExp	提供操作正規表示法的屬性與方法。
Error	提供操作錯誤資訊的屬性與方法。
Map/weakMap	提供操作 Map 物件的屬性與方法。
Set/weakSet	提供操作 Set 物件的屬性與方法。
Promise	提供實作非同步的屬性與方法。

6-3-1 Number 物件

Number 物件提供了操作數值的屬性與方法,包括最大數值、最小數值、NaN、無限大等特殊值,以及一些用來轉換成字串、浮點數或整數的方法。

Number 物件常用的屬性如下 (標示 * 者為靜態屬性)。

屬性	說明
*MAX_VALUE	最大數值,約 1.7976931348623157e+308。
*MIN_VALUE	最小數值,約 5e-324。
*MAX_SAFE_INTEGER	可安全表示的最大整數 (9007199254740991)。
*MIN_SAFE_INTEGER	可安全表示的最小整數 (-9007199254740991)
*NaN	NaN (Not a Number,不是數值)。
*NEGATIVE_INFINITY	-Infinity (負無限大)。
*POSITIVE_INFINITY	Infinity (正無限大)。
*EPSILON	數學上的極小值,約 2.220446049250313e-16。

Number 物件常用的方法如下 (標示 * 者為靜態方法)。

方法	說明
toString([*radix*])	傳回數值字串,參數 *radix* 為進位制。
toExponential([*digits*])	傳回科學記法字串,參數 *digits* 為小數點後面的位數,多出的位數會四捨五入。
toFixed([*digits*])	傳回固定小數點的數值字串,參數 *digits* 為小數點後面的位數,多出的位數會四捨五入。
toPrecision([*precision*])	傳回固定位數的數值字串,參數 *precision* 為位數,不足的位數會補 0,多出的位數會四捨五入。
*isNaN(*x*)	若參數 *x* 為 NaN,就傳回 true,否則傳回 false。
*isFinite(*x*)	若參數 *x* 為有限值,就傳回 true,否則傳回 false。
*isInteger(*x*)	若參數 *x* 為整數,就傳回 true,否則傳回 false。
*isSafeInteger(*x*)	若參數 *x* 為安全整數,就傳回 true,否則傳回 false。
*parseFloat(*str*)	傳回參數 *str* 轉換成浮點數的結果。
*parseInt(*str*, [*radix*])	傳回參數 *str* 轉換成整數的結果,參數 *radix* 為參數 *str* 的進位制,預設為十進位。

下面是一個例子，它會示範如何使用 Number 物件的屬性與方法，其中
console.log() 方法會將結果顯示在瀏覽器開發人員工具的主控台。

\Ch06\number.js

```javascript
// 顯示 Number 物件的屬性值（靜態屬性可以直接存取，無須建立物件）
console.log(Number.MAX_VALUE);                    // 顯示 1.7976931348623157e+308
console.log(Number.MIN_VALUE);                    // 顯示 5e-324
console.log(Number.MAX_SAFE_INTEGER);             // 顯示 9007199254740991
console.log(Number.MIN_SAFE_INTEGER);             // 顯示 -9007199254740991
console.log(Number.NaN);                          // 顯示 NaN
console.log(Number.NEGATIVE_INFINITY);            // 顯示 -Infinity
console.log(Number.POSITIVE_INFINITY);            // 顯示 Infinity
console.log(Number.EPSILON);                      // 顯示 2.220446049250313e-16
// 透過變數 X 呼叫 Number 物件的方法
var X = 123.875;
console.log(X.toString());                        // 顯示 123.875（十進位）
console.log(X.toString(2));                        // 顯示 1111011.111（二進位）
console.log(X.toExponential());                   // 顯示 1.23875e+2
console.log(X.toExponential(4));                  // 顯示 1.2388e+2（小數點後面 4 位）
console.log(X.toFixed());                         // 顯示 124
console.log(X.toFixed(4));                        // 顯示 123.8750（小數點後面 4 位）
console.log(X.toPrecision(2));                    // 顯示 1.2e+2（固定位數 2 位）
console.log(X.toPrecision(4));                    // 顯示 123.9（固定位數 4 位）
// 靜態方法可以直接呼叫，無須建立物件
console.log(Number.isNaN(NaN));                   // 顯示 true
console.log(Number.isNaN(100));                   // 顯示 fasle
console.log(Number.isFinite(100));                // 顯示 true
console.log(Number.isFinite(-Infinity);           // 顯示 false
console.log(Number.isInteger(100));               // 顯示 true
console.log(Number.isInteger(-Infinity));         // 顯示 false
console.log(Number.isSafeInteger(100));           // 顯示 true
console.log(Number.parseFloat('123.875abc'));     // 顯示 123.875
console.log(Number.parseInt('123.875abc'));       // 顯示 123
console.log(Number.parseInt('123.875abc', 16));   // 顯示 291
```

這個程式的瀏覽畫面是空白的，此時，請開啟開發人員工具，例如 Chrome 和 Edge 的使用者可以按 **[F12]** 鍵，就會在主控台看到如下結果。

1.7976931348623157e+308	number.js:2
5e-324	number.js:3
9007199254740991	number.js:4
-9007199254740991	number.js:5
NaN	number.js:6
-Infinity	number.js:7
Infinity	number.js:8
2.220446049250313e-16	number.js:9
123.875	number.js:13
1111011.111	number.js:14
1.23875e+2	number.js:15
1.2388e+2	number.js:16
124	number.js:17
123.8750	number.js:18
1.2e+2	number.js:19
123.9	number.js:20
true	number.js:23
false	number.js:24
true	number.js:25
false	number.js:26
true	number.js:27
false	number.js:28
true	number.js:29
123.875	number.js:30
123	number.js:31
291	number.js:32

NOTE

Number.isNaN() 方法比第 5-8 節的 isNaN() 函式更嚴格，它不會將參數轉換成數值型別，只有當參數是數值型別的 NaN 時才會傳回 true，例如 isNaN('abc') 會傳回 true，因為參數 'abc' 會被轉換成 NaN，而 Number.isNaN('abc') 會傳回 false，因為參數 'abc' 不是數值型別的 NaN。

Number.isFinite() 方法亦比第 5-8 節的 isFinite() 函式更嚴格，它不會將參數轉換成數值型別，只有當參數是數值型別的有限值時才會傳回 true，例如 isFinite('100') 會傳回 true，因為參數 '100' 會被轉換成數值 100，而 Number.isFinite('100') 會傳回 false，因為參數 '100' 不是數值型別的有限值。

TIP 包裹物件

在 \Ch06\number.js 中，變數 X 是基本型別資料，並不是物件，為何能夠透過成員運算子呼叫 Number 物件的方法呢？以 X.toString() 為例，當直譯器看到這個敘述時，會自動將變數 X 包裹成 Number 物件，然後呼叫 toString() 方法傳回結果，再回復成原來的基本型別資料。

除了對應到數值型別的 Number 物件，包括對應到字串、布林等型別的 String、Boolean 等物件也都是屬於這類的**包裹物件** (wrapper object)。

此外，我們可以透過 Number、String、Boolean 等物件建立數值、字串、布林等基本型別的變數，例如 var X = new Number(5); 是利用 Number 物件的建構子建立一個值為 5 的 Number 物件，然後指派給變數 X。不過，前述寫法並不常見，我們通常會寫成 var X = 5;，直接將 5 指派給變數 X。

6-3-2 String 物件

String 物件提供了操作字串的屬性與方法，包括字串的長度，以及一些用來進行大小轉換、搜尋字串、擷取部分字串、連接字串的方法。

String 物件的屬性

String 物件有一個常用的屬性 **length**，表示字串的長度。舉例來說，假設變數 X 的值為 'Hello, world!'，那麼它的長度 X.length 會傳回 13，包括裡面的一個空白字元在內。

我們可以透過索引存取字串裡面的字元，索引是從 0 開始逐一遞增到 12，例如 X[0]、X[1]、X[2] 分別代表字元 H、e、l，如下圖。

索引	0	1	2	3	4	5	6	7	8	9	10	11	12
字元	H	e	l	l	o	,		w	o	r	l	d	!

長度為 13 個字元

String 物件的方法

方法	說明
搜尋字串	
indexOf(*str*[, *start*])	傳回參數 *str* 首次出現在字串中的索引，-1 表示找不到，若要指定從哪個索引開始搜尋，可以加上參數 *start*。
lastIndexOf(*str*[, *start*])	傳回參數 *str* 最後出現在字串中的索引（由後往前找），-1 表示找不到，若要指定從哪個索引開始搜尋，可以加上參數 *start*。
includes(*str*[, *start*])	傳回字串是否包含參數 *str*，若要指定從哪個索引開始檢查，可以加上參數 *start*。
startsWith(*str*[, *start*])	傳回字串是否以參數 *str* 開頭，若要指定從哪個索引開始檢查，可以加上參數 *start*。
endsWith(*str*[, *start*])	傳回字串是否以參數 *str* 結尾，若要指定從哪個索引開始檢查，可以加上參數 *start*。
擷取部分字串	
charAt(*index*)	傳回索引為 *index* 的字元。
charCodeAt(*index*)	傳回索引為 *index* 的字元碼。
split(*str*)	根據參數 *str* 做分割，將字串轉換成 Array 物件並傳回。
substr(*index*, *length*)	傳回從索引 *index* 擷取長度為 *length* 的字串。
slice(*begin* [, *end*])	傳回索引為 *begin* ~ (*end* - 1) 的字串。
substring(*begin* [, *end*])	傳回索引為 *begin* ~ (*end* - 1) 的字串。
正規表示法	
search(*reg*)	傳回正規表示法參數 *reg* 首次出現在字串中的索引。
match(*reg*)	傳回正規表示法參數 *reg* 出現在字串中的子字串。
replace(*reg*|*str*, *newstr*)	以參數 *newstr* 取代根據正規表示法參數 *reg* 或字串參數 *str* 搜尋到的子字串。
其它	
toLowerCase()	傳回所有字元轉換成小寫的字串。
toUpperCase()	傳回所有字元轉換成大寫的字串。
concat(*str* [, ...*strN*])	傳回字串與參數 *str* 進行字串連接的結果。
repeat(*count*)	傳回將字串重複參數 *count* 次的結果。
trim()	傳回移除字串前後空白的結果。

下面是一個例子，它會示範如何使用 String 物件的方法。

```javascript
var X = 'Hello, world!';
var Y = 'WowWowWowWowWow';
var Z = '  Good!  ';
// 搜尋字串
console.log(Y.indexOf('Wow'));            // 顯示 0（首次出現的索引）
console.log(Y.lastIndexOf('Wow'));        // 顯示 12（最後出現的索引）
console.log(Y.includes('ow'));            // 顯示 true（包含 'ow'）
console.log(Y.startsWith('ow'));          // 顯示 false（不是以 'ow' 開頭）
console.log(Y.endsWith('ow'));            // 顯示 true（以 'ow' 結尾）
// 擷取部分字串
console.log(X.charAt(0));                 // 顯示 H（索引 0 為字母 H）
console.log(X.charCodeAt(0));             // 顯示 72（索引 0 為字母 H，字元碼為 72）
console.log(X.split('o'));                // 顯示 ["Hell", ", w", "rld!"]（以 'o' 做分割）
console.log(X.substr(2, 3));              // 顯示 llo（從索引 2 擷取 3 個字元）
console.log(X.slice(1, 5));               // 顯示 ello（擷取索引 1 ~ 4 的字元）
console.log(X.substring(1, 5));           // 顯示 ello（擷取索引 1 ~ 4 的字元）
console.log(X.slice(5, 1));               // 顯示 ""（開始參數大於結尾參數）
console.log(X.substring(5, 1));           // 顯示 ello（將開始參數與結尾參數交換）
console.log(X.slice(1, -5));              // 顯示 ello, w（參見後面的說明）
console.log(X.substring(1, -5));          // 顯示 H（參見後面的說明）
// 正規表示法
console.log(X.search('llo'));             // 顯示 2（首次出現的索引）
console.log(X.match('llo'));              // 顯示 llo（出現的子字串）
console.log(X.replace('Hello', 'Hi'));    // 顯示 Hi, world!（以 'Hi' 取代 'Hello'）
// 其它
console.log(X.toLowerCase());             // 顯示 hello, world!（全部小寫）
console.log(X.toUpperCase());             // 顯示 HELLO, WORLD!（全部大寫）
console.log(Z.concat('Perfect!'));        // 顯示  Good!  Perfect!（字串連接）
console.log(Z.repeat(2));                 // 顯示  Good!   Good!  （字串重複兩次）
console.log(Z.trim());                    // 顯示 Good!（移除字串前後空白）
```

TIP slice() 和 substring() 的差別

在一般的情況下，slice(*begin* [, *end*]) 和 substring(*begin* [, *end*]) 都是傳回索引為 *begin* ~ (*end* - 1) 的字串，但下列兩個情況例外：

- 當參數 *begin* 大於參數 *end* 時，slice() 會傳回空字串 ("")，例如 X.slice(5, 1) 會傳回空字串；而 substring() 會自動將兩個參數交換，例如 X.substring(5, 1) 會傳回和 X.substring(1, 5) 相同的結果。

- 當參數為負數時，slice() 會從字串結尾往前計算字元數，例如 X.slice(1, -5) 會從結尾往前計算 5 個字元，該字元的索引為 8，所以會傳回和 X.slice(1, 8) 相同的結果；而 substring() 會將負的參數視為 0，例如 X.substring(1, -5) 會被視為 X.substring(1, 0)，所以會傳回和 X.substring(0, 1) 相同的結果。

6-3-3 Symbol 物件

Symbol 是 ECMAScript 6 (ES6) 新增的基本型別，用來表示獨一無二的符號。我們可以使用 **Symbol()** 建構子建立 Symbol 物件，例如：

```
01  let sym1 = Symbol();              // 建立唯一的符號
02  let sym2 = Symbol('foo');         // 建立唯一的符號
03  let sym3 = Symbol('foo');         // 建立唯一的符號
04  console.log(sym2 === sym3);       // 顯示 false
```

- 01：建立唯一的符號並指派給變數 sym1，注意不能加上 new 關鍵字。

- 02：建立唯一的符號並指派給變數 sym2，參數代表鍵（描述文字）。

- 03：建立唯一的符號並指派給變數 sym3，參數代表鍵（描述文字）。

- 04：雖然 sym2 和 sym3 兩個變數的鍵（描述文字）相同，卻是不同的符號，比較的結果會傳回 false。

Symbol 可以應用在物件的屬性名稱或其它需要唯一識別字的用途,舉例
來說,我們可以將 Symbol 應用在星期日、星期一 ~ 星期六的常數,如下,
這麼一來,每個常數都是唯一的,不會因為有其它相同值的常數存在而造成
混淆:

```
const SUNDAY = Symbol();
const MONDAY = Symbol();
…（中間省略）
const SATURDAY = Symbol();
```

Symbol 物件提供了數個靜態屬性,比較常用的是 **Symbol.iterator**,用來
代表物件預設的迭代器。下面是一個例子,它會利用陣列的迭代器依序呼叫
next() 方法顯示元素的值。

```
let arr = [1, 2, 3];
let iterator = arr[Symbol.iterator]();
console.log(iterator.next());          // 顯示 {value: 1, done: false}
console.log(iterator.next());          // 顯示 {value: 2, done: false}
console.log(iterator.next());          // 顯示 {value: 3, done: false}
```

Symbol 物件亦提供了下列兩個靜態方法:

- **Symbol.for(*key*)**:根據參數 *key* 指定的鍵在全域的符號登錄表中搜尋符
  號,若該符號存在,就傳回該符號,否則建立該符號。

- **Symbol.keyFor(*sym*)**:根據參數 *sym* 指定的符號在全域的符號登錄表
  中搜尋鍵,若該鍵存在,就傳回該鍵,否則傳回 undefined。

以下面的程式碼為例,第一個敘述會建立鍵為 'bar' 的 Symbol 物件並指派給
變數 sym1,第二個敘述會搜尋變數 sym1 的鍵,然後顯示在主控台:

```
let sym1 = Symbol.for('bar');
console.log(Symbol.keyFor(sym1));        // 顯示 bar
```

6-3-4　Math 物件

Math 物件提供了操作數值運算的屬性與方法，要注意的是 Math 物件的成員均為靜態屬性與靜態方法，可以透過 Math 物件加以存取，例如 Math.E、Math.PI 等。若是以 new 關鍵字建立 Math 物件，反而會得到 Math is not a constructor (Math 不是一個建構子) 錯誤訊息。

Math 物件的屬性

Math 物件的屬性如下 (標示 * 者為靜態屬性)。

屬性	說明
*E	自然數 e = 2.718281828459045。
*LN2	e 為底的對數 2，ln2 = 0.6931471805599453。
*LN10	e 為底的對數 10，ln10 = 2.302585092994046。
*LOG2E	2 為底的對數 e，$\log_2 e$ = 1.4426950408889634。
*LOG10E	10 為底的對數 e，$\log_{10} e$ = 0.4342944819032518。
*PI	圓周率 π = 3.141592653589793。
*SQRT1_2	1/2 的平方根 = 0.7071067811865476。
*SQRT2	2 的平方根 = 1.4142135623730951。

下面是一個例子，它會示範如何顯示 Math 物件的屬性值。

\Ch06\math1.js

```
// 顯示 Math 物件的屬性值 ( 靜態屬性可以直接存取，無須建立物件 )
console.log(Math.E);          // 顯示 2.718281828459045
console.log(Math.LN2);        // 顯示 0.6931471805599453
console.log(Math.LN10);       // 顯示 2.302585092994046
console.log(Math.LOG2E);      // 顯示 1.4426950408889634
console.log(Math.LOG10E);     // 顯示 0.4342944819032518
console.log(Math.PI);         // 顯示 3.141592653589793
console.log(Math.SQRT1_2);    // 顯示 0.7071067811865476
console.log(Math.SQRT2);      // 顯示 1.4142135623730951
```

Math 物件的方法

Math 物件常用的方法如下 (標示 * 者為靜態方法)。

方法	說明
基本運算	
*abs(*num*)	傳回參數 *num* 的絕對值。
*max(*n1*, *n2*, ...)	傳回參數中的最大值。
*min(*n1*, *n2*, ...)	傳回參數中的最小值。
*pow(*n1*, *n2*)	傳回 *n1* 的 *n2* 次方。
*random()	傳回 0 ~ 1.0 之間的亂數。
*sign(*num*)	傳回參數的正負符號，1 表示正數，-1 表示負數，0 表示 0。
進位或捨去	
*ceil(*num*)	傳回大於等於參數 *num* 的整數 (無條件進位)。
*floor(*num*)	傳回小於等於參數 *num* 的整數 (無條件捨去)。
*round(*num*)	傳回參數 *num* 的四捨五入值。
*trunc(*num*)	傳回參數 *num* 的整數部分 (捨去小數部分)。
平方根、指數、對數	
*sqrt(*num*)	傳回參數 *num* 的平方根。
*cbrt(*num*)	傳回參數 *num* 的立方根。
*exp(*num*)	傳回自然數 e 的 *num* 次方。
*log(*num*)	傳回 e 為底的對數。
*log10(*num*)	傳回 10 為底的對數。
*log2(*num*)	傳回 2 為底的對數。
三角函數	
*sin(*num*)	傳回參數 *num* 的正弦值，*num* 為弧度。
*cos(*num*)	傳回參數 *num* 的餘弦值，*num* 為弧度。
*tan(*num*)	傳回參數 *num* 的正切值，*num* 為弧度。
*asin(*num*)	傳回參數 *num* 的反正弦值。
*acos(*num*)	傳回參數 *num* 的反餘弦值。
*atan(*num*)	傳回參數 *num* 的反正切值。

下面是一個例子，它會示範如何使用 Math 物件的方法。

\Ch06\math2.js

```javascript
// 靜態方法可以直接呼叫，無須建立物件
// 基本運算
console.log(Math.abs(-100));             // 顯示 100（-100 的絕對值）
console.log(Math.max(1, 3, 2));          // 顯示 3（最大值）
console.log(Math.min(1, 3, 2));          // 顯示 1（最小值）
console.log(Math.pow(10, 2));            // 顯示 100（10 的 2 次方）
console.log(Math.random());              // 顯示 0.73892389138394（隨機亂數）
console.log(Math.sign(100));             // 顯示 1（100 為正數）
console.log(Math.sign(0));               // 顯示 0（0）
console.log(Math.sign(-100));            // 顯示 -1（-100 為負數）


// 進位或捨去
console.log(Math.ceil(7.004));           // 顯示 8（無條件進位）
console.log(Math.floor(5.95));           // 顯示 5（無條件捨去）
console.log(Math.round(5.95));           // 顯示 6（四捨五入）
console.log(Math.trunc(13.37));          // 顯示 13（捨去小數部分）


// 平方根、指數、對數
console.log(Math.sqrt(4));               // 顯示 2（4 的平方根）
console.log(Math.cbrt(8));               // 顯示 2（8 的立方根）
console.log(Math.exp(1));                // 顯示 2.718281828459045（e 的 1 次方）
console.log(Math.log(Math.E));           // 顯示 1（log_e e）
console.log(Math.log10(100));            // 顯示 2（log_10 100）
console.log(Math.log2(8));               // 顯示 3（log_2 8）


// 三角函數
console.log(Math.sin(Math.PI / 4));      // 顯示 0.7071067811865475
console.log(Math.cos(Math.PI / 4));      // 顯示 0.7071067811865476
console.log(Math.tan(Math.PI / 4));      // 顯示 0.9999999999999999
console.log(Math.asin(1));               // 顯示 1.5707963267948966 (PI / 2)
console.log(Math.acos(Math.sqrt(3)/2));  // 顯示 0.5235987755982989 (PI / 6)
console.log(Math.atan(1));               // 顯示 0.7853981633974483 (PI / 4)
```

ⓃⓄⓉⒺ with 指令

JavaScript 提供了一個 **with** 指令可以用來重複存取同一個物件的屬性或方法,舉例來說,我們可以使用 with 指令將 \Ch06\math1.js 改寫成如下,執行結果是相同的。

```
with (console) {
  log(Math.E);                    // 顯示 2.718281828459045
  log(Math.LN2);                  // 顯示 0.6931471805599453
  log(Math.LN10);                 // 顯示 2.302585092994046
  log(Math.LOG2E);                // 顯示 1.4426950408889634
  log(Math.LOG10E);               // 顯示 0.4342944819032518
  log(Math.PI);                   // 顯示 3.141592653589793
  log(Math.SQRT1_2);              // 顯示 0.7071067811865476
  log(Math.SQRT2);                // 顯示 1.4142135623730951
}
```

with 指令乍看之下好像很方便,不過,它會影響執行效能,而且有時可能會造成混淆、程式不易閱讀,所以不建議在開發大型應用程式的時候使用。事實上,ECMAScript 5 嚴格模式 (strict mode) 已經禁止使用 with 指令。

ⓉⒾⓅ 產生 1 ~ 10 的亂數

我們知道 random() 方法可以用來傳回 0 ~ 1.0 之間的亂數,例如 0.73892389138394,但在實際應用上,有時可能會需要產生 1 ~ 10 的亂數,該怎麼辦呢?此時可以寫成如下,先將 random() 方法傳回的亂數乘以 10,然後使用 floor() 方法無條件捨去小數部分,再加上 1 即可。注意此處不是使用 round() 方法做四捨五入,因為 1.5 ~ 1.999999 之間的數值都會被四捨五入成 2,導致出現 2 的機率比 1 高,而 floor() 方法就不會有這個問題:

```
var randomNum = Math.floor(Math.random() * 10) + 1;
```

6-3-5 Date 物件

雖然 JavaScript 的基本型別中沒有日期時間，但我們可以透過 JavaScript 內建的 **Date 物件**處理日期時間。

我們可以使用 new 關鍵字和 **Date()** 建構子建立 Date 物件，例如：

```
01   let today = new Date();
02   let dt1 = new Date('November 26, 1989 02:30:00');
03   let dt2 = new Date('1989-11-26T02:30:00');
04   let dt3 = new Date(1989, 10, 26, 2, 30, 0);
05   let dt4 = new Date(1989, 10, 26);
06   let dt5 = new Date(628021800000);
```

➡ 01：呼叫 Date() 建構子建立 Date 物件，由於沒有參數，所以預設值為目前的系統日期時間。

➡ 02：根據 Date() 建構子的參數建立 Date 物件，該參數表示 1989 年 11 月 26 日兩點三十分零秒。

➡ 03：此敘述的作用和第 02 行相同，只是換一種格式表示日期時間。

➡ 04：此敘述的作用和第 02 行相同，只是將一個參數換成六個參數，分別表示年、月、日、時、分、秒，注意第二個參數的合法值為 0 ~ 11，分別表示 1 ~ 12 月。

➡ 05：Date() 建構子有三個參數，分別表示年、月、日，至於時、分、秒則採預設值 0，所以該參數表示 1989 年 11 月 26 日零點零分零秒。

➡ 06：Date() 建構子有一個參數表示時間戳記 (timestamp)，也就是從 1970-01-01T00:00:00 到該日期時間所經過的毫秒數，而 628021800000 正是 1989 年 11 月 26 日兩點三十分零秒的時間戳記。

Date 物件的方法

Date 物件常用的方法如下 (標示 * 者為靜態方法)。

方法	說明
取得日期時間	
getFullYear()	傳回年份 (四位)。
getMonth()	傳回月份 0 ~ 11，表示 1 ~ 12 月。
getDate()	傳回日期 1 ~ 31。
getDay()	傳回星期 0 ~ 6，表示星期日 ~ 星期六。
getHours()	傳回小時 0 ~ 23。
getMinutes()	傳回分鐘 0 ~ 59。
getSeconds()	傳回秒數 0 ~ 59。
getMilliseconds()	傳回毫秒數 0 ~ 999。
getTime()	傳回自 1970/1/1 00:00:00 起所經過的毫秒數。
getTimezoneOffset()	傳回系統時間與世界標準時間 (UTC) 的時間差。
取得 UTC 日期時間	
getUTCFullYear()	傳回世界標準時間 (UTC) 的年份 (四位)。
getUTCMonth()	傳回世界標準時間 (UTC) 的月份 0 ~ 11，表示 1 ~ 12 月。
getUTCDate()	傳回世界標準時間 (UTC) 的日期 1 ~ 31。
getUTCDay()	傳回世界標準時間 (UTC) 的星期 0 ~ 6，表示星期日 ~ 星期六。
getUTCHours()	傳回世界標準時間 (UTC) 的小時 0 ~ 23。
getUTCMinutes()	傳回世界標準時間 (UTC) 的分鐘 0 ~ 59。
getUTCSeconds()	傳回世界標準時間 (UTC) 的秒數 0 ~ 59。
getUTCMilliseconds()	傳回世界標準時間 (UTC) 的毫秒數 0 ~ 999。
設定日期時間	
setFullYear(x)	設定年份 (四位)。
setMonth(x)	設定月份 0 ~ 11，表示 1 ~ 12 月。
setDate(x)	設定日期 1 ~ 31。
setHours(x)	設定小時 0 ~ 23。

方法	說明
setMinutes(x)	設定分鐘 0 ~ 59。
setSeconds(x)	設定秒數 0 ~ 59。
setMilliseconds(x)	設定毫秒數 0 ~ 999。
setTime(x)	設定自 1970/1/1 00:00:00 起所經過的毫秒數。
設定 UTC 日期時間	
setUTCDate(x)	設定世界標準時間 (UTC) 的日期 1 ~ 31。
setUTCMonth(x)	設定世界標準時間 (UTC) 的月份 0 ~ 11，表示 1 ~ 12 月。
setUTCFullYear(x)	設定世界標準時間 (UTC) 的年份 (四位)。
setUTCHours(x)	設定世界標準時間 (UTC) 的小時 0 ~ 23。
setUTCMinutes(x)	設定世界標準時間 (UTC) 的分鐘 0 ~ 59。
setUTCSeconds(x)	設定世界標準時間 (UTC) 的秒數 0 ~ 59。
setUTCMilliseconds(x)	設定世界標準時間 (UTC) 的毫秒數 0 ~ 999。
字串轉換	
toString()	將日期時間轉換為字串。
toJSON()	將日期時間依照 JSON 格式轉換為字串。
toUTCString()	將日期時間依照世界標準時間 (UTC) 格式轉換為字串。
toLocaleString()	將日期時間依照當地時間格式轉換為字串。
toDateString()	將日期時間的日期轉換為字串。
toTimeString()	將日期時間的時間轉換為字串。
toLocaleDateString()	將日期時間的日期依照當地時間格式轉換為字串。
toLocaleTimeString()	將日期時間的時間依照當地時間格式轉換為字串。
解析日期時間	
*now()	傳回自 1970/1/1 00:00:00 (UTC) 起到目前日期時間所經過的毫秒數。
*parse(dtstr)	解析參數 dtstr 指定之字串所表示的日期時間，然後傳回自 1970/1/1 00:00:00 (UTC) 起到該日期時間所經過的毫秒數。
*UTC(year[, month[, day[, hour[, minute[, second[, millisecond]]]]]])	解析參數所表示的日期時間，然後傳回自 1970/1/1 00:00:00 (UTC) 起到該日期時間所經過的毫秒數。

下面是一個例子，它會示範如何使用 Date 物件的方法設定日期時間。

\Ch06\date1.js

```javascript
let dt = new Date();
dt.setFullYear(1995);
dt.setMonth(10);
dt.setDate(26);
dt.setHours(9);
dt.setMinutes(30);
dt.setSeconds(0);
dt.setMilliseconds(0);
console.log(dt.toString());
console.log(dt.toJSON());
console.log(dt.toUTCString());
console.log(dt.toLocaleString());
console.log(dt.toDateString());
console.log(dt.toTimeString());
console.log(dt.toLocaleDateString());
console.log(dt.toLocaleTimeString());
console.log(Date.now());
console.log(Date.parse('November 26, 1995 9:30:00'));
console.log(Date.UTC(1995, 10, 26, 1, 30, 0, 0));
```

> 執行結果中的 GMT (Greenwich Mean Time) 為格林威治標準時間，而 GMT + 0800 表示當地時間為格林威治標準時間加上 8 小時

下面是另一個例子，它會示範如何使用 Date 物件的方法取得日期時間。

\Ch06\date2.js

```
let dt = new Date('November 26, 1995 9:30:00');
console.log(dt.getFullYear());              // 顯示 1995（年份）
console.log(dt.getMonth());                 // 顯示 10（11月）
console.log(dt.getDate());                  // 顯示 26（26日）
console.log(dt.getDay());                   // 顯示 0（星期日）
console.log(dt.getHours());                 // 顯示 9（9點）
console.log(dt.getMinutes());               // 顯示 30（30分）
console.log(dt.getSeconds());               // 顯示 0（0秒）
console.log(dt.getMilliseconds());          // 顯示 0（0毫秒）
console.log(dt.getTime());                  // 顯示 817349400000（時間戳記）
console.log(dt.getTimezoneOffset());        // 顯示 -480（時間差是慢 8 小時）
console.log(dt.getUTCFullYear());           // 顯示 1995（年份）
console.log(dt.getUTCMonth());              // 顯示 10（11月）
console.log(dt.getUTCDate());               // 顯示 26（26日）
console.log(dt.getUTCDay());                // 顯示 0（星期日）
console.log(dt.getUTCHours());              // 顯示 1（1點）
console.log(dt.getUTCMinutes());            // 顯示 30（30分）
console.log(dt.getUTCSeconds());            // 顯示 0（0秒）
console.log(dt.getUTCMilliseconds());       // 顯示 0（0毫秒）
```

 NOTE 日期時間的加減運算

我們可以利用 Date 物件提供的方法計算兩個日期時間相差幾天，以下面的敘述為例，只要利用 getTime() 方法取得 dt1 和 dt2 的時間戳記，然後將兩者相減再除以一天有多少毫秒，就能計算出兩者相差 51 天。

```
let dt1 = new Date('2023-5-20');
let dt2 = new Date('2023-7-10');
console.log((dt2.getTime() - dt1.getTime()) / (24 * 60 * 60 * 1000));    // 顯示 51
```

6-3-6 Array 物件

Array 物件提供了操作陣列的屬性與方法，包括陣列的長度，以及一些用來進行搜尋陣列、擷取陣列元素、連接陣列元素、排序、反轉的方法。

一維陣列

陣列 (array) 可以用來儲存多個資料，這些資料叫做**元素** (element)，每個元素有各自的**索引** (index) 與**值** (value)。

索引可以用來識別元素，例如第 1 個元素的索引為 0，第 2 個元素的索引為 1，...，第 n 個元素的索引為 n - 1。當陣列最多儲存 n 個元素時，表示它的**長度** (length) 為 n。

除了**一維陣列** (one-dimension) 之外，JavaScript 也允許我們使用**多維陣列** (multi-dimension)，其中以**二維陣列** (two-dimension) 較為常見。

以下面的敘述為例，我們先宣告一個名稱為 studentNames、包含 4 個元素的一維陣列，然後一一設定各個元素的值，注意索引是從 0 開始，而且前後要以中括號括起來：

```
var studentNames = new Array(4);
studentNames[0] = '小丸子';
studentNames[1] = '花輪';
studentNames[2] = '小玉';
studentNames[3] = '美環';
```

我們也可以在宣告一維陣列的同時設定各個元素的值，例如：

```
var studentNames = new Array('小丸子', '花輪', '小玉', '美環');
```

我們還可以將上面的敘述簡寫成如下：

```
var studentNames = ['小丸子', '花輪', '小玉', '美環'];
```

下面是一個例子，其中第 01 ~ 02 行是宣告一個一維陣列用來存放飲料名稱，而第 05 ~ 08 行的 for 迴圈是以表格形式顯示飲料編號和一維陣列的內容。

請注意，第 05 行的 drinks.length 是透過 drinks 陣列的 **length** 屬性取得陣列的元素個數，而此例的 drinks 陣列包含七個飲料名稱，所以 drinks.length 的值為 7。

\Ch06\array1.js

```
01  let drinks = ['卡布奇諾咖啡', '拿鐵咖啡', '血腥瑪莉',
02    '長島冰茶', '愛爾蘭咖啡', '藍色夏威夷', '英式水果冰茶'];
03
04  document.write('<table border="1">');
05  for(let i = 0; i < drinks.length; i++) {
06    document.write('<tr><td>飲料' + (i + 1) + '</td>');
07    document.write('<td>' + drinks[i] + '</td></tr>');
08  }
09  document.write('</table>');
```

二維陣列

前面所介紹的陣列屬於一維陣列,事實上,我們還可以宣告多維陣列,而且最常見的就是二維陣列。以下面的成績單為例,由於總共有 m 列 n 行,因此,我們可以宣告一個 m×n 的二維陣列來存放這個成績單,如下:

	第 0 行	第 1 行	第 2 行	……	第 n-1 行
第 0 列	姓名	國文	英文	……	數學
第 1 列	王小美	85	88	……	77
第 2 列	孫大偉	99	86	……	89
……	……	……	……		……
第 m-1 列	張婷婷	75	92	……	86

m×n 二維陣列有兩個索引,第一個索引是從 0 到 m - 1 (共 m 個),第二個索引是從 0 到 n - 1 (共 n 個),若要存取二維陣列,必須同時使用這兩個索引。以上面的成績單為例,我們可以使用二維陣列的兩個索引表示成如下:

	第 0 行	第 1 行	第 2 行	……	第 n-1 行
第 0 列	[0][0]	[0][1]	[0][2]	……	[0][n-1]
第 1 列	[1][0]	[1][1]	[1][2]	……	[1][n-1]
第 2 列	[2][0]	[2][1]	[2][2]	……	[2][n-1]
……	……	……	……		……
第 m-1 列	[m-1][0]	[m-1][1]	[m-1][2]	……	[m-1][n-1]

由上表可知,「王小美」這筆資料是存放在二維陣列中索引為 [1][0] 的位置,而「王小美」的數學分數是存放在二維陣列中索引為 [1][n - 1] 的位置;同理,「張婷婷」這筆資料是存放在二維陣列中索引為 [m-1][0] 的位置,而「張婷婷」的數學分數是存放在二維陣列中索引為 [m-1][n - 1] 的位置。

雖然 JavaScript 沒有直接支援多維陣列，但允許 Array 物件的元素為另一個 Array 物件，所以我們還是能夠順利使用二維陣列。

下面是一個例子，其中第 01 ~ 04 行是宣告一個二維陣列用來存放學生的姓名與分數，而第 07 ~ 12 行的巢狀迴圈是以表格形式顯示二維陣列的內容。請注意，第 07 行的 scores.length 是透過 scores 陣列的 **length** 屬性取得陣列的元素個數，而此例的 scores 陣列包含四個陣列，而這四個陣列又各自包含四個元素。

\Ch06\array2.js

```
01  let scores = [['姓名', '國文', '英文', '數學'],
02              ['王小美', 85, 88, 77],
03              ['孫大偉', 99, 86, 89],
04              ['張婷婷', 75, 92, 86]];
05
06  document.write('<table border="1">');
07  for(let i = 0; i < scores.length; i++) {
08    document.write('<tr>');
09    for(let j = 0; j < scores[i].length; j++)
10      document.write('<td>' + scores[i][j] + '</td>');
11    document.write('</tr>');
12  }
13  document.write('</table>');
```

❶ 宣告一個二維陣列用來存放學生的姓名與分數

❷ 以表格形式顯示二維陣列的內容

Array 物件的屬性

Array 物件有一個常用的屬性 **length**，表示陣列的元素個數。舉例來說，假設變數 X 的值為 [10, 20, 30, 40, 50]，那麼它的長度 X.length 會傳回 5。

Array 物件的方法

Array 物件常用的方法如下 (標示 * 者為靜態方法，標示 √ 者為破壞性方法，也就是原始陣列的內容會隨著該方法執行完畢而有所改變)。

名稱	說明
基本操作	
*isArray(*obj*)	若參數 *obj* 為陣列，就傳回 true，否則傳回 false，例如 Array.isArray(['a', 'b', 'c']) 會傳回 true，而 Array.isArray('abc') 會傳回 false。
*of(*e0*[, *e1*[, ...]])	將參數 *e0, e1*, ... 轉換成陣列，例如 Array.of('a', 'b'', 'c') 會傳回 ["a", "b", "c"]。
*from(*arrayLike* [, *mapFn*[, *thisArg*]])	將參數 *arrayLike* 轉換成陣列，參數 *arrayLike* 是類陣列或可迭代物件，參數 *mapFn* 是用來走訪陣列每個元素的函式，而參數 *thisArg* 是函式執行時的 this 物件，例如 Array.from('abc') 會傳回 ["a", "b", "c"]。
toString()	將陣列的元素依照「元素 , 元素 , ...」格式轉換成字串，例如 [1, 2, 3].toString() 會傳回 1,2,3。
indexOf(*elm*[, *start*])	傳回參數 *elm* 首次出現在陣列中的索引，-1 表示找不到，若要指定從哪個索引開始搜尋，可以加上參數 *start*，例如 [1, 2, 3, 2, 1].indexOf(2) 會傳回 1。
lastIndexOf(*elm*[, *start*])	傳回參數 *elm* 最後出現在陣列中的索引 (由後往前找)，-1 表示找不到，若要指定從哪個索引開始搜尋，可以加上參數 *start*，例如 [1, 2, 3, 2, 1].lastIndexOf(2) 會傳回 3。
includes(*elm*[, *start*])	傳回陣列是否包含參數 *elm*，若要指定從哪個索引開始檢查，可以加上參數 *start*，例如 [1, 2, 3].includes(2) 會傳回 true。
entries()	傳回陣列的所有鍵 / 值，這是一個迭代物件。
keys()	傳回陣列的所有鍵。
values()	傳回陣列的所有值。

名稱	說明
進階處理	
concat(*arr*)	傳回陣列與參數 *arr* 合併的陣列,例如 [1, 2].concat([3, 4]) 會傳回 [1, 2, 3, 4]。
join([*separator*])	傳回陣列各個元素連接而成的字串,若要指定以哪個字元隔開元素,可以加上參數 *separator*。
slice(*begin* [, *end*])	傳回索引為 *begin* ~ (*end* - 1) 的元素。
√fill(*value*[, *begin*[, *end*]])	傳回以 *value* 填滿索引為 *begin* ~ (*end* - 1) 的陣列。
排序	
√sort([*compareFn*])	傳回將陣列由小到大排序的結果,若要指定用來做為比較依據的函式,可以加上參數 *compareFn*。
√reverse()	傳回將陣列的元素順序反轉過來的結果。
新增 / 刪除	
√pop()	從陣列移除最後一個元素,並傳回該元素。
√push(*e0*[, *e1*[, ...]])	新增一個或多個元素到陣列尾端,並傳回陣列的新長度。
√shift()	從陣列移除第一個元素,並傳回該元素。
√unshift()	新增一個或多個元素到陣列開頭,並傳回陣列的新長度。
√splice(*start*[, *deleteCount*[, *item1*[, *item2*[, ...]]]])	從索引為 *start* 處刪除 *deleteCount* 個元素,接著插入 *item1*, *item2*, ... 等元素,然後傳回被刪除的元素。
回呼函式	
forEach(*callback*[, *thisArg*])	讓陣列的每個元素依序執行指定的函式,參數 *callback* 是要執行的函式,而參數 *thisArg* 是函式執行時的 this 物件。
map(*callback*[, *thisArg*])	讓陣列的每個元素依序執行指定的函式,然後傳回結果。
some(*callback*[, *thisArg*])	使用指定的函式依序檢查陣列的每個元素,只要有元素符合條件,就傳回 true,否則傳回 false。
every(*callback*[, *thisArg*])	使用指定的函式依序檢查陣列的每個元素,必須是所有元素均符合條件,才會傳回 true,否則傳回 false。
filter(*callback*[, *thisArg*])	使用指定的函式依序檢查陣列的每個元素,然後傳回符合條件的元素。

註:回呼函式 (callback function) 指的是在函式中被呼叫的函式。

下面是一個例子，它會示範如何使用 Array 物件的方法。

\Ch06\array3.js

```javascript
console.log(Array.isArray([1, 2, 3]));              // 顯示 true
console.log(Array.of(5));                            // 顯示 [5]
console.log(Array.of(1, 2, 3));                      // 顯示 [1, 2, 3]
console.log(Array.from('foo'));                      // 顯示 ["f", "o", "o"]
console.log(Array.from([1, 2, 3], x => x + x));      // 顯示 [2, 4, 6]
console.log([1, 2, 3].toString());                   // 顯示 1,2,3
console.log([1, 2, 3, 1, 2].indexOf(1));             // 顯示 0
console.log([1, 2, 3, 1, 2].indexOf(1, 2));          // 顯示 3
console.log([1, 2, 3, 1, 2].lastIndexOf(1));         // 顯示 3
console.log([1, 2, 3, 1, 2].lastIndexOf(1, 2));      // 顯示 0
let iterator1 = ['a', 'b' , 'c'].entries();
console.log(iterator1.next().value);                 // 顯示 [0, "a"]
let iterator2 = ['a', 'b' , 'c'].keys();
console.log(iterator2.next().value);                 // 顯示 0
let iterator3 = ['a', 'b' , 'c'].values();
console.log(iterator3.next().value);                 // 顯示 a
console.log([1, 2, 3].concat(['a', 'b']));           // 顯示 [1, 2, 3, "a", "b"]
console.log(['a', 'b', 'c'].join('-'));              // 顯示 a-b-c
console.log(['a', 'b', 'c', 'd'].slice(1, 3));       // 顯示 ["b", "c"]
console.log(['a', 'b', 'c', 'd'].fill('x', 1, 3));   // 顯示 ["a", "x", "x", "d"]
console.log([1, 5, 3, 2, 4].sort());                 // 顯示 [1, 2, 3, 4, 5]
console.log([1, 2, 3, 4, 5].reverse());              // 顯示 [5, 4, 3, 2, 1]
let arr1 = ['a', 'b', 'c', 'd', 'e'];
console.log(arr1.pop());                             // 顯示 e，arr1 變成 ["a", "b", "c", "d"]
let arr2 = ['a', 'b', 'c'];
console.log(arr2.push('x'));                         // 顯示 4，arr2 變成 ["a", "b", "c", "x"]
let arr3 = ['a', 'b', 'c'];
console.log(arr3.shift());                           // 顯示 a，arr3 變成 ["b", "c"]
let arr4 = ['a', 'b', 'c'];
console.log(arr4.unshift('x', 'y'));                 // 顯示 5，arr4 變成 ["x", "y", "a", "b", "c"]
let arr5 = ['a', 'b', 'c', 'd'];
console.log(arr5.splice(1, 2, "x"));                 // 顯示 ["b", "c"]，arr5 變成 ["a", "x", "d"]
```

最後，我們要針對 forEach()、map()、some()、every()、filter() 等方法做進一步的說明。

➡ forEach() 方法

forEach() 方法會讓陣列的每個元素依序執行指定的函式，其語法如下，參數 *callback* 是要執行的函式，而參數 *thisArg* 是函式執行時的 this 物件：

```
forEach(callback[, thisArg])
```

下面是一個例子，它會呼叫 forEach() 方法依序取出陣列的元素傳送給第 03 ~ 05 行定義的匿名函式進行平方運算，然後在主控台顯示結果為 1 4 9 16 25。該函式有 value、index、array 等三個參數，分別表示元素值、索引及原本的陣列，由於該函式主體只使用到 value 參數，因此，index 和 array 兩個參數也可以省略不寫。

```
01  var array1 = [1, 2, 3, 4, 5];
02  // 執行結果會依序顯示 1 4 9 16 25
03  array1.forEach(function(value, index, array) {
04    console.log(value ** 2);
05  });
```

> 第 03 ~ 05 行亦可簡寫成：
> array1.forEach(value =>
> console.log(value ** 2));

下面是另一個例子，它會呼叫 forEach() 方法依序取出陣列的元素傳送給第 01 ~ 03 行定義的 logArrayElements() 函式，然後在主控台顯示陣列的索引與元素值。

```
01  function logArrayElements(value, index, array) {
02    console.log('a[' + index + '] = ' + value);
03  }
04
05  var array2 = ['x', , 'z'];
06  // 執行結果會依序顯示 a[0] = x 和 a[2] = z，索引 1 沒有元素，所以會被省略
07  array2.forEach(logArrayElements);
```

➡ map() 方法

map() 方法會讓陣列的每個元素依序執行指定的函式，然後傳回結果，其語法如下：

```
map(callback[, thisArg])
```

下面是一個例子，它會呼叫 map() 方法依序取出陣列的元素傳送給第 02 ~ 04 行定義的函式進行平方運算，接著將傳回值指派給變數 result，然後在主控台顯示變數 result 的值。

```
01  var array1 = [1, 2, 3, 4, 5];
02  var result = array1.map(function(value, index, array) {
03    return value ** 2;
04  });
05  console.log(result);    // 顯示 [1, 4, 9, 16, 25]
```

➡ some() 方法

some() 方法會使用指定的函式依序檢查陣列的每個元素，只要有元素符合條件，就傳回 true，否則傳回 false，其語法如下：

```
some(callback[, thisArg])
```

下面是一個例子，它會呼叫 some() 方法依序取出陣列的元素傳送給第 02 ~ 04 行定義的函式檢查是否有偶數，接著將傳回值指派給變數 result，然後在主控台顯示變數 result 的值為 true，表示有偶數。

```
01  var array1 = [1, 2, 3, 4, 5];
02  var result = array1.some(function(value, index, array) {
03    return value % 2 === 0;
04  });
05  console.log(result);    // 顯示 true
```

every() 方法

every() 方法會使用指定的函式依序檢查陣列的每個元素，必須是所有元素均符合條件，才會傳回 true，否則傳回 false，其語法如下：

```
every(callback[, thisArg])
```

下面是一個例子，它會呼叫 every() 方法依序取出陣列的元素傳送給第 02 ~ 04 行定義的函式檢查是否全部為偶數，接著將傳回值指派給變數 result，然後在主控台顯示變數 result 的值為 false，表示不是全部為偶數。

```
01  var array1 = [1, 2, 3, 4, 5];
02  var result = array1.every(function(value, index, array) {
03    return value % 2 === 0;
04  });
05  console.log(result);          // 顯示 false
```

filter() 方法

filter() 方法會使用指定的函式依序檢查陣列的每個元素，然後傳回符合條件的元素，其語法如下：

```
filter(callback[, thisArg])
```

下面是一個例子，它會呼叫 filter() 方法依序取出陣列的元素傳送給第 02 ~ 04 行定義的函式篩選偶數，接著將傳回值指派給變數 result，然後在主控台顯示變數 result 的值為 [2, 4]，表示篩選出來的偶數為 2、4。

```
01  var array1 = [1, 2, 3, 4, 5];
02  var result = array1.filter(function(value, index, array) {
03    return value % 2 === 0;
04  });
05  console.log(result);          // 顯示 [2, 4]
```

6-3-7　Object 物件

Object 物件是對應到 JavaScript 的 Object 型別，除了本身能夠實體化之外，也是其它物件的基底物件，換句話說，無論是內建物件或使用者自訂物件都會具備 Object 物件所提供的屬性與方法。

我們可以透過 Object 物件建立使用者自訂物件，例如下面的敘述是使用 new 關鍵字和 **Object()** 建構子建立一個名稱為 student 的物件，然後一一加入屬性與方法：

```javascript
var student = new Object();
student.ID = 'A110001';
student.name = '小丸子';
student.showMsg = function() {
  window.alert('學號：' + this.ID + '\n 姓名：' + this.name);
};
```

Object 物件提供了數個屬性與方法，其中 **toString()** 方法會傳回代表物件的字串，而 **valueOf()** 方法會傳回物件的值，下面是一些例子。

\Ch06\object.js

```javascript
var a = new Object();
console.log(a.toString());       // 顯示 [object Object]
console.log(a.valueOf());        // 顯示 {}
var b = 100;
console.log(b.toString());       // 顯示 100（此為字串）
console.log(b.valueOf());        // 顯示 100（此為數值）
var c = '小明';
console.log(c.toString());       // 顯示 小明（此為字串）
console.log(c.valueOf());        // 顯示 小明（此為字串）
var d = new Date();
console.log(d.toString());       // 顯示 Mon Mar 27 2023 18:15:48 GMT+0800
console.log(d.valueOf());        // 顯示 1679912148788（此為時間戳記）
```

ChatGPT 隨堂練習

下面是我們請 ChatGPT 針對 JavaScript 的內建物件生成一些題目讓您做練習，建議您先自己撰寫解答，之後再請 ChatGPT 解題來做比較。

(1)　寫一個函式用來計算一個日期距離現在的天數。

(2)　寫一個函式用來將一個字串反轉。

(3)　寫一個函式用來判斷一個字串是否為迴文。

提示　　解答：\Ch06\ex1.js

(2)

```javascript
function reverseString(str) {
  return str.split('').reverse().join('');
}
```

(3)　**迴文** (palindrome) 指的是正向和反向讀起來都相同的字串，例如 'racecar'。想要判斷迴文可以使用兩個指標分別指向字串的開頭與結尾，然後比較它們所指向的字元是否相同，不斷向中間靠攏，直到兩個指標相遇，若中途有不相同的字元，表示該字串不是迴文。

```javascript
function isPalindrome(str) {
  let left = 0;
  let right = str.length - 1;
  while (left < right) {
    if (str[left] !== str[right]) {
      return false;
    }
    left++;
    right--;
  }
  return true;
}
```

ChatGPT 隨堂練習

下面是我們請 ChatGPT 針對 JavaScript 的內建物件生成一些題目讓您做練習，建議您先自己撰寫解答，之後再請 ChatGPT 解題來做比較。

（1）　寫一個函式用來生成一個指定長度的隨機字串。

（2）　寫一個函式用來判斷一個數字是否為完美數。

（3）　寫一個函式用來進行氣泡排序法。

提示 ▶　解答：\Ch06\ex2.js

(2)　**完美數** (perfect number) 指的是一個正整數等於除它本身外的所有正因數之和，但是 1 不算，例如 6 是完美數，因為 6 的因數有 1、2、3，而 1+2+3=6。

(3)　**氣泡排序法** (bubble sort) 的原理是將相鄰資料兩兩比較來完成排序，若資料個數為 n，則比較的過程分成 n - 1 個回合，第 i 個回合會將第 i 個大的資料像「氣泡」般地浮現在從右邊數回來第 i 個位置（由小到大排序），例如 [5, 1, 2, 4, 3] 的氣泡排序結果為 [1, 2, 3, 4, 5]。

```javascript
function bubbleSort(arr) {
  var len = arr.length;
  for (var i = 0; i < len - 1; i++) {
    for (var j = 0; j < len - i - 1; j++) {
      if (arr[j] > arr[j + 1]) {
        var temp = arr[j];
        arr[j] = arr[j + 1];
        arr[j + 1] = temp;
      }
    }
  }
  return arr;
}
```

CHAPTER

錯誤處理

從第 1 章的 document.write('Hello, world!'); 敘述開始到現在,相信您已經寫了一些 JavaScript 程式,期間也一定看過錯誤訊息,面對突如其來的錯誤訊息雖然會讓人嚇一跳,但也正因為有這些錯誤訊息,我們才能知道程式哪裡出了問題,所以在本章中,我們將介紹 JavaScript 程式可能會出現的一些錯誤,以及如何處理這些錯誤。

常見的程式設計錯誤有下列幾種類型:

⊙ **語法錯誤** (syntax error):這是在撰寫程式時最容易發生的錯誤,任何程式語言都有其專屬的語法必須加以遵循,一旦誤用語法,就會發生錯誤,例如遺漏必要的符號、誤用關鍵字等。

對於語法錯誤,瀏覽器開發人員工具會直接顯示哪裡有錯誤,以及造成錯誤的原因,只要依照提示做修正即可。舉例來說,假設我們在 error1.js 檔案中撰寫如下敘述,主控台會出現如下圖的 Uncaught SyntaxError: Invalid or unexpected token error1.js:1 錯誤訊息,表示 error1.js 檔案的第 1 行有無效或非預期的符號。

```
document.write('Hello, world!);        // 遺漏標示字串結尾的單引號
```

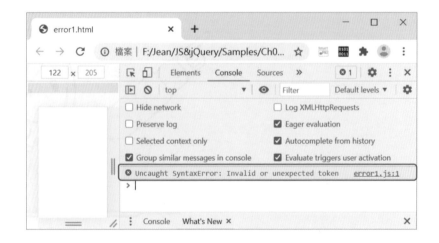

➡️ **執行期間錯誤** (runtime error)：這是在程式執行期間所發生的錯誤，導致執行期間錯誤的往往不是語法問題，而是一些看起來似乎正確卻無法執行的程式碼。

對於執行期間錯誤，瀏覽器開發人員工具會直接顯示哪裡有錯誤，以及造成錯誤的原因，只要依照提示做修正即可。舉例來說，假設我們在 error1.js 檔案中撰寫如下敘述，這兩行的語法都沒有錯誤，可是在執行第二行時，主控台會出現如下圖的 Uncaught ReferenceError: Y is not defined at error1.js:2 錯誤訊息，表示 error1.js 檔案的第 2 行發生變數 Y 沒有定義的錯誤，原因就出在我們忘了宣告變數 Y，導致程式終止執行。

```
var X = 1;                       // 將變數 X 的值設定為 1
document.write(X / Y);           // 顯示變數 X 除以變數 Y 的結果
```

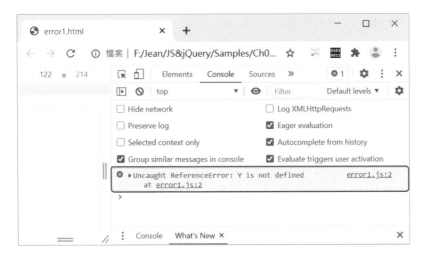

➡️ **邏輯錯誤** (logic error)：這是在使用程式時所發生的錯誤，例如使用者輸入不符合要求的資料，程式卻沒有設計到如何處理這種情況，或是在撰寫迴圈時沒有充分考慮到結束條件，導致陷入無窮迴圈。邏輯錯誤是比較難修正的錯誤類型，因為不容易找出導致錯誤的真正原因，但還是可以從執行結果不符合預期來判斷是否有邏輯錯誤。

7-2 Error 物件

當 JavaScript 程式發生錯誤時，它會拋出**例外** (exception)，此時，直譯器會停止執行，並尋找例外處理的程式碼。

JavaScript 會根據不同的錯誤建立不同的錯誤物件，常見的如下：

➔ **Error**：此物件用來表示錯誤，所有錯誤物件都是以 Error 物件為基底所衍生出來的。Error 物件常用的屬性如下，我們可以透過這些屬性取得錯誤的相關訊息。

屬性	說明	屬性	說明
name	錯誤的名稱。	fileName	發生錯誤的檔案名稱。
message	錯誤的描述。	lineNumber	發生錯誤的行數。

➔ **SyntaxError**：此物件用來表示語法錯誤，可能是遺漏結尾的括號、遺漏陣列的逗號、使用未成對的引號等，例如下面的敘述會發生 SyntaxError: Unexpected token ';'，因為遺漏陣列結尾的中括號。

```
var array1 = [1, 2, 3;
```

又例如下面的敘述會發生 SyntaxError: Invalid or unexpected token，因為字串的前後混用了單引號與雙引號。

```
document.write('happy");
```

➔ **TypeError**：此物件用來表示型別錯誤，可能是變數或參數不是有效型別，或使用不存在的物件或方法，例如下面的敘述會發生 TypeError: document.Write is not a function，因為 document.Write() 方法不存在。

```
document.Write('happy');
```

又例如下面的敘述會發生 TypeError: Assignment to constant variable，因為企圖變更常數的值，而這是不被允許的。

```
const PI = 3.14;
PI = 3.14159;
```

🔵 **ReferenceError**：此物件用來表示參考錯誤，可能是變數尚未宣告或變數不在有效範圍內，例如下面的敘述會發生 ReferenceError: myFunciton is not defined，因為 myFunciton() 函式尚未定義。

```
document.write(myFunciton());
```

🔵 **RangeError**：此物件用來表示範圍錯誤，可能是使用超出定義範圍的數值，例如下面的敘述會發生 RangeError: toFixed() digits argument must be between 0 and 100，因為 toFixed() 方法的參數必須介於 0 ~ 100。

```
(1.23).toFixed(200);
```

🔵 **URIError**：此物件用來表示網址錯誤，可能是傳遞無效參數給 encodeURI() 或 decodeURI() 函式，例如下面的敘述會發生 URIError: URI malformed at decodeURI (<anonymous>)，表示 decodeURI() 函式的 URI 格式錯誤。

```
decodeURI('%');
```

在我們撰寫 JavaScript 程式的過程中難免會碰到例外（錯誤），若置之不理，程式將無法繼續執行，而使用者也會不知所措。有些例外可以在撰寫程式的時候加以避免，但有些例外可能無法預防，例如網路連線突然中斷、遠端伺服器沒有回應或使用者輸入錯誤。

為了不要讓程式因為發生非預期的例外而終止執行，我們可以使用下一節所要介紹的 try...catch...finally 針對可能發生錯誤的敘述捕捉例外並加以處理。

7-3 try...catch...finally

當我們知道某些程式碼可能會發生錯誤時，可以使用 **try...catch...finally** 進行例外處理，其語法如下：

```
try {
    可能發生例外的敘述
} catch (exceptionVar) {
    發生例外時所要執行的敘述
} finally {
    無論有無發生例外都會執行的敘述
}
```

→ **try**：可能發生例外的敘述要放在 try 區塊，若發生例外，控制權就會轉移到 catch 區塊，否則會轉移到 finally 區塊。

→ **catch**：當 try 區塊發生例外時，控制權會轉移到 catch 區塊，執行一些用來處理例外的敘述，然後再轉移到 finally 區塊。此處有個選擇性變數 *exceptionVar* 用來存放捕捉到的例外，這是一個 Error 物件，我們可以透過 name、message、fileName、lineNumber 等屬性取得錯誤的名稱、錯誤的描述、發生錯誤的檔案名稱及發生錯誤的行數，若不會用到此物件，那麼 (*exceptionVar*) 可以省略不寫。

→ **finally**：無論有沒有發生例外，最後都會執行 finally 區塊，裡面可能是一些用來清除錯誤或收尾的敘述。finally 區塊為選擇性敘述，若不需要的話可以省略。

下面是一個例子，在沒有使用 try...catch...finally 的情況下，當程式執行到 var Z = X / Y; 時，由於變數 Y 尚未定義，所以程式會發生例外並終止執行，導致使用者只看到一片不明原因的空白。為了不要讓使用者感到這麼突然，於是我們將 var Z = X / Y; 放在 try 區塊，一旦發生例外，控制權就會轉移到 catch 區塊，並透過捕捉到的例外顯示錯誤的名稱及錯誤的訊息，然後再轉移到 finally 區塊，顯示「例外處理完畢！」。

\Ch07\try.js

```javascript
var X = 1;

try {
  var Z = X / Y;
} catch (e) {
  document.write(e.name + '<br>' + e.message);
} finally {
  document.write('<br>例外處理完畢！');
}
```

NOTE

- 若您在 try 區塊或 catch 區塊裡面使用了 break 或 return 等關鍵字，程式的控制權將直接轉移到 finally 區塊。

- 您可以視實際需要使用巢狀 try...catch...finally 進行多層次的例外處理，也就是將另一個 try...catch...finally 放在 catch 區塊，不過，這會影響到程式的效能，所以在使用之前務必考慮其必要性。

若我們預期某些程式碼可能會發生錯誤,那麼可以自行拋出例外,然後進行例外處理,這會比等到直譯器發現錯誤才突然終止程式來得好。我們可以使用 **throw** 指令拋出例外,其語法如下:

```
throw new Error( 錯誤訊息 )
```

下面是一個例子,它會要求使用者輸入圓半徑,然後計算圓面積,看似簡單卻有潛在風險,因為使用者輸入的不一定是有效數值。為了防止錯誤,我們將計算圓面積和檢查圓面積的敘述放在 try 區塊,若使用者輸入有效數值 (例如 10),那麼第 04 行計算出來的圓面積就不會是 NaN,於是執行第 06 行顯示圓面積,最後跳到 finally 區塊,執行第 12 行顯示「程式執行完畢」。

相反的,若使用者輸入非有效數值 (例如 'abc'),那麼第 04 行計算出來的圓面積就會是 NaN,於是執行第 08 行拋出例外,接著跳到 catch 區塊,此時會捕捉到第 08 行拋出的例外,於是執行第 10 行顯示錯誤名稱與錯誤描述,最後跳到 finally 區塊,執行第 12 行顯示「程式執行完畢」。

\Ch07\throw.js

```
01  var radius = window.prompt(' 請輸入圓半徑 ');          // 提示使用者輸入圓半徑
02
03  try {
04    var circleArea = Math.PI * radius * radius;          // 計算圓面積
05    if (!Number.isNaN(circleArea))                       // 檢查圓面積是否不為 NaN
06      document.write(' 圓形面積為 ' + circleArea);        // 圓面積不為 NaN 就顯示結果
07    else
08      throw new Error(' 無法計算圓形面積 ');              // 圓面積為 NaN 就顯示無法計算
09  } catch (e) {
10    document.write(e.name + '<br>' + e.message);         // 若捕捉到例外就顯示錯誤訊息
11  } finally {
12    document.write('<br> 程式執行完畢 ');                // 無論有無例外都會顯示此訊息
13  }
```

執行結果如下圖。

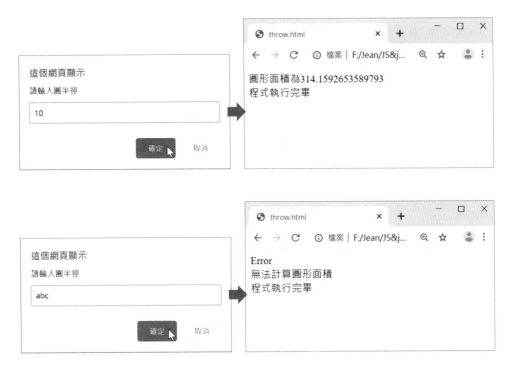

TIP

- NaN 是一個特殊值，它不等於任何值，包括自己本身，換句話說，NaN === NaN 會傳回 false，很令人意外吧？！若要檢查一個變數是否為 NaN，請記得使用 Number.isNaN() 方法。

- 程式碼中常見的錯誤包括拼字是否正確、英文字母大小寫是否正確、單引號 / 雙引號是否成對、有無遺漏結尾的括號、呼叫函式的時候是否有傳遞正確的參數、= 運算子是用來指派值，若要比較兩個變數是否相等，必須使用 === 運算子。

ChatGPT 隨堂練習

下面是我們請 ChatGPT 針對 JavaScript 的 try...catch...finally 語法生成一些題目讓您做練習，建議您先自己撰寫解答，之後再請 ChatGPT 解題來做比較。

（1） 假設有一個函式如下，請簡單說明這個函式的意義為何？

```javascript
function divide(a, b) {
  try {
    if (b === 0) {
      throw new Error(' 除數不能為零 ');
    }
    return a / b;
  } catch (e) {
    console.log(e.message);
    return null;
  } finally {
    console.log(' 執行完畢 ');
  }
}
```

試問，下面的敘述會在主控台顯示什麼結果？
（解答：\Ch07\ex1.js）

```javascript
console.log(divide(10, 5));
console.log(divide(0, 5));
console.log(divide(10, 0));
```

（2） 假設您正在開發一個註冊頁面，需要確保使用者的密碼長度至少要有 8 個字元。請寫一個函式用來檢查使用者輸入的密碼是否符合要求。若符合要求，就傳回 true，否則傳回 false，並在 catch 區塊中顯示錯誤訊息，在 finally 區塊中顯示「密碼檢查完畢」。
（解答：\Ch07\ex2.js）

文件物件模型 (DOM)

8-1 認識 DOM

我們在前幾章所介紹的都是 JavaScript 的基本語法與內建物件，適用於不同的執行環境，包括瀏覽器端與伺服器端，而從本章開始，我們要來介紹一些以瀏覽器端為主的功能，首先登場的就是 DOM。

DOM (Document Object Model，文件物件模型) 是 W3C 制定的應用程式介面，用來存取以 HTML、XML 等標記語言所撰寫的文件。DOM 並不屬於 HTML、XML 或 JavaScript 的一部分，但所有瀏覽器都會實作此模型。目前 DOM 的規格有 Level 1 ~ Level 4，我們通常是使用 JavaScript 來存取 DOM，但它其實也可以被其它程式語言存取，只是比較少見。

當瀏覽器載入 HTML 文件時，它會在記憶體中建立該網頁的文件模型，稱為 **DOM 樹** (DOM tree)，這是一個由多個物件所構成的集合，每個物件代表 HTML 文件中的一個元素，而且每個物件有各自的屬性、方法與事件，能夠透過 JavaScript 來操作。

以下面的 HTML 文件為例，瀏覽器會為它建立如下圖的 DOM 樹，文件中的每個元素、屬性和文字內容都有對應的 **DOM 節點** (DOM node)。

```html
<html>
  <head>
    <meta charset="utf-8">
  </head>
  <body>
    <h1> 美食推薦 </h1>
    <ul>
      <li id="one"> 珠寶盒 </li>
      <li id="two"> 法朋 </li>
    </ul>
  </body>
</html>
```

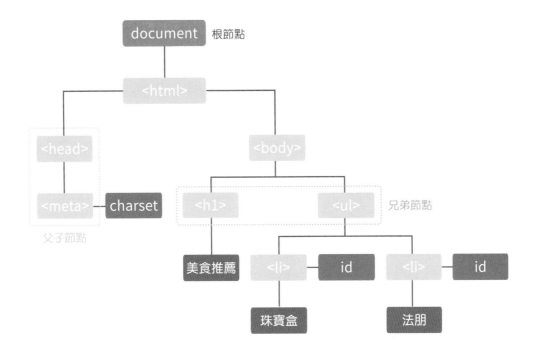

DOM 樹中有下列四種節點，任何對 DOM 樹的改變都會反映到瀏覽器的執行畫面：

- **文件節點**：DOM 樹的頂端被加入一個 **document 節點**，代表整個網頁。文件節點位於整棵 DOM 樹的起始位置，我們可以透過它走訪 DOM 樹中的各個節點。

- **元素節點**：這代表 HTML 文件中的一個元素，只要能夠找到元素節點，就能進一步存取該節點的屬性或文字內容。

- **屬性節點**：這代表 HTML 元素的屬性，屬性節點並不是其附屬元素節點的子節點，而是元素節點的一部分。

- **文字節點**：這代表 HTML 元素的文字內容，而且文字節點不會再有子節點。

在前面的 DOM 樹中，我們還特別標示了根節點、父子節點和兄弟節點，這是樹狀結構常見的名詞，用來表示節點之間的關聯，其意義如下：

➡ **根節點**：樹狀結構中最頂端的節點，例如此處的 document 節點。

➡ **父子節點**：樹狀結構中具有上下關聯的節點，上層的稱為**父節點** (parent)，而下層的稱為**子節點** (child)，例如此處的 <ul> 為父節點，而 <li> 為子節點。若上下節點之間沒有直接相連，那麼上層的稱為**祖先節點** (ancestor)，而下層的稱為**子孫節點** (descendant)，例如此處的 <body> 為祖先節點，而 <li> 為子孫節點。

➡ **兄弟節點**：樹狀結構中父節點相同的節點稱為**兄弟節點** (sibling)，例如此處的 <h1> 和 <ul> 為兄弟節點，它們有共同的父節點為 <body>。

T I P

DOM 樹的每個節點都是一個隸屬於 Node 型別的物件，而 Node 型別又包含數個子型別，其型別階層架構如下圖，HTMLDocument 子型別代表 HTML 文件，HTMLElement 子型別代表 HTML 元素，而 HTMLElement 子型別又包含數個子型別，代表特殊類型的 HTML 元素，例如 HTMLInputElement 代表輸入類型的元素，HTMLTableElement 代表表格類型的元素。

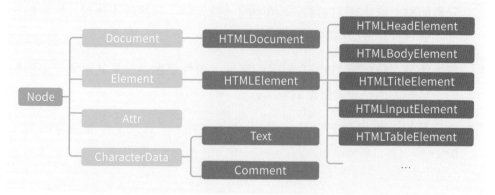

當我們要透過 DOM 來操作 HTML 文件時，無論是要變更 HTML 元素的屬性值 / 文字內容或新增 / 取代 / 移除元素，都要先取得元素節點。至於要如何取得元素節點，則有 getElementById()、getElementsByName()、getElementsByTagName()、getElementsByClassName()、querySelector()、querySelectorAll() 等方法。

8-2-1　getElementById() 方法 (根據 id 屬性值取得元素)

getElementById() 方法的語法如下，它會根據參數指定的 id 屬性值去取得符合的元素，傳回值是一個 Element 物件，若找不到，就傳回 null。原則上，HTML 文件中的 id 屬性值是唯一的，若有重複，就會傳回第一個符合的元素：

```
element = document.getElementById(id);
```

下面是一個例子，它會顯示進入網頁時間。

\Ch08\getbyid.html

```
<!DOCTYPE html>
<html>
  <head>
    <meta charset="utf-8">
  </head>
  <body>
    進入網頁時間：<span id="entrytime"></span>    ❶
    <script src="getbyid.js"></script>
  </body>
</html>
```

❶ 將 <span> 元素的 id 屬性設定為 "entrytime"

❷ 使用此方法根據 id 屬性值取得 <span> 元素

❸ 透過 textContent 屬性將 <span> 元素的文字內容設定為目前日期時間

\Ch08\getbyid.js

```
var entrytime = document.getElementById('entrytime');  ❷
entrytime.textContent = new Date();  ❸
```

執行結果如下圖。

8-2-2 getElementsByName() 方法 (根據 name 屬性值取得元素)

getElementsByName() 方法的語法如下，它會根據參數指定的 name 屬性值去取得符合的元素，傳回值是一個 NodeList 集合，若找不到，就傳回空的 NodeList 集合：

```
elements = document.getElementsByName(name);
```

getElementsByName() 方法通常用來取得 <input>、<select> 等表單元素，例如選擇鈕 (radio)、核取方塊 (checkbox) 或下拉式清單都是有數個選項，而且每個選項的 name 屬性值均相同，此時取得的就是一群元素，而不是單一元素。

NodeList 集合常用的成員如下：

- **length**：這個屬性表示 NodeList 集合的元素個數。

- **item(*i*)**：這個方法用來取得第 $i + 1$ 個元素，i 的值為 0 ~ length - 1。

下面是一個例子，它會取得 name 屬性為 "drinks" 的元素 (即三個核取方塊)，然後在主控台顯示其 value 屬性值。

\Ch08\getbyname.html

```
01  <!DOCTYPE html>
02  <html>
03    <head>
04      <meta charset="utf-8">
05    </head>
06  <body>
07    <form>
08      選擇喜歡的飲料：            ❶
09      <input type="checkbox" name="drinks" value=" 拿鐵 ">拿鐵
10      <input type="checkbox" name="drinks" value=" 紅茶 ">紅茶
11      <input type="checkbox" name="drinks" value=" 水果茶 ">水果茶
12    </form>
13    <script src="getbyname.js"></script>
14  </body>
15  </html>
```

❶ 將三個核取方塊的 name 屬性設定為 "drinks"
❷ 使用此方法根據 name 屬性值取得三個核取方塊
❸ 使用 for 迴圈顯示三個核取方塊的 value 屬性值
❹ 第 17~18 行的執行結果

\Ch08\getbyname.js

```
16  var drinks = document.getElementsByName('drinks'); ❷
17  for (var i = 0; i < drinks.length; i++) ❸
18    console.log(drinks.item(i).value);
```

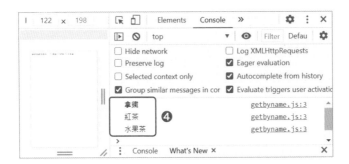

我們亦可使用中括號語法取代 item() 方法，例如第 18 行可以改寫成如下：

```
console.log(drinks[i].value);
```

8-2-3 getElementsByTagName() 方法
(根據標籤名稱取得元素)

getElementsByTagName() 方法的語法如下，它會根據參數指定的標籤名稱去取得符合的元素，傳回值是一個 HTMLCollection 集合，若找不到，就傳回空的 HTMLCollection 集合：

```
elements = document.getElementsByTagName(tagName);
```

HTMLCollection 集合常用的成員如下：

➡ **length**：這個屬性表示 HTMLCollection 集合的元素個數。

➡ **item(*i*)**：這個方法用來取得第 $i + 1$ 個元素，i 的值為 0 ~ length - 1。

下面是一個例子，它會取得標籤名稱為 li 的元素 (即項目清單中的所有項目)，然後在主控台顯示其文字內容。

\Ch08\getbytagname.html

```
01  <!DOCTYPE html>
02  <html>
03    <head>
04      <meta charset="utf-8">
05    </head>
06    <body>
07      <ul>
08        <li id="one" class="dessert"> 珠寶盒 </li>
09        <li id="two" class="dessert"> 法朋 </li>
10        <li id="three" class="dessert">Lady M</li>
11        <li id="four">RAW</li>
12      </ul>
13      <script src="getbytagname.js"></script>
14    </body>
15  </html>
```

❶ 使用 <li> 元素標示四個項目

❷ 使用此方法根據標籤名稱取得四個項目

❸ 使用 for 迴圈顯示四個項目的文字內容

❹ 第 17 ~ 18 行的執行結果

\Ch08\getbytagname.js

```
16  var foods = document.getElementsByTagName('li'); ❷
17  for (var i = 0; i < foods.length; i++) ❸
18    console.log(foods.item(i).textContent);
```

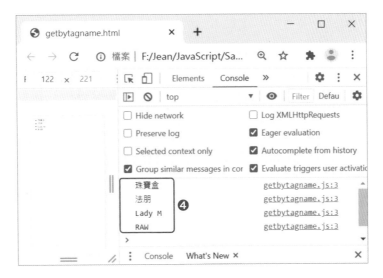

■ 我們亦可使用中括號語法取代 item() 方法，例如 \Ch08\getbytagname.js 的第 18 行可以改寫成如下：

```
console.log(foods[i].textContent);
```

■ textContent 屬性可以用來取得元素節點的文字內容，第 8-4-2 節有進一步說的說明。

■ 若要取得所有元素，可以將 getElementsByTagName() 方法的參數設定為 '*'。

■ 若要取得單一元素，而不是一群元素，那麼建議使用 getElementById() 方法，因為這個方法的執行效率最好。

8-2-4 getElementsByClassName() 方法
(根據類別名稱取得元素)

getElementsByClassName() 方法的語法如下，它會根據參數指定的類別名稱去取得符合的元素，傳回值是一個 HTMLCollection 集合，若找不到，就傳回空的 HTMLCollection 集合：

```
elements = document.getElementsByClassName(className);
```

下面是一個例子，它會取得類別名稱為 "dessert" 的元素 (即項目清單中的前三個項目)，然後在主控台顯示其文字內容。

\Ch08\getbyclassname.html

```
01  <!DOCTYPE html>
02  <html>
03    <head>
04      <meta charset="utf-8">
05    </head>
06    <body>
07      <ul>
08        <li id="one"   class="dessert"> 珠寶盒 </li>
09        <li id="two"   class="dessert"> 法朋 </li>
10        <li id="three" class="dessert">Lady M</li>
11        <li id="four">RAW</li>
12      </ul>
13      <script src="getbyclassname.js"></script>
14    </body>
15  </html>
```

❶ 將前三個 <li> 元素的 class 屬性設定為 "dessert"
❷ 使用此方法根據 CSS 選擇器取得前三個項目
❸ 使用 for 迴圈顯示前三個項目的文字內容
❹ 第 17 ~ 18 行的執行結果

\Ch08\getbyclassname.js

```
16  var foods = document.getElementsByClassName('dessert'); ❷
17  for (var i = 0; i < foods.length; i++) ❸
18    console.log(foods.item(i).textContent);
```

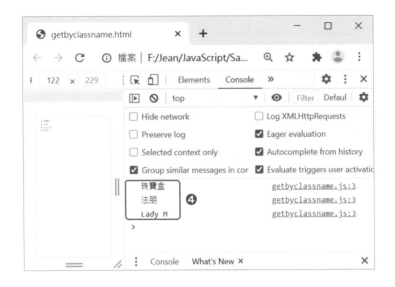

8-2-5 querySelector() / querySelectorAll() 方法 (根據 CSS 選擇器取得元素 / 所有元素)

querySelector() 方法的語法如下，它會根據參數指定的 CSS 選擇器去取得符合的第一個元素，傳回值是一個 Element 物件，若找不到，就傳回 null：

```
element = document.querySelector(selectors);
```

querySelectorAll() 方法的語法如下，它會根據參數指定的 CSS 選擇器去取得符合的所有元素，這是一個 NodeList 集合，若找不到，就傳回空的 NodeList 集合：

```
elements = document.querySelectorAll(selectors);
```

下面是一個例子，它會取得類別名稱為 "dessert" 的元素 (即項目清單中的前三個項目)，然後在主控台顯示其文字內容。請注意，第 16 行的 querySelectorAll('.dessert') 是使用 .dessert 選擇器去取得類別名稱為 "dessert" 的元素，若只要取得第一個符合的元素，可以改用 querySelector() 方法。

\Ch08\queryselectorall.html

```
01  <!DOCTYPE html>
02  <html>
03    <head>
04      <meta charset="utf-8">
05    </head>
06    <body>
07      <ul>
08        <li id="one"   class="dessert"> 珠寶盒 </li>
09        <li id="two"   class="dessert"> 法朋 </li>
10        <li id="three" class="dessert">Lady M</li>
11        <li id="four">RAW</li>
12      </ul>
13      <script src="queryselectorall.js"></script>
14    </body>
15  </html>
```

❶ 將前三個 <li> 元素的 class 屬性設定為 "dessert"
❷ 使用此方法根據 CSS 選擇器取得前三個項目
❸ 使用 for 迴圈顯示前三個項目的文字內容
❹ 第 17 ~ 18 行的執行結果

\Ch08\queryselectorall.js

```
16  var foods = document.querySelectorAll('.dessert');  ❷
17  for (var i = 0; i < foods.length; i++)  ❸
18    console.log(foods.item(i).textContent);
```

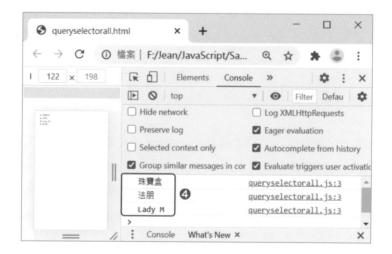

選擇器 (selector) 屬於 CSS 語法，主要用來設定要套用樣式規則的對象，以下列出一些常用的 CSS 選擇器供您參考，若您對 CSS 語法甚感陌生，可以自行參考《HTML5、CSS3、JavaScript、jQuery、Vue.js、RWD 網頁程式設計》一書 (書號：EL0256)。

選擇器	說明	範例
萬用選擇器	所有元素	*
類型選擇器	指定標籤名稱的元素	h1 (<h1> 元素)
子選擇器	某個元素的子元素	ul > li (<ul> 的子元素 <li>)
子孫選擇器	某個元素的子孫元素	p a (<p> 元素的子孫元素 <a>)
相鄰兄弟選擇器	某個元素後面的第一個兄弟元素	img + p (<img> 元素後面的第一個兄弟元素 <p>)
全體兄弟選擇器	某個元素後面的所有兄弟元素	img ~ p (<img> 元素後面的所有兄弟元素 <p>)
類別選擇器	指定類別名稱的元素	.odd (class 屬性為 "odd" 的元素)
ID 選擇器	指定 id 屬性的元素	#btn (id 屬性為 "btn" 的元素)
屬性選擇器		
[attr]	有設定 attr 屬性的元素	[class] (有設定 class 屬性的元素)
[attr=val]	attr 屬性的值為 val 的元素	[class="apple"] (class 屬性的值為 "apple" 的元素)
[attr~=val]	attr 屬性的值為 val，或以空白字元隔開並包含 val 的元素	[class~="apple"] (class 屬性的值為 "apple"，或以空白字元隔開並包含 "apple" 的元素)
[attr|=val]	attr 屬性的值為 val，或以 - 字元連接並包含 val 的元素	[class|="apple"] (class 屬性的值為 "apple"，或以 - 字元連接並包含 "apple" 的元素)
[attr^=val]	attr 屬性的值以 val 開頭的元素	[class^="apple"] (class 屬性的值以 "apple" 開頭的元素)
[attr$=val]	attr 屬性的值以 val 結尾的元素	[class$="apple"] (class 屬性的值以 "apple" 結尾的元素)
[attr*=val]	attr 屬性的值包含 val 的元素	[class*="apple"] (class 屬性的值包含 "apple" 的元素)

除了使用第 8-2 節所介紹的方法直接取得條件符合的節點之外，我們也可以先取得 DOM 樹中的某個節點，然後再透過該節點和下列幾個屬性去走訪其它節點：

- **parentNode**：目前節點的父節點，以下圖的第一個 <li> 節點為例，其父節點為 <ul> 節點。

- **childNodes**：目前節點的子節點 (可能有零個、一個或多個)，以下圖的 <ul> 節點為例，其子節點為四個 <li> 節點。

- **previousSibling**：目前節點的前一個兄弟節點，以下圖的第二個 <li> 節點為例，其前一個兄弟節點為第一個 <li> 節點。

- **nextSibling**：目前節點的後一個兄弟節點，以下圖的第二個 <li> 節點為例，其後一個兄弟節點為第三個 <li> 節點。

- **firstChild**：目前節點的第一個子節點，以下圖的 <ul> 節點為例，其第一個子節點為第一個 <li> 節點。

- **lastChild**：目前節點的最後一個子節點，以下圖的 <ul> 節點為例，其最後一個子節點為第四個 <li> 節點。

這些屬性是唯讀的，只能用來取得節點，不能用來變更節點；此外，在操作這些屬性時，若該節點不存在，則會傳回 null。

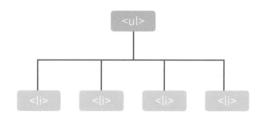

這樣聽起來，走訪節點似乎相當簡單，不過，在實務上有個地方要注意，就是大部分的瀏覽器會把兩個元素之間的空白或換行視為一個文字節點，如下圖，標示藍色者為空白節點，導致前述屬性所傳回的節點可能不符合我們的預期，此時，我們可以藉由節點的 **nodeType** 屬性來做判斷，只要 nodeType 屬性為 1，就表示為元素節點。

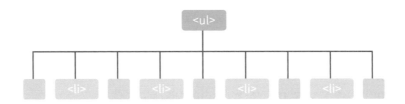

常數	值	說明
Node.ELEMENT_NODE	1	元素節點
Node.ATTRIBUTE_NODE	2	屬性節點
Node.TEXT_NODE	3	文字節點
Node.CDATA_SECTION_NODE	4	CDATA 區段
Node.ENTITY_REFERENCE_NODE	5	實體參照節點
Node.ENTITY_NODE	6	實體宣告節點
Node.PROCESSING_INSTRUCTION_NODE	7	處理指令節點
Node.COMMENT_NODE	8	註解節點
Node.DOCUMENT_NODE	9	文件節點
Node.DOCUMENT_TYPE_NODE	10	文件類型節點
Node.DOCUMENT_FRAGMENT_NODE	11	文件片段節點
Node.NOTATION_NODE	12	語法宣告節點

註：DOM4 已經移除 5、6、12。

下面是一個例子,它會先取得項目清單中的 <ul> 節點,接著透過其 childNodes 屬性取得所有子節點,然後在主控台顯示 <li> 節點的文字內容。

\Ch08\traverse.html

```
01   <body>
02     <ul id="foods">
03       <li> 珠寶盒 </li>
04       <li> 法朋 </li>
05       <li>Lady M</li>
06       <li>RAW</li>
07     </ul>
08     <script src="traverse.js"></script>
09   </body>
```

❶ 取得 <ul> 節點
❷ 透過其 childNodes 屬性取得所有子節點
❸ 使用 for 迴圈顯示 <li> 節點的文字內容
❹ 若 nodeType 等於 1 (元素節點),就顯示文字內容
❺ 第 12 ~ 14 行的執行結果

\Ch08\traverse.js

```
10   var foods = document.getElementById('foods'); ❶
11   var foodsChild = foods.childNodes;            ❷
12   for (var i = 0; i < foodsChild.length; i++) ❸
13     if (foodsChild.item(i).nodeType === 1)     ❹
14       console.log(foodsChild.item(i).textContent);
```

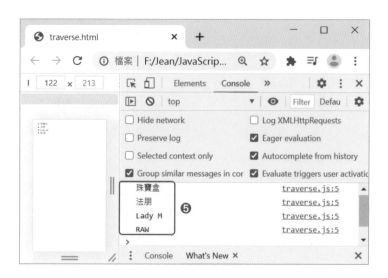

我們可以使用 firstChild 和 nextSibling 兩個屬性將 \Ch08\traverse.js 改寫成如下，執行結果是相同的。

```
❶ var foods = document.getElementById('foods');
❷ var foodsChild = foods.firstChild;

❸ while (foodsChild) {
❹   if (foodsChild.nodeType === 1)
      console.log(foodsChild.textContent);
❺   foodsChild = foodsChild.nextSibling;
  }
```

❶ 取得 <ul> 節點
❷ 透過其 firstChild 屬性令 foodsChild 為 <ul> 節點的第一個子節點
❸ 當 foodsChild 存在時，就執行 while 迴圈主體，直到沒有節點為止
❹ 若 nodeType 等於 1（元素節點），就在主控台顯示文字內容
❺ 令 foodsChild 為下一個兄弟節點

我們也可以使用 lastChild 和 previousSibling 兩個屬性將 \Ch08\traverse. js 改寫成如下，執行結果是相同的。

```
❶ var foods = document.getElementById('foods');
❷ var foodsChild = foods.lastChild;

❸ while (foodsChild) {
❹   if (foodsChild.nodeType === 1)
      console.log(foodsChild.textContent);
❺   foodsChild = foodsChild.previousSibling;
  }
```

❶ 取得 <ul> 節點
❷ 透過其 lastChild 屬性令 foodsChild 為 <ul> 節點的最後一個子節點
❸ 當 foodsChild 存在時，就執行 while 迴圈主體，直到沒有節點為止
❹ 若 nodeType 等於 1（元素節點），就在主控台顯示文字內容
❺ 令 foodsChild 為前一個兄弟節點

截至目前，我們的討論都是如何尋找並取得元素，接下來，我們要討論如何取得 / 設定元素的屬性值與文字內容。

8-4-1 取得 / 設定元素的屬性值

當我們要取得元素的屬性值時，通常可以透過**元素節點的同名屬性**來進行存取。舉例來說，假設網頁中有一個超連結如下：

```
<a id="engine" href="https://www.google.com/">搜尋引擎 </a>
```

若要在主控台顯示該超連結的 href 屬性值，可以寫成如下，先取得元素節點 ❶，然後透過該節點的同名屬性 href 來取得屬性值 ❷：

```
var engine = document.getElementById('engine'); ❶
console.log(engine.href); ❷                    // 顯示 https://www.google.com/
```

同理，若要設定該超連結的 href 屬性值，可以寫成如下，一樣是先取得元素節點 ❸，然後透過該節點的同名屬性 href 來設定屬性值 ❹：

```
var engine = document.getElementById('engine'); ❸
engine.href = 'https://www.bing.com/'; ❹
```

不過，**有些元素的屬性名稱和元素節點的屬性名稱不同**，例如元素的 class 屬性到了元素節點卻被命名為 className。若不想費心考慮兩者的差異，我們可以改用下列幾個方法，而且使用這幾個方法還有一個好處，就是可以動態變更屬性：

➔ **hasAttribute()** 方法的語法如下，它會檢查參數指定的屬性是否存在，是就傳回 true，否則傳回 false：

```
result = element.hasAttribute(attributeName);
```

➔ **getAttribute()** 方法的語法如下，它會根據參數指定的屬性名稱去取得屬性值，若找不到，就傳回 null 或空字串 ("") :

```
attribute = element.getAttribute(attributeName);
```

➔ **setAttribute()** 方法的語法如下，它會根據參數指定的屬性名稱與屬性值去設定元素的屬性值，若該屬性已經存在，就會以新值取代舊值；相反的，若該屬性不存在，就會建立屬性 :

```
element.setAttribute(attributeName, attributeValue);
```

➔ **removeAttribute()** 方法的語法如下，它會移除參數指定的屬性，即使該屬性不存在，也不會發生錯誤 :

```
element.removeAttribute(attributeName);
```

舉例來說，假設網頁中有一個超連結如下 :

```
<a id="engine" href="https://www.google.com/"> 搜尋引擎 </a>
```

若要在主控台顯示該超連結的 href 屬性值，可以寫成如下，先取得元素節點
❶，接著呼叫 hasAttribute() 方法檢查 href 屬性是否存在 ❷，是的話再呼叫 getAttribute() 方法取得屬性值 ❸ :

```
var engine = document.getElementById('engine'); ❶
if (engine.hasAttribute('href')) { ❷
  var attr = engine.getAttribute('href'); ❸
  console.log(attr);              // 顯示 https://www.google.com/
}
```

同理，若要設定該超連結的 href 屬性值，可以寫成如下，一樣是先取得元素節點 ❹，然後呼叫 setAttribute() 方法設定屬性值 ❺ :

```
var engine = document.getElementById('engine'); ❹
engine.setAttribute('href', 'https://www.bing.com/'); ❺
```

此外，若要移除該超連結的 href 屬性值，可以寫成如下，先取得元素節點 ❶，接著呼叫 hasAttribute() 方法檢查 href 屬性是否存在 ❷，是的話再呼叫 removeAttribute() 方法移除屬性 ❸：

```
var engine = document.getElementById('engine'); ❶
if (engine.hasAttribute('href')) { ❷
  engine.removeAttribute('href'); ❸
}
```

8-4-2 取得 / 設定元素的文字內容

若要取得 / 設定元素的文字內容，可以使用 textContent、innerText、innerHTML 等屬性，這幾個屬性的用法類似，但彼此之間都有一些差異，以下有進一步的說明。

textContent

textContent 屬性可以用來取得 / 設定目前元素和子孫元素的文字內容，下面是一個例子，它會先取得第一個 <li> 元素的節點，然後透過其 textContent 屬性取得該元素的文字內容為「珠寶盒」。

\Ch08\textContent1.html

```
<body>
  <ul id="foods">
    <li id="one">珠寶盒 </li>
    <li id="two">法朋 </li>
    <li id="three">Lady M</li>
    <li id="four">RAW</li>
  </ul>
  <script src="textContent1.js"></script>
</body>
```

\Ch08\textContent1.js

```javascript
var item = document.getElementById('one');
document.write('項目：' + item.textContent)
```

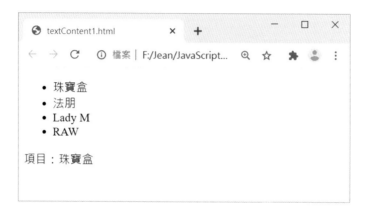

若將 textContent1.js 改寫成如下，換先取得 `<ul>` 元素的節點，就可以透過其 textContent 屬性取得該元素和子孫元素的文字內容為「珠寶盒 法朋 Lady M RAW」。

```javascript
var item = document.getElementById('foods');
document.write('項目：' + item.textContent);
```

下面是另一個例子，它會先取得 <p> 元素的節點，然後透過其 textContent
屬性將該元素的文字內容設定為使用者輸入的姓名和「您好！歡迎光臨！」。

\Ch08\textContent2.html

```
<body>
  <p id="msg"></p>
  <script src="textContent2.js"></script>
</body>
```

\Ch08\textContent2.js

```
var msg = document.getElementById('msg');
var name = window.prompt(' 請輸入您的姓名 ');
msg.textContent = name + ' 您好！歡迎光臨！ ';
```

innerText

innerText 屬性可以用來取得 / 設定目前元素和子孫元素的文字內容，但和
textContent 屬性不同的是 innerText 屬性會解譯 CSS 規則或
 元素。

下面是一個例子，它示範了 textContent 和 innerText 兩個屬性的差異，
第一個文字方塊裡面是 textContent 屬性的傳回值，這是純文字，不會解譯
CSS 規則和
 元素，而第二個文字方塊裡面是 innerText 屬性的傳回值，
會解譯 CSS 規則和
 元素，所以英文字串會轉換成大寫，
 元素處會
斷行，而且不會顯示被隱藏起來的「HIDDEN TEXT」。

\Ch08\innerText.html

```
<body>
  <p id="source">
    <style>#text {text-transform: uppercase;}</style>
    <span id="text">See<br>how this text<br>is interpreted.</span>
    <span style="display: none;">HIDDEN TEXT</span>
  </p>
  <h3>textContent 屬性的結果 :</h3>
  <textarea id="textContentOutput" rows="6" cols="70"></textarea>
  <h3>innerText 屬性的結果 :</h3>
  <textarea id="innerTextOutput" rows="6" cols="70"></textarea>
  <script src="innerText.js"></script>
</body>
```

\Ch08\innerText.js

```
var source = document.getElementById('source');
var textContentOutput = document.getElementById('textContentOutput');
var innerTextOutput = document.getElementById('innerTextOutput');
textContentOutput.value = source.textContent;
innerTextOutput.value = source.innerText;
```

SEE
HOW THIS TEXT
IS INTERPRETED.

textContent屬性的結果:

```
      #text {text-transform: uppercase;}
      Seehow this textis interpreted.
      HIDDEN TEXT
```

innerText屬性的結果:

```
SEE
HOW THIS TEXT
IS INTERPRETED.
```

innerHTML

innerHTML 屬性可以用來取得 / 設定目前元素的 HTML 內容，當我們要取得元素的文字內容時，**textContent** 屬性會傳回目前元素和子孫元素的文字內容，而 **innerHTML** 屬性會傳回目前元素的整個 HTML 內容。

下面是一個例子，從執行結果可以看出，textContent 屬性會傳回 'Google 台灣 '，而 innerHTML 屬性會傳回 'Google 台灣 '。

\Ch08\innerHTML1.html

```
<body>
  <p id="engine"><em>Google</em> 台灣 </p>
  <script src="innerHTML1.js"></script>
</body>
```

\Ch08\innerHTML1.js

```
var engine = document.getElementById('engine');
console.log(engine.textContent);
console.log(engine.innerHTML);
```

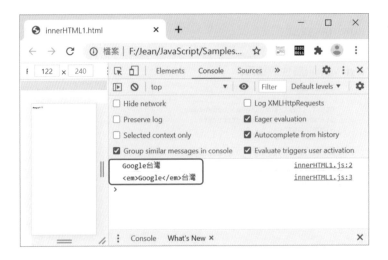

相反的，當我們要設定元素的文字內容時，textContent 屬性會將插入的內容視為純文字，即使裡面有 HTML 元素，仍不會加以解譯；而 innerHTML 屬性會將插入的內容視為 HTML 字串，若裡面有 HTML 元素，就會加以解譯，並將 HTML 元素加入 DOM 樹。

原則上，若不是要插入 HTML 字串，請盡量使用 textContent 屬性，該屬性不會解譯字串，執行效能較佳。

下面是一個例子，從執行結果可以看出，textContent 屬性會將插入的內容視為純文字，不會加以解譯，而 innerHTML 屬性會解譯插入的 HTML 字串。

\Ch08\innerHTML2.html

```html
<body>
  <p id="engine1"></p>
  <p id="engine2"></p>
  <script src="innerHTML2.js"></script>
</body>
```

\Ch08\innerHTML2.js

```javascript
var engine1 = document.getElementById('engine1');
var engine2 = document.getElementById('engine2');
engine1.textContent = '<em>Google</em> 台灣 ';
engine2.innerHTML = '<em>Google</em> 台灣 ';
```

當您使用 innerHTML 屬性設定 HTML 內容時,請注意不要設定成任何由使用者或外部輸入的內容,以免遭到跨網站指令碼攻擊。

下面是一個例子,乍看之下程式碼似乎很單純,問題就出在使用者輸入的內容,您不妨試著在對話方塊中輸入「<img src="" onerror="window.alert('哈哈!');">」,結果這個敘述被執行了,進而出現顯示著「哈哈!」的對話方塊,試想,若輸入的是具有攻擊性的程式碼,網站不就暴露在危險中了嗎?

\Ch08\innerHTML3.html

```
01  <body>
02    <p id="msg"></p>
03    <script src="innerHTML3.js"></script>
04  </body>
```

\Ch08\innerHTML3.js

```
05  var msg = document.getElementById('msg');
06  var name = window.prompt('請輸入您的姓名');
07  msg.innerHTML = name + '您好!歡迎光臨!';
```

解決這個問題的方法很簡單,只要把第 07 行的 innerHTML 換成 textContent 即可,同時日後要避免將使用者或外部輸入的內容設定給 innerHTML 屬性。若真的有需要將輸入的內容當作 HTML 內容顯示,可以改用下一節所要介紹的 createElement()、createTextNode() 等方法來操作節點。

8-5 新增 / 取代 / 移除節點

當您要在 DOM 樹中新增 / 取代 / 移除節點時，可以使用前一節所介紹的 innerHTML 屬性，或使用本節所介紹的方法來操作 DOM 樹中的節點，前者適合用來編輯簡單的內容，但切記不能用來執行使用者輸入的內容，以免遭到跨網站指令碼攻擊；而後者適合用來編輯複雜的內容，能夠針對元素節點或文字節點分開編輯，同時可以避免執行使用者輸入惡意程式碼。

8-5-1 新增節點

新增節點的步驟如下：

❶ 使用 **createElement()** 方法建立一個新節點，其語法如下，參數 *tagName* 用來設定元素的類型，例如 'div' 表示 \<div\> 元素、'li' 表示 \<li\> 元素，傳回值是一個 Element 物件，目前新節點尚未加入 DOM 樹：

```
element = document.createElement(tagName);
```

❷ 若新節點是空節點，不包含文字節點，請直接跳到步驟 4.；相反的，若新節點包含文字節點，請使用 **createTextNode()** 方法建立一個文字節點，其語法如下，參數 *data* 用來設定節點的文字內容，傳回值是一個 Text 節點：

```
text = document.createTextNode(data);
```

❸ 透過步驟 1. 建立的新節點呼叫 **appendChild()** 方法，將步驟 2. 建立的文字節點加入到新節點的最後一個子節點，其語法如下，參數 *child* 是要加入的子節點，傳回值為此子節點：

```
element.appendChild(child);
```

❹ 現在我們已經有一個新節點和一個選擇性的文字節點，接下來可以呼叫 appendChild() 方法將新節點加入到 DOM 樹。

下面是一個例子，項目清單原本有「珠寶盒」、「法朋」、「Lady M」、「RAW」
等四個項目，我們利用新增節點的方式新增第五個項目「祥雲龍吟」。

\Ch08\append.html

```
01  <body>
02    <ul>
03      <li> 珠寶盒 </li>
04      <li> 法朋 </li>
05      <li>Lady M</li>
06      <li>RAW</li>
07    </ul>
08    <script src="append.js"></script>
09  </body>
```

\Ch08\append.js

```
10  // 建立一個新節點，此例為 <li> 元素
11  var newElm = document.createElement('li');
12  // 建立一個文字節點，此例的文字內容為 ' 祥雲龍吟 '
13  var newText = document.createTextNode(' 祥雲龍吟 ');
14  // 將文字節點加入到新節點的子節點
15  newElm.appendChild(newText);
16  // 取得要加入新節點的位置，此例為 <ul> 元素
17  var position = document.getElementsByTagName('ul')[0];
18  // 將新元素加入到 <ul> 元素的最後一個子節點
19  position.appendChild(newElm);
```

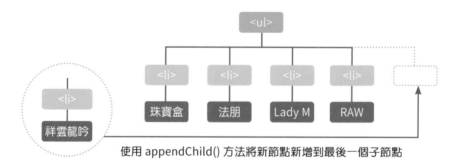

使用 appendChild() 方法將新節點新增到最後一個子節點

執行結果如下圖，會在項目清單的下面新增第五個項目「祥雲龍吟」。

T I P 利用 insertBefore() 方法插入節點

除了 appendChild() 方法，我們也可以使用 **insertBefore()** 方法將新節點 *newNode* 插入到參考節點 *referenceNode* 的前面，做為指定父節點 *parentNode* 的子節點，其語法如下，傳回值為此新節點：

　parentNode.insertBefore(*newNode*, *referenceNode*);

若要將新節點插入到最後一個子節點，可以將參考節點設定為 null。舉例來說，我們可以將前面例子中的第 19 行改寫成如下，執行結果是相同的，一樣會在項目清單的下面新增第五個項目「祥雲龍吟」：

　position.insertBefore(newElm, null);

請注意，若新節點已經存在於 DOM 樹中，那麼 insertBefore() 方法會將它從目前的位置移到新的位置，也就是說，同一個節點不能在 DOM 樹中占據兩個不同的位置。

8-5-2 取代節點

取代節點的步驟如下：

❶ 使用 **createElement()** 方法建立一個新節點，目前這個新節點尚未加入 DOM 樹。

❷ 若新節點是空節點，不包含文字節點，請直接跳到步驟 4.；相反的，若新節點包含文字節點，請使用 **createTextNode()** 方法建立一個文字節點。

❸ 透過步驟 1. 建立的新節點呼叫 **appendChild()** 方法，將步驟 2. 建立的文字節點加入到新節點的子節點。

❹ 現在我們已經有一個新節點和一個選擇性的文字節點，接下來可以呼叫 **replaceChild()** 方法以新節點取代 DOM 樹中的舊節點，其語法如下，參數 *newChild* 和參數 *oldChild* 分別表示新節點與舊節點，傳回值為舊節點，也就是被取代的節點：

parentNode.replaceChild(*newChild*, *oldChild*);

下面是一個例子，項目清單原本有「珠寶盒」、「法朋」、「Lady M」、「RAW」等四個項目，我們利用取代節點的方式將第四個項目取代為「祥雲龍吟」。

\Ch08\replace.html

```
<body>
  <ul>
    <li> 珠寶盒 </li>
    <li> 法朋 </li>
    <li>Lady M</li>
    <li>RAW</li>
  </ul>
  <script src="replace.js"></script>
</body>
```

\Ch08\replace.js

```
// 建立一個新節點，此例為 <li> 元素
var newElm = document.createElement('li');
// 建立一個文字節點，此例的文字內容為 ' 祥雲龍吟 '
var newText = document.createTextNode(' 祥雲龍吟 ');
// 將文字節點加入到新節點的子節點
newElm.appendChild(newText);
// 取得新節點要取代的舊節點，此例為第四個 <li> 元素
var replacedElm = document.getElementsByTagName('li')[3];
// 取得要取代之舊節點的父節點，即 <ul> 元素
var parentElm = replacedElm.parentNode;
// 以新節點取代舊節點
parentElm.replaceChild(newElm, replacedElm);
```

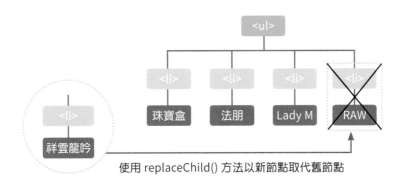

使用 replaceChild() 方法以新節點取代舊節點

執行結果如下圖，會將項目清單的第四個項目取代為「祥雲龍吟」。

8-5-3 移除節點

移除節點的步驟如下:

1 取得要移除的節點。

2 取得該節點的父節點。

3 從父節點呼叫 **removeChild()** 方法移除指定的子節點,其語法如下,參數 *child* 是要移除的子節點,傳回值為被移除的子節點:

```
removeChild(child);
```

下面是一個例子,項目清單原本有「珠寶盒」、「法朋」、「Lady M」、「RAW」等四個項目,我們利用移除節點的方式移除第四個項目。

\Ch08\remove.html

```html
<body>
  <ul>
    <li>珠寶盒 </li>
    <li>法朋 </li>
    <li>Lady M</li>
    <li>RAW</li>
  </ul>
  <script src="remove.js"></script>
</body>
```

\Ch08\remove.js

```javascript
// 取得要移除的節點,此例為第四個 <li> 元素
var removeElm = document.getElementsByTagName('li')[3];
// 取得該節點的父節點,即 <ul> 元素
var parentElm = removeElm.parentNode;
// 從父節點移除指定的子節點
parentElm.removeChild(removeElm);
```

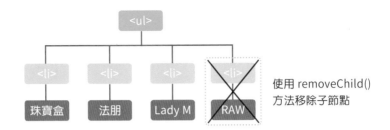

使用 removeChild()
方法移除子節點

執行結果如下圖，會將項目清單的第四個項目移除。

ⓃⓄⓉⒺ 利用 innerHTML 屬性移除節點

若要移除節點的所有內容，可以將該節點的 innerHTML 屬性設定為空字串。舉例來說，假設我們將 \Ch08\remove.js 改寫成如下，先取得 <ul> 元素，然後將其 innerHTML 屬性設定為空字串，就會得到一個空的項目清單，原來的四個項目都會被移除掉：

```
var list = document.getElementsByTagName('ul')[0];
list.innerHTML = '';
```

TIP 新增屬性節點

新增屬性節點的步驟如下：

① 使用 **createAttribute()** 方法建立一個屬性節點，其語法如下，參數 *name* 用來設定屬性的名稱，傳回值為一個 Attr 節點：

```
attribute = document.createAttribute(name);
```

② 使用 **setAttributeNode()** 方法將屬性節點加入指定的元素節點，其語法如下，參數 *attribute* 為屬性節點，傳回值為被取代的屬性 (如有的話)：

```
element.setAttributeNode(attribute);
```

下面是一個例子，我們利用新增屬性節點的方式將項目符號設定為空心圓點。

\Ch08\createAttribute.html

```
<body>
  <ul>
    <li> 珠寶盒 </li>
    <li> 法朋 </li>
    <li>Lady M</li>
    <li>RAW</li>
  </ul>
  <script src="createAttribute.js"></script>
</body>
```

```
○ 珠寶盒
○ 法朋
○ Lady M
○ RAW
```

\Ch08\createAttribute.js

```
// 建立一個屬性節點，此例為 type 屬性
var type = document.createAttribute('type');
// 將屬性節點的值設定為 'circle'，即空心圓點
type.value = 'circle';
// 取得屬性節點要加入的元素節點，此例為 <ul> 元素
var list = document.getElementsByTagName('ul')[0];
// 將屬性節點加入指定的元素節點
list.setAttributeNode(type);
```

8-6 存取表單元素

表單可以提供輸入介面讓使用者輸入資料，然後將資料傳回 Web 伺服器以做進一步的處理，例如 Web 搜尋、線上投票、網路民調、會員登錄、網路購物等。在本節中，我們將示範如何使用 JavaScript 存取常見的表單元素，例如單行文字方塊、密碼欄位、選擇鈕、核取方塊、下拉式清單等。

8-6-1 取得單行文字方塊與密碼欄位的值

我們可以利用 **value** 屬性取得單行文字方塊與密碼欄位的值，下面是一個例子，使用者在表單中輸入姓名與密碼，然後按 [提交]，就會出現對話方塊顯示姓名與密碼，其中第 07 行是透過事件屬性設定當使用者按 [提交] 時，就執行 showResult() 函式，第 9 章有關於事件的進一步說明。

\Ch08\form1.html

```
01  <body>
02    <form>
03      <label for="userName">姓名：</label>
04      <input type="text" id="userName" size="20"><br>
05      <label for="userPWD">密碼：</label>
06      <input type="password" id="userPWD" size="20"><br>
07      <input type="submit" onclick="showResult()">
08      <input type="reset">
09    </form>
10    <script src="form1.js"></script>
11  </body>
```

\Ch08\form1.js

```
12  function showResult() {
13    var userName = document.getElementById('userName');
14    var userPWD = document.getElementById('userPWD');
15    window.alert(userName.value + '\n' + userPWD.value);
16  }
```

執行結果如下圖。

❶ 輸入姓名　　❷ 輸入密碼　　❸ 按 [提交]　　❹ 出現對話方塊顯示姓名與密碼

8-6-2 取得選擇鈕的值

我們可以先利用 **checked** 屬性檢查選擇鈕是否有被核取，然後利用 **value** 屬性取得選擇鈕的值。下面是一個例子，使用者在表單中核取一種甜點，然後按 [提交]，就會出現對話方塊顯示所核取的甜點，其中第 08 行是透過事件屬性設定當使用者按 [提交] 時，就執行 showResult() 函式。

\Ch08\form2.html

```
01   <body>
02     <form>
03       喜歡的甜點：
04       <input type="radio" name="dessert" value=" 馬卡龍 "> 馬卡龍
05       <input type="radio" name="dessert" value=" 舒芙蕾 "> 舒芙蕾
06       <input type="radio" name="dessert" value=" 蘋果派 "> 蘋果派
07       <input type="radio" name="dessert" value=" 水果塔 "> 水果塔 <br>
08       <input type="submit" onclick="showResult()">
09       <input type="reset">
10     </form>
11     <script src="form2.js"></script>
12   </body>
```

\Ch08\form2.js

```
function showResult() {
  // 宣告一個空字串用來存放使用者所核取的甜點
  var result = '';
  var dessert = document.getElementsByName('dessert');
  // 逐一檢查選擇鈕是否有被核取
  for (var i = 0; i < dessert.length; i++) {
    // 若選擇鈕有被核取，就取得其值並跳出迴圈
    if (dessert[i].checked) {
      result = dessert[i].value;
      break;
    }
  }
  window.alert(result);
}
```

❶ 核取一種甜點　　❷ 按 [提交]　　❸ 出現對話方塊顯示所核取的甜點

8-6-3 取得核取方塊的值

我們可以先利用 **checked** 屬性檢查核取方塊是否有被核取，然後利用 **value** 屬性取得核取方塊的值。下面是一個例子，使用者在表單中核取甜點 (可複選)，然後按 [提交]，就會出現對話方塊顯示所核取的甜點。

\Ch08\form3.html

```html
<body>
  <form>
    喜歡的甜點：
    <input type="checkbox" name="dessert" value=" 馬卡龍 "> 馬卡龍
    <input type="checkbox" name="dessert" value=" 舒芙蕾 "> 舒芙蕾
    <input type="checkbox" name="dessert" value=" 蘋果派 "> 蘋果派
    <input type="checkbox" name="dessert" value=" 水果塔 "> 水果塔 <br>
    <input type="submit" onclick="showResult()">
    <input type="reset">
  </form>
  <script src="form3.js"></script>
</body>
```

\Ch08\form3.js

```javascript
function showResult() {
  // 宣告一個空陣列用來存放使用者所核取的甜點
  var result = [];
  var dessert = document.getElementsByName('dessert');
  // 逐一檢查核取方塊是否有被核取
  for (var i = 0; i < dessert.length; i++) {
    // 若核取方塊有被核取，就取得其值並加入陣列
    if (dessert[i].checked) {
      result.push(dessert[i].value);
    }
  }
  window.alert(result);
}
```

❶ 核取甜點　　❷ 按 [提交]　　❸ 出現對話方塊顯示所核取的甜點

8-6-4　取得下拉式清單的值

我們可以先利用 **selected** 屬性檢查下拉式清單的項目是否有被選取，然後利用 **value** 屬性取得項目的值。下面是一個例子，使用者在表單中選取甜點（可複選），然後按 [提交]，就會出現對話方塊顯示所選取的甜點。

\Ch08\form4.html

```
<body>
  <form>
    <label for="dessert"> 喜歡的甜點：( 可複選 )</label>
    <select id="dessert" multiple>
      <option value=" 馬卡龍 "> 馬卡龍 </option>
      <option value=" 舒芙蕾 "> 舒芙蕾 </option>
      <option value=" 蘋果派 "> 蘋果派 </option>
      <option value=" 水果塔 "> 水果塔 </option>
    </select><br>
    <input type="submit" onclick="showResult()">
    <input type="reset">
  </form>
  <script src="form4.js"></script>
</body>
```

\Ch08\form4.js

```javascript
function showResult() {
  // 宣告一個空陣列用來存放使用者所選取的甜點
  var result = [];
  var dessert = document.getElementById('dessert');
  // 逐一檢查下拉式清單的項目是否有被選取
  for (var i = 0; i < dessert.length; i++) {
    // 若項目有被選取,就取得其值並加入陣列
    if (dessert[i].selected) {
      result.push(dessert[i].value);
    }
  }
  window.alert(result);
}
```

❶ 選取甜點　　❷ 按 [提交]　　❸ 出現對話方塊顯示所選取的甜點

早期網頁設計人員會將 HTML 原始碼與 CSS 樣式表放在同一個檔案,不過,近年來則傾向於將兩者放在個別的檔案,這麼做的好處是將內容與外觀分隔開來,以便透過 CSS 從外部控制網頁的外觀,同時 HTML 原始碼也會變得精簡,適合開發大型的網頁專案。

當我們要透過 DOM 操作 CSS 樣式表時,可以採取下列兩種做法,以下有進一步的說明:

- ➡ 使用 style 屬性設定元素的行內樣式
- ➡ 使用 className 屬性套用外部樣式表

8-7-1 使用 style 屬性設定元素的行內樣式

行內樣式 (inline style) 指的是直接在 HTML 元素使用 style 屬性設定 CSS 樣式表,例如下面的敘述是透過行內樣式將標題 1 的前景色彩與背景色彩設定為白色和紅色:

```
<h1 style="color: white; background-color: red;">Hello!</h1>
```

若要透過 DOM 操作 CSS 樣式表,可以使用元素節點的 **style** 屬性,其語法如下,*element* 是欲存取 CSS 樣式表的元素節點,*property* 是屬性名稱,而 *value* 是屬性值:

```
element.style.property [= value]
```

下面是一個例子,當指標移到標題 1 時,就變成紅底白字;當指標離開標題 1 時,就恢復成預設樣式。請注意,裡面使用到兩個事件處理程式,onmouseover="change()" 表示當指標移到時,就執行 change() 函式,而 onmouseout="restore()" 表示當指標離開時,就執行 restore() 函式。

\Ch08\style1.html

```html
<body>
  <h1 id="msg" onmouseover="change()" onmouseout="restore()">Hello!</h1>
  <script src="style1.js"></script>
</body>
```

\Ch08\style1.js

```javascript
// 當指標移到標題 1 時，就變成紅底白字
function change() {
  var msg = document.getElementById('msg');
  // 將前景色彩設定為白色
  msg.style.color = 'white';
  // 將背景色彩設定為紅色
  msg.style.backgroundColor = 'red';
}

// 當指標離開標題 1 時，就恢復成預設樣式
function restore() {
  var msg = document.getElementById('msg');
  // 清除前景色彩（即恢復為預設樣式）
  msg.style.color = '';
  // 清除背景色彩（即恢復為預設樣式）
  msg.style.backgroundColor = '';
}
```

❶ 指標移到時會變成紅底白字   ❷ 指標離開時會恢復成預設樣式

8-42

在使用 JavaScript 存取 CSS 樣式表時，請留意屬性名稱的命名方式，原則上，CSS 屬性中的連字號要移除，而且第二個及之後的每個單字字首都要大寫，例如：

➲ background-color　　➡　　backgroundColor

➲ list-style-image　　➡　　listStyleImage

唯一例外的是 CSS 的 float 屬性到了 DOM 要寫成 cssFloat 屬性，下面是一些常用的屬性供您參考。

CSS	JavaScript	說明
background	background	背景
background-attachment	backgroundAttachment	背景圖片是否隨內容捲動
background-color	backgroundColor	背景色彩
background-image	backgroundImage	背景圖片
background-position	backgroundPosition	背景圖片起始位置
background-repeat	backgroundRepeat	背景圖片重複排列方式
border	border	框線
border-color	borderColor	框線色彩
border-style	borderStyle	框線樣式
border-width	borderWidth	框線寬度
border-bottom	borderBottom	下框線
border-left	borderLeft	左框線
border-right	borderRight	右框線
border-top	borderTop	上框線
clear	clear	解除文繞圖
color	color	前景色彩
cursor	cursor	指標
display	display	顯示層級
float	cssFloat	文繞圖
font	font	字型
font-family	fontFamily	文字字型

CSS	JavaScript	說明
font-size	fontSize	文字大小
font-weight	fontWeight	文字粗細
height	height	高度
top、right、bottom、left	top、right、bottom、left	上右下左位移
letter-spacing	letterSpacing	文字間距
line-height	lineHeight	行高
list-style	listStyle	清單樣式
list-style-image	listStyleImage	圖片項目符號
list-style-position	listStylePosition	項目符號與編號位置
list-style-type	listStyleType	項目符號與編號類型
margin	margin	邊界
margin-bottom	marginBottom	下邊界
margin-left	marginLeft	左邊界
margin-right	marginRight	右邊界
margin-top	marginTop	上邊界
overflow	overflow	溢出內容
padding	padding	留白
padding-bottom	paddingBottom	下留白
padding-left	paddingLeft	左留白
padding-right	paddingRight	右留白
padding-top	paddingTop	上留白
position	position	Box 的定位方式
text-align	textAlign	文字對齊
text-decoration	textDecoration	文字裝飾
text-indent	textIndent	首行縮排
text-transform	textTransform	大小寫轉換方式
vertical-align	verticalAlign	垂直對齊
visibility	visibility	顯示或隱藏
width	width	寬度
z-index	zIndex	重疊順序

8-7-2 使用 className 屬性套用外部樣式表

使用 style 屬性設定元素的行內樣式雖然簡單又直覺，但我們並不鼓勵您這麼做，因為這會讓 HTML 原始碼與 CSS 樣式表混雜在一起，造成日後維護上的負擔。

比較好的做法是使用 **className** 屬性套用外部樣式表，將 CSS 樣式表定義在獨立的檔案。DOM 提供的 className 屬性就是對應 HTML 元素的 class 屬性，其語法如下，*element* 是欲存取 CSS 樣式表的元素節點，*value* 是 CSS 的類別選擇器：

```
elememt.className [= value]
```

舉例來說，我們可以使用 className 屬性將前一節的例子改寫成如下，讓 HTML 原始碼、CSS 樣式表及 JavaScript 程式碼各自放在獨立的檔案。

\Ch08\style2.html

```
<!DOCTYPE html>
<html>
  <head>
    <meta charset="utf-8">
    <link rel="stylesheet" href="style2.css">  ❶
  </head>
  <body>
              ❷                        ❸
    <h1 id="msg" onmouseover="change()" onmouseout="restore()">Hello!</h1>
    <script src="style2.js"></script>
  </body>
</html>
```

❶ 連結外部樣式表
❷ 當指標移到時，就執行 change() 函式
❸ 當指標離開時，就執行 restore() 函式
❹ 定義 hot 類別樣式 (紅底白字)

\Ch08\style2.css

```
.hot {
  color: white;
  background-color: red;   ❹
}
```

\Ch08\style2.js

```
// 當指標移到標題 1 時,就套用 hot 類別樣式 ( 即紅底白字 )
function change() {
  var msg = document.getElementById('msg');
  msg.className = 'hot';
}

// 當指標離開標題 1 時,就移除樣式 ( 即恢復成預設樣式 )
function restore() {
  var msg = document.getElementById('msg');
  msg.className = '';
}
```

❶ 指標移到時會變成紅底白字

❷ 指標離開時會恢復成預設樣式

ChatGPT 隨堂練習

（1）寫一個函式用來切換一個 HTML 元素的顯示與隱藏，當元素是隱藏時，點取按鈕會將元素顯示出來；當元素是顯示時，點取按鈕會將元素隱藏起來，下面的執行結果供您參考。

（解答：\Ch08\ex1.html、ex1.js）

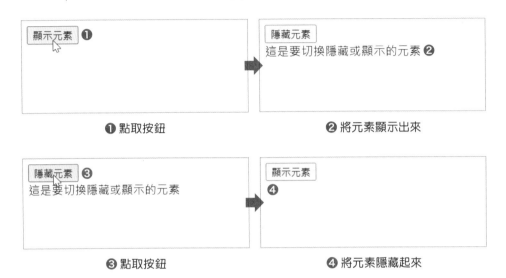

❶ 點取按鈕　　　　　　　　　　　　❷ 將元素顯示出來

❸ 點取按鈕　　　　　　　　　　　　❹ 將元素隱藏起來

（2）寫一個函式用來在清單中加入新項目，下面的執行結果供您參考。

（解答：\Ch08\ex2.html、ex2.js）

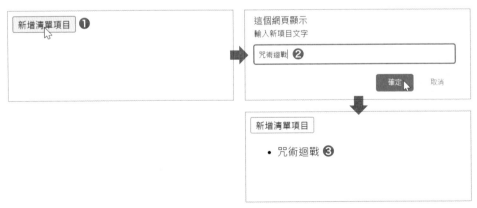

❶ 點取此鈕　　❷ 輸入新項目文字　　❸ 新增一個項目

ChatGPT 隨堂練習

寫一個網頁，開頭有標題 1 的字串「Hello, world!」，接著是一組選擇鈕，有紅色、綠色、藍色等三個項目，當使用者核取顏色並點取「改變顏色」按鈕時，字串就會變成選擇的顏色，下面的執行結果供您參考。

❶ 核取顏色　　❷ 點取按鈕　　❸ 字串變成選擇的顏色

 解答

\Ch08\ex3.html

```html
<h1 id="title">Hello, world!</h1>
<form>
  <input type="radio" name="color" value="red">紅色 <br>
  <input type="radio" name="color" value="green">綠色 <br>
  <input type="radio" name="color" value="blue">藍色 <br>
</form>
<button onclick="changeColor()">改變顏色 </button>
<script src="ex3.js"></script>
```

\Ch08\ex3.js

```javascript
function changeColor() {
  var title = document.getElementById('title');
  var radios = document.getElementsByName('color');
  var selectedColor;
  for (var i = 0; i < radios.length; i++) {
    if (radios[i].checked) {
      selectedColor = radios[i].value;
      break;
    }
  }
  title.style.color = selectedColor;
}
```

09

事件處理

9-1 事件驅動模式

在 Windows 作業系統中，每個視窗都有一個唯一的代碼，而且系統會持續監控每個視窗。當有視窗發生**事件** (event) 時，例如使用者按一下按鈕、改變視窗大小、移動視窗、載入網頁等，該視窗就會傳送訊息給系統，然後系統會處理訊息並將訊息傳送給其它關聯的視窗，這些視窗再根據訊息做出適當的處理，此種運作模式稱為**事件驅動** (event driven)。

諸如 JavaScript 等瀏覽器端 Script 也是採取事件驅動的運作模式，當有瀏覽器、HTML 文件或 HTML 元素發生事件時，例如瀏覽器在網頁內容載入完畢時會觸發 load 事件、在網頁內容卸載完畢時會觸發 unload 事件、在使用者按一下 HTML 元素時會觸發 click 事件等，就可以透過預先撰寫好的 JavaScript 程式來處理事件。

以 JavaScript 為例，它會自動進行低階的訊息處理工作，因此，我們只要針對可能發生或想要監聽的事件定義處理程式即可，屆時一旦發生指定的事件，就會執行該事件的處理程式，待處理程式執行完畢後，再繼續等待下一個事件或結束程式。

我們將觸發事件的物件稱為**事件發送者** (event sender、event generator) 或**事件來源** (event source)，而接收事件的物件稱為**事件接收者** (event reciever、event consumer)。諸如 Window、Document、Element 等物件或使用者自訂的物件都可以是事件發送者，換句話說，除了系統所觸發的事件之外，程式設計人員也可以視實際需要加入自訂的事件，至於用來處理事件的程式則稱為**事件處理程式** (event handler) 或**事件監聽程式** (event listener)。

雖然有些事件會有預設的動作，例如在使用者輸入表單資料並按 [提交] 時，預設會將表單資料傳回 Web 伺服器，不過，我們還是可以針對這些事件另外撰寫處理程式，例如將表單資料以 E-mail 形式傳送給指定的收件人、寫入資料庫或檔案等。

9-2 事件的類型

在 Web 發展的初期，事件的類型並不多，可能就是 load、unload、click、mouseover、mouseout 等簡單的事件。不過，隨著 Web 平台與相關的 API 快速發展，事件的類型日趨多元，常見的如下：

- **使用者介面 (UI) 事件**：這是與操作瀏覽器介面相關的事件，例如：

  - load：當瀏覽器將網頁內容載入完畢時會觸發此事件。

  - unload：當瀏覽器將網頁內容卸載完畢時會觸發此事件。

  - error：當瀏覽器視窗發生錯誤時會觸發此事件。

  - resize：當瀏覽器視窗改變大小時會觸發此事件。

  - scroll：當瀏覽器視窗捲動時會觸發此事件。

  - DOMContentLoaded：當 HTML 文件載入完畢 (不用等到樣式表、圖片或子框架等資源也載入完畢) 時會觸發此事件。

  - hashchange：當 URL 中 # 符號後面的資料變更時會觸發此事件。

  - beforeunload：當視窗、文件和相關的資源即將卸載時會觸發此事件，此時，文件仍舊是看得到的。

  請注意，error 事件也可能在其它元素上觸發，而 scroll 事件也可能在其它可捲動的元素上觸發。

- **鍵盤事件**：這是與使用者操作鍵盤相關的事件，例如：

  - keydown：當使用者按下按鍵時會觸發此事件。

  - keyup：當使用者放開按鍵時會觸此事件。

  - keypress：當使用者按下再放開按鍵時會觸發此事件。

→ **滑鼠事件**：這是與使用者操作滑鼠相關的事件，例如：

⊘ click：當使用者在元素上按一下滑鼠按鍵時會觸發此事件。

⊘ dblclick：當使用者在元素上按兩下滑鼠按鍵時會觸發此事件。

⊘ mousedown：當使用者在元素上按下滑鼠按鍵時會觸發此事件。

⊘ mouseup：當使用者在元素上放開滑鼠按鍵時會觸發此事件。

⊘ mouseenter：當使用者將滑鼠移入元素時會觸發此事件。

⊘ mouseleave：當使用者將滑鼠移出元素時會觸發此事件。

⊘ mouseover：當使用者將滑鼠移入元素時會觸發此事件。

⊘ mouseout：當使用者將滑鼠移出元素時會觸發此事件。

⊘ mousemove：當使用者將滑鼠在元素上移動時會觸發此事件。

⊘ mousewheel：當使用者在元素上滾動滑鼠滾輪時會觸發此事件。

請注意，mouseenter / mouseleave 和 mouseover / mouseout 都是使用者將滑鼠移入 / 移出元素時會觸發的事件，差別在於當有巢狀元素時，mouseenter / mouseleave 只會針對目標元素觸發事件，而 mouseover / mouseout 在移入 / 移出內部元素時也會觸發事件。

→ **表單事件**：這是與使用者操作表單相關的事件，例如：

⊘ input：當 <input>、<select> 或 <textarea> 等元素的值被輸入時會觸發此事件。

⊘ change：當 <input>、<select> 或 <textarea> 等元素的值被變更時會觸發此事件。

⊘ submit：當使用者提交表單時會觸發此事件。

⊘ reset：當使用者清除表單時會觸發此事件。

⊘ select：當使用者在表單欄位中選取內容時會觸發此事件。

⊘ cut：當使用者在表單欄位中剪下內容時會觸發此事件。

⊘ copy：當使用者在表單欄位中複製內容時會觸發此事件。

⊘ paste：當使用者在表單欄位中貼上內容時會觸發此事件。

⊙ **焦點事件**：這是與焦點相關的事件，例如：

⊘ focus：當瀏覽器視窗或元素取得焦點時會觸發此事件。

⊘ focusin：當瀏覽器視窗或元素取得焦點時會觸發此事件。

⊘ blur：當瀏覽器視窗或元素失去焦點時會觸發此事件

⊘ focusout：當瀏覽器視窗或元素失去焦點時會觸發此事件

請注意，focus 和 focusin 的差別在於 focusin 支援事件氣泡 (event bubbling)，而 blur 和 focusout 的差別在於 focusout 支援事件氣泡，第 9-5 節有關於事件氣泡的進一步說明。

NOTE

前面介紹的事件主要來自 **DOM 規格**、**HTML5 規格**和 **BOM** (Browser Object Model，瀏覽器物件模型)。此外，隨著配備觸控螢幕的裝置快速普及，W3C 亦提出了 **Touch Events** 觸控規格，裡面主要有 touchstart、touchmove、touchend、touchcancel 等事件，當手指觸碰到螢幕時會觸發 touchstart 事件，當手指在螢幕上移動時會觸發 touchmove 事件，當手指離開螢幕時會觸發 touchend 事件，而當取消觸控或觸控點離開文件視窗時會觸發 touchcancel 事件，有興趣的讀者可以參考官方文件 https://www.w3.org/TR/touch-events/。

至於像 Apple iPhone、iPad 所支援的 gesture (手勢)、orientationchanged (旋轉方向)、touch (觸控) 等事件，可以參考 Apple Developer Center (https://developer.apple.com/)。

定義事件處理程式 / 事件監聽程式

在進行事件處理時，我們必須先想清楚下列三點：

- ➔ 要由哪個元素觸發事件
- ➔ 要觸發哪種事件
- ➔ 被觸發的事件要繫結哪個事件處理程式 / 事件監聽程式

至於繫結的方式則有下列三種：

- ➔ 利用 HTML 元素的事件屬性設定事件處理程式
- ➔ 傳統的 DOM 事件處理程式
- ➔ DOM Level 2 事件監聽程式

9-3-1 利用 HTML 元素的事件屬性設定事件處理程式

我們直接以下面的例子示範如何利用 HTML 元素的事件屬性設定事件處理程式，原則上，事件屬性的名稱就是在事件的名稱前面加上 on，而且要全部小寫，即便事件的名稱是由多個單字所組成，例如 onmousewheel、onmouseover、onkeydown、ondblclick 等。

這個例子的重點在於第 02 行將按鈕的 onclick 事件屬性設定為 "window.alert('Hello, world!');"，如此一來，當使用者按一下按鈕時，就會觸發 click 事件，進而執行該敘述，在對話方塊中顯示「Hello, world!」。

\Ch09\event1a.html

```
01  <body>
02    <button type="button" onclick="window.alert('Hello, world!');">
03      顯示訊息 </button>
04  </body>
```

將按鈕的 onclick 事件屬性設定為事件處理程式

❶ 按一下此鈕　　　　　　　　　　　　　❷ 顯示對話方塊

雖然我們可以直接將事件處理程式寫入 HTML 元素的事件屬性，但有時這種做法卻不太方便，因為事件處理程式可能會有很多行敘述，此時，我們可以將事件處理程式撰寫成 JavaScript 函式，然後將 HTML 元素的事件屬性設定為該函式。

舉例來說，\Ch09\event1a.html 可以改寫成如下，然後另存新檔為 \Ch09\event1b.html，執行結果是相同的，其中第 02 行是將按鈕的 onclick 事件屬性設定為 "showMsg()"，這是一個 JavaScript 函式呼叫，至於 showMsg() 函式則是定義在獨立的 \Ch09\event1b.js 檔案中 (第 06 ~ 08 行)。

\Ch09\event1b.html

```
01   <body>                              ❶
02     <button type="button" onclick="showMsg()">
03       顯示訊息 </button>
04     <script src="event1b.js"></script>
05   </body>
```

\Ch09\event1b.js

```
06   function showMsg() {
07     window.alert('Hello, world!');  ❷
08   }
```

❶ 將按鈕的 onclick 事件屬性設定為 showMsg() 函式，當使用者按一下按鈕時，就會觸發 click 事件，進而呼叫 showMsg() 函式

❷ 將事件處理程式撰寫在 showMsg() 函式

9-3-2 傳統的 DOM 事件處理程式

基於 HTML 原始碼應該與 JavaScript 程式碼分開處理的原則，第 9-3-1 節所介紹的做法雖然簡單又直覺，但我們並不建議您這麼做，比較好的做法是在獨立的 JavaScript 檔案中設定事件處理程式。

舉例來說，\Ch09\event1b.html 可以改寫成如下，執行結果是相同的。這次我們沒有在 HTML 檔案中設定 HTML 元素的事件屬性，改成在 JavaScript 檔案中使用 getElementById() 方法取得按鈕的元素節點（第 11 行），然後將按鈕的 onclick 事件屬性設定為 showMsg() 函式（第 12 行）。

\Ch09\event2.html

```
01  <!DOCTYPE html>
02  <html>
03    <head>
04      <meta charset="utf-8">
05    </head>
06    <body>
07      <button type="button" id="btn"> 顯示訊息 </button>
08      <script src="event2.js"></script>
09    </body>
10  </html>
```

\Ch09\event2.js

```
11  var btn = document.getElementById('btn'); ❶
12  btn.onclick = showMsg; ❷
13
14  function showMsg() {
15    window.alert('Hello, world!'); ❸
16  }
```

❶ 透過 DOM 取得按鈕的元素節點
❷ 將按鈕的 onclick 事件屬性設定為 showMsg() 函式，注意後面不能加上小括號
❸ 將事件處理程式撰寫在 showMsg() 函式

❶ 按一下此鈕   ❷ 顯示對話方塊

我們可以使用匿名函式將 \Ch09\event2.js 簡寫成如下，由於事件處理程式通常不會在多個地方使用，所以和具名函式比起來，匿名函式反而比較不會有命名衝突的問題，程式碼也比較簡潔：

```
var btn = document.getElementById('btn');
btn.onclick = function() { window.alert('Hello, world!'); };
```

本節所介紹的事件處理程式在 DOM 最初的規格中就已經制定，也是公認比上一節的利用事件屬性設定事件處理程式來得好的做法，因為可以將 HTML 原始碼和 JavaScript 程式碼分開處理，但它還是有個缺點，就是一個事件只能繫結一個函式，若是針對一個事件繫結多個函式，就會發生衝突，造成無法預期的結果。

舉例來說，假設我們希望在使用者填妥表單資料並按 [提交] 時，透過表單的 submit 事件先執行一個函式檢查表單資料，然後再執行另一個函式儲存表單資料，那麼就無法使用本節所介紹的做法，面對這種情況，我們可以改用下一節的事件監聽程式，它允許一個事件繫結多個函式。

9-3-3 DOM Level 2 事件監聽程式

DOM Level 2 事件監聽程式是近年來比較常見的做法，主要的技巧就是使用 **addEventListener()** 方法監聽事件並設定事件處理程式，其語法如下，參數 *event* 是要監聽的事件，參數 *function* 是要執行的函式，而選擇性參數 *useCapture* 是布林值，預設值為 false，表示當內層和外層元素都有發生參數 *event* 指定的事件時，就先從內層元素開始執行處理程式：

```
addEventListener(event, function [, useCapture])
```

我們可以使用 addEventListener() 方法將 \Ch09\event2.html 改寫成如下，執行結果是相同的。

\Ch09\event3.html

```
01  <!DOCTYPE html>
02  <html>
03    <head>
04      <meta charset="utf-8">
05    </head>
06    <body>
07      <button type="button" id="btn">顯示訊息 </button>
08      <script src="event3.js"></script>
09    </body>
10  </html>
```

\Ch09\event3.js

```
11  var btn = document.getElementById('btn');  ❶
12  btn.addEventListener('click', showMsg, false); ❷
13
14  function showMsg() {
15    window.alert('Hello, world!');  ❸
16  }
```

❶ 透過 DOM 取得按鈕的元素節點

❷ 監聽 click 事件並將事件處理程式設定為 showMsg() 函式，注意後面不能加上小括號

❸ 將事件處理程式撰寫在 showMsg() 函式

❶ 按一下此鈕　　　　　　　　　　　❷ 顯示對話方塊

同樣的，我們可以使用匿名函式將 \Ch09\event3.js 簡寫成如下：

```
var btn = document.getElementById('btn');
btn.addEventListener('click', function() {
  window.alert('Hello, world!');
}, false);
```

和前兩節所介紹的做法相比，DOM Level 2 事件監聽程式的優點在於 addEventListener() 方法可以針對同一個物件的同一種事件設定多個處理程式。下面是一個例子，這次我們針對按鈕的 click 事件設定兩個處理程式，第一個處理程式會顯示「Hello, world!」，而第二個處理程式會顯示「歡迎光臨！」。

\Ch09\event4.html

```
<!DOCTYPE html>
<html>
  <head>
    <meta charset="utf-8">
  </head>
  <body>
    <button type="button" id="btn">顯示訊息 </button>
    <script src="event4.js"></script>
  </body>
</html>
```

\Ch09\event4.js

```
var btn = document.getElementById('btn'); ❶
btn.addEventListener('click', function() {alert('Hello, world!');}, false); ❷
btn.addEventListener('click', function() {alert(' 歡迎光臨 !');}, false); ❸
```

❶ 透過 DOM 取得按鈕的元素節點
❷ 監聽 click 事件並將事件處理程式設定為顯示「Hello, world!」
❸ 監聽 click 事件並將事件處理程式設定為顯示「歡迎光臨!」

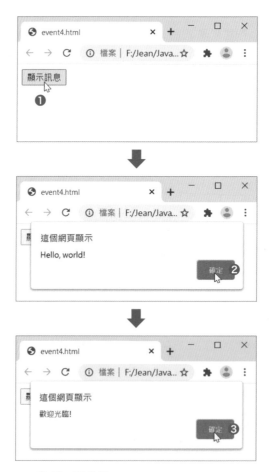

❶ 按一下此鈕
❷ 顯示第一個對話方塊,請按 [確定]
❸ 顯示第二個對話方塊,請按 [確定]

若要傳遞參數給事件監聽程式，可以將函式包裹在匿名函式，下面是一個例子，其中第 12 ~ 14 行是將需要參數的函式包裹在匿名函式，此處的參數為 'Hello, world!'，您也可以換成其它字串，就會顯示不同的訊息。

\Ch09\event5.html

```
01  <!DOCTYPE html>
02  <html>
03    <head>
04      <meta charset="utf-8">
05    </head>
06    <body>
07      <button type="button" id="btn">顯示訊息</button>
08      <script src="event5.js"></script>
09    </body>
10  </html>
```

\Ch09\event5.js

```
11  var btn = document.getElementById('btn');
12  btn.addEventListener('click', function() {
13    showMsg('Hello, world!');
14  }, false);
15
16  function showMsg(msg) {
17    window.alert(msg);
18  }
```

移除事件處理程式 / 事件監聽程式

若要移除事件處理程式，可以將事件屬性設定為 null。下面是一個例子，其中第 06 行將按鈕的 onclick 事件屬性設定為 showMsg() 函式，而第 08 行又將該事件屬性設定為 null，即移除事件處理程式，所以執行結果將不會顯示對話方塊。

\Ch09\removeEvent1.html

```
01  <body>
02    <button type="button" id="btn"> 顯示訊息 </button>
03    <script src="removeEvent1.js"></script>
04  </body>
```

\Ch09\removeEvent1.js

```
05  var btn = document.getElementById('btn');
06  btn.onclick = showMsg; ❶

08  btn.onclick = null; ❷

10  function showMsg() {
11    window.alert('Hello, world!');
12  }
```

❶ 繫結事件處理程式
❷ 移除事件處理程式

執行結果如下圖，當按一下「顯示訊息」時，將不會顯示對話方塊，因為事件處理程式已經被移除。

若要移除事件監聽程式，可以使用 **removeEventListener()** 方法，其語法如下，參數的意義和 addEventListener() 方法相同：

```
removeEventListener(event, function [, useCapture])
```

下面是一個例子，其中第 06 行針對按鈕的 click 事件繫結 showMsg() 函式，而第 08 行又針對該事件移除函式，所以執行結果將不會顯示對話方塊。

\Ch09\removeEvent2.html

```
01    <body>
02      <button type="button" id="btn">顯示訊息</button>
03      <script src="removeEvent2.js"></script>
04    </body>
```

\Ch09\removeEvent2.js

```
05    var btn = document.getElementById('btn');
06    btn.addEventListener('click', showMsg, false);    ❶

08    btn.removeEventListener('click', showMsg, false);    ❷

10    function showMsg() {
11      window.alert('Hello, world!');
12    }
```

❶ 繫結事件監聽程式
❷ 移除事件監聽程式

執行結果如下圖，當按一下「顯示訊息」時，將不會顯示對話方塊，因為事件監聽程式已經被移除。

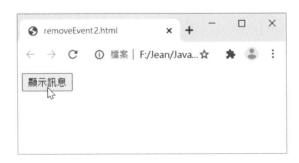

9-5 事件流程

HTML 文件屬於巢狀結構，當使用者以滑鼠移過或點按某個 HTML 元素時，也會連帶地移過或點按其外層的父元素。

舉例來說，假設網頁中有一個項目清單，裡面有幾個超連結項目，我們可以將事件處理程式或事件監聽程式繫結到 <a>、<li>、<ui>、<body>、<html> 等元素，以及 Document 和 Window 物件，當使用者點按項目清單中的一個超連結項目時，除了會觸發 <a> 元素的 click 事件，同時也會觸發外層元素的 click 事件，我們將這些元素之間的事件觸發順序稱為**事件流程**，而且事件流程有下列兩種方向：

- **事件氣泡** (event bubbling)：現代瀏覽器預設是採取事件氣泡流程，也就是事件會從目標元素開始往外循序傳遞，一直到最外層的 Window 物件為止，就像水面下的氣泡往上升一樣（如圖 ❶）。

- **事件捕捉** (event capturing)：事件捕捉流程的事件會從最外層的元素開始往內循序傳遞，一直到最內層的目標元素為止（如圖 ❷）。

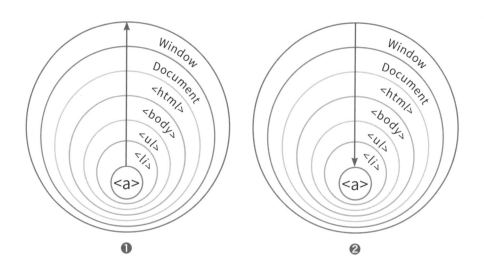

❶   ❷

下面是一個例子，我們分別針對 \<a\>、\<li\>、\<ul\> 等元素的 click 事件繫結事件監聽程式，而且 \<a\> 元素有兩個事件監聽程式。請注意，此處所有 addEventListener() 方法的第三個參數均為 false，表示採取預設的事件氣泡流程。

\Ch09\bubbling.html

```
01  <body>
02    <ul id="foods">
03      <li id="item1"><a id="a1" href="cake.html">蛋糕</a></li>
04    </ul>
05    <script src="bubbling.js"></script>
06  </body>
```

\Ch09\bubbling.js

```
07  var a1 = document.getElementById('a1');
08  var item1 = document.getElementById('item1');
09  var foods = document.getElementById('foods');
10
11  a1.addEventListener('click', function() {
12    window.alert('<a> 元素的事件監聽程式 1');
13  }, false);
14
15  a1.addEventListener('click', function() {
16    window.alert('<a> 元素的事件監聽程式 2');
17  }, false);
18
19  item1.addEventListener('click', function() {
20    window.alert('<li> 元素的事件監聽程式 ');
21  }, false);
22
23  foods.addEventListener('click', function() {
24    window.alert('<ul> 元素的事件監聽程式 ');
25  }, false);
```

❶ 繫結 \<a\> 元素的事件監聽程式 1

❷ 繫結 \<a\> 元素的事件監聽程式 2

❸ 繫結 \<li\> 元素的事件監聽程式

❹ 繫結 \<ul\> 元素的事件監聽程式

執行順序如下，click 事件會從目標元素 <a> 開始往外循序傳遞到最外層的
元素：

❶ 顯示「<a> 元素的事件監聽程式 1」

❷ 顯示「<a> 元素的事件監聽程式 2」

❸ 顯示「<li> 元素的事件監聽程式」

❹ 顯示「<ul> 元素的事件監聽程式」

❺ 離開 bubbling.html 網頁前往 cake.html 網頁

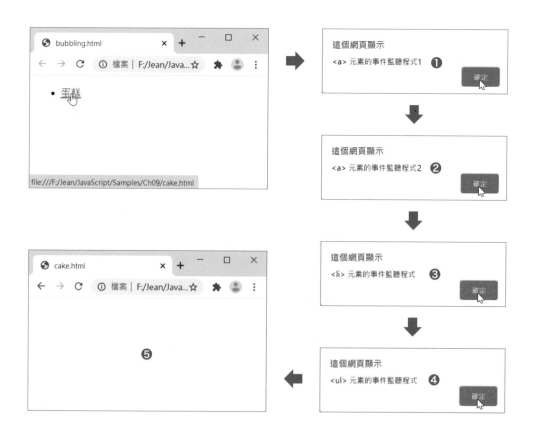

若把 \Ch09\bubbling.js 中所有 addEventListener() 方法的第三個參數變更為 true，改採事件捕捉流程，那麼執行順序將變成如下，click 事件會從最外層的元素開始往內循序傳遞到目標元素 <a>：

❶ 顯示「<ul> 元素的事件監聽程式」

❷ 顯示「<li> 元素的事件監聽程式」

❸ 顯示「<a> 元素的事件監聽程式 1」

❹ 顯示「<a> 元素的事件監聽程式 2」

❺ 離開 bubbling.html 網頁前往 cake.html 網頁

9-6 Event 物件

事件處理程式或事件監聽程式可以接收一個 **Event 物件**，並透過該物件取得事件的相關資訊，例如：

➡️ 最初觸發事件的目標元素

➡️ 取得 click、mousemove 等滑鼠事件的指標座標

➡️ 取得 keypress、keydown 等鍵盤事件的按鍵

Event 物件比較重要的成員如下，這些成員會依事件類型而有所不同。

屬性	說明
target	最初觸發事件的目標元素。
type	事件類型。
cancelable	事件是否能夠被取消，true 表示是，false 表示否。
bubbles	事件是否往外氣泡傳遞，true 表示是，false 表示否。
defaultPrevented	是否有呼叫 preventDefault() 方法，true 表示是，false 表示否。
timeStamp	從 1970-01-01T00:00:00 到觸發事件所經過的毫秒數。
screenX、screenY	指標在螢幕中的 X、Y 座標 (以螢幕左上角為原點)。
pageX、pageY	指標在頁面中的 X、Y 座標 (頁面可能會超出瀏覽器可視範圍)。
clientX、clientY	指標在瀏覽器可視範圍中的 X、Y 座標。
offsetX、offsetY	指標在目標元素中的 X、Y 座標。
button	點按滑鼠時是按下哪個按鍵，傳回值如下： ● 0 表示左鍵 ● 1 表示中間鍵 ● 2 表示右鍵
key	按下的鍵。
altkey	是否按下 [Alt] 鍵，true 表示是，false 表示否。
ctrlkey	是否按下 [Ctrl] 鍵，true 表示是，false 表示否。
shiftkey	是否按下 [Shift] 鍵，true 表示是，false 表示否。

方法	說明
preventDefault()	取消元素預設的行為 (如可取消的話)。
stopPropagation()	停止往外或往內的事件傳遞。
stopImmediatePropagation()	停止所有事件傳遞,包括同一個目標元素所繫結的其它事件監聽程式。

當我們要在事件監聽程式中存取 Event 物件時,可以透過名稱為 e 的參數來加以傳遞,而且 e 必須是第一個參數。下面是一個例子,當使用者按一下按鈕時,就會透過 Event 物件的屬性顯示目標元素的節點名稱及事件類型。

\Ch09\e1.html

```html
<body>
  <button type="button" id="btn">顯示訊息 </button>
  <script src="e1.js"></script>
</body>
```

\Ch09\e1.js

```javascript
var btn = document.getElementById('btn');
btn.addEventListener('click', showMsg, false);
                        ❶
function showMsg(e) {  ❷
  window.alert(e.target.nodeName);
  window.alert(e.type);
}                       ❸
```

❶ e 必須是第一個參數,若不需要使用 Event 物件,則 e 可以省略不寫

❷ 顯示目標元素的節點名稱

❸ 顯示事件類型

9-6-1　停止往外或往內的事件傳遞

我們可以利用 Event 物件的 **stopPropagation()** 方法停止往外或往內的事件
傳遞，以第 9-5 節的 \Ch09\bubbling.html 為例，假設將第 11 ~ 13 行改寫
成如下，透過事件參數 e 呼叫 stopPropagation() 方法，將會停止往外的事
件傳遞，也就是不會執行 <li> 和 <ul> 元素的事件監聽程式：

```
a1.addEventListener('click', function(e) {
  e.stopPropagation();
  window.alert('<a> 元素的事件監聽程式 1');
}, false);
```

執行順序如下：

❶　顯示「<a> 元素的事件監聽程式 1」

❷　顯示「<a> 元素的事件監聽程式 2」

❸　離開 bubbling.html 網頁前往 cake.html 網頁

9-6-2　停止所有事件傳遞

我們可以利用 Event 物件的 **stopImmediatePropagation()** 方法停止所有事件
傳遞，包括同一個目標元素所繫結的其它事件監聽程式，以第 9-5 節的 \Ch09\
bubbling.html 為例，假設將第 11 ~ 13 行改寫成如下，透過事件參數 e 呼叫
stopImmediatePropagation() 方法，將會停止所有事件傳遞，也就是不會執
行 <a> 元素的第二個事件監聽程式，以及 <li> 和 <ul> 元素的事件監聽程式：

```
a1.addEventListener('click', function(e) {
  e. stopImmediatePropagation();
  window.alert('<a> 元素的事件監聽程式 1');
}, false);
```

執行順序如下：

❶ 顯示「<a> 元素的事件監聽程式 1」

❷ 離開 bubbling.html 網頁前往 cake.html 網頁

9-6-3 取消元素預設的行為

我們可以利用 Event 物件的 **preventDefault()** 方法取消元素預設的行為，以第 9-5 節的 \Ch09\bubbling.html 為例，點按 <a> 元素預設的行為是導向到 href 屬性指定的網頁，也就是 cake.html，若要取消此行為，讓網頁執行完畢後仍停留在 bubbling.html，可以將第 11 ~ 13 行改寫成如下，透過事件參數 e 呼叫 preventDefault() 方法：

```
a1.addEventListener('click', function(e) {
  e.preventDefault();
  window.alert('<a> 元素的事件監聽程式 1');
}, false);
```

執行順序如下，最後會停留在 bubbling.html，而不會前往 cake.html：

❶ 顯示「<a> 元素的事件監聽程式 1」

❷ 顯示「<a> 元素的事件監聽程式 2」

❸ 顯示「<li> 元素的事件監聽程式」

❹ 顯示「<ul> 元素的事件監聽程式」

請注意，由於有些事件無法被取消，因此，在呼叫 preventDefault() 方法之前最好先檢查 Event 物件的 cancelable 屬性，true 表示可以取消，false 表示無法取消。事實上，大部分瀏覽器原生的事件 (例如 click、scroll、beforeunload 等) 是可以被取消的。

9-6-4 事件監聽程式中的 this 關鍵字

原則上，事件監聽程式中的 this 關鍵字代表的是最初觸發事件的目標元素，就像 Event 物件的 target 屬性一樣，因此，在下面的例子中，當焦點離開文字方塊但所輸入的會員編號不是 8 個字元時，就會顯示提示訊息。

\Ch09\e2.html

```html
<!DOCTYPE html>
<html>
  <head>
    <meta charset="utf-8">
  </head>
  <body>
    <form>
      <label for="num">會員編號：</label>
      <input type="text" id="num" size="20"><br>
      <span id="msg"></span><br>
      <input type="submit">
    </form>
    <script src="e2.js"></script>
  </body>
</html>
```

\Ch09\e2.js

```javascript
var num = document.getElementById('num');
num.addEventListener('blur', checkNum, false); ❶

function checkNum() {
  var msg = document.getElementById('msg');
  if (this.value.length != 8) ❷
    msg.textContent = '注意！會員編號必須是 8 個字元';
  else
    msg.textContent = '';
}
```

❶ 當焦點離開文字方塊時，就呼叫 checkNum() 函式

❷ 利用 this 關鍵字存取最初觸發事件的目標元素

❶ 輸入不是 8 個字元的會員編號　　　　❷ 將焦點離開文字方塊後會顯示提示訊息

不過，若函式有參數，那麼 this 關鍵字將不再是最初觸發事件的目標元素，而是一個匿名函式。舉例來說，假設將 \Ch09\e2.js 改寫成如下，令函式接受 e 和 numLength 兩個參數，此時第 08 行的 this.value.length 將會產生 Uncaught TypeError: Cannot read property 'length' of undefined at checkNum (無法讀取尚未定義的屬性 length)，原因就出在 this 關鍵字已經不是目標元素。

```
01  var num = document.getElementById('num');
02  num.addEventListener('blur', function(e) {
03    checkNum(e, 8);
04  }, false);
05
06  function checkNum(e, numLength) {
07    var msg = document.getElementById('msg');
08    if (this.value.length != numLength)
09      msg.textContent = ' 注意！會員編號必須是 8 個字元 ';
10    else
11      msg.textContent = '';
12  }
```

想要解決這個問題可以將第 08 行改寫成如下，把 this 換成 e.target 就能成功存取目標元素：

```
08    if (e.target.value.length != numLength)
```

9-7-1 使用者介面 (UI) 事件

使用者介面 (UI) 事件是一些與操作瀏覽器介面相關的事件，例如 load、unload、error、resize、scroll、DOMContentLoaded、hashchange、beforeunload 等，其中 **load** 事件會在網頁載入完畢時觸發，我們可以利用該事件執行網頁載入完畢時所要執行的動作，例如顯示進入網頁時間、將焦點移到某個欄位等。下面是一個例子，它會在網頁載入完畢時顯示進入時間。

\Ch09\load.html

```html
<body>
  進入網頁時間：<span id="entrytime"></span>
  <script src="load.js"></script>
</body>
```

\Ch09\load.js

```javascript
window.addEventListener('load', showEntrytime, false);

function showEntrytime() {
  var entrytime = document.getElementById('entrytime');
  entrytime.textContent = (new Date()).toLocaleString();
};
```

> 使用者介面事件的監聽程式是繫結在 Window 物件

進入網頁時間：2023/4/8 下午12:43:42

請注意，HTML5 規格新增的 **DOMContentLoaded** 事件和 load 事件是不同的，當 HTML 文件的 DOM 樹建立時，就會觸發 DOMContentLoaded 事件，不用等到樣式表、圖片或子框架等資源也載入完畢，所以 DOMContentLoaded 事件會比 load 事件還早觸發。

下面是一個例子，它會在 HTML 文件的 DOM 樹建立時，就將焦點移到網頁上的輸入欄位。

\Ch09\DOMContentLoaded.html

```html
<body>
  <form>
    <label for="userName">姓名：</label>
    <input type="text" id="userName" size="20">
  </form>
  <script src="DOMContentLoaded.js"></script>
</body>
```

\Ch09\DOMContentLoaded.js

```javascript
window.addEventListener('DOMContentLoaded', function() {
  // 取得輸入欄位
  var userName = document.getElementById('userName');
  // 將焦點移到輸入欄位
  userName.focus();
}, false);
```

9-7-2 鍵盤事件

鍵盤事件是一些與使用者操作鍵盤相關的事件,例如 keydown、keyup、keypress 等,其中 **keydown** 事件會在使用者按下按鍵時觸發,我們可以利用該事件取得按鍵的相關資訊。下面是一個例子,它會在使用者按下按鍵時利用 Event 物件的 **key** 屬性取得按鍵。

\Ch09\keydown.html

```html
<body>
  <form>
    <label for="achar">輸入一個字元:</label>
    <input type="text" id="achar" size="10"><br>
    <span id="msg"></span><br>
  </form>
  <script src="keydown.js"></script>
</body>
```

\Ch09\keydown.js

```javascript
var achar = document.getElementById('achar');

achar.addEventListener('keydown', function(e) {
  var msg = document.getElementById('msg');
  msg.textContent = '按鍵:' + e.key;
}, false);
```

❶ 按下字母 a
❷ 顯示按鍵

9-7-3 滑鼠事件

滑鼠事件是一些與使用者操作滑鼠相關的事件,例如 click、dblclick、mousedown、mouseup、mouseenter、mouseleave、mouseover、mouseout、mousemove、mousewheel 等,其中 **mouseover / mouseout** 會在使用者將滑鼠移入 / 移出元素時觸發。下面是一個例子,剛開始網頁上會顯示圖片 piece1.jpg,當指標移到圖片時會變成 piece2.jpg,而當指標離開圖片時又會變成原來的 piece1.jpg。

\Ch09\mouseover.html

```
<body>
  <img id="fig" src="piece1.jpg" width="200">
  <script src="mouseover.js"></script>
</body>
```

\Ch09\mouseover.js

```
var fig = document.getElementById('fig');

fig.addEventListener('mouseover', function() {
  fig.src = 'piece2.jpg';
}, false);

fig.addEventListener('mouseout', function() {
  fig.src = 'piece1.jpg';
}, false);
```

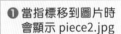

❶ 當指標移到圖片時會顯示 piece2.jpg

❷ 當指標離開圖片時會顯示 piece1.jpg

此外，當滑鼠事件被觸發時，我們可以透過 Event 物件提供的屬性取得指標的座標：

- **screenX、screenY**：指標在螢幕中的 X、Y 座標，以螢幕左上角為原點，而非瀏覽器中的位置。

- **pageX、pageY**：指標在頁面中的 X、Y 座標，頁面可能會超出瀏覽器可視範圍，所以 pageX、pageY 和下面的 clientX、clientY 可能會不同。

- **clientX、clientY**：指標在瀏覽器可視範圍中的 X、Y 座標。

- **offsetX、offsetY**：指標在目標元素中的 X、Y 座標。

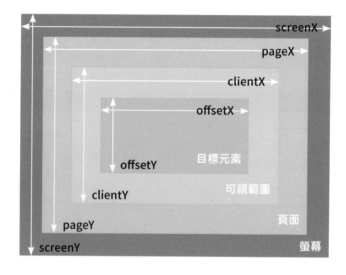

下面是一個例子，當使用者在 <div> 區塊中移動滑鼠時，就會即時顯示指標的各項座標。

\Ch09\mousemove.html

```
<body>
  <div id="region" style="position: absolute; top: 100px; left: 100px;
    width: 300px; height: 200px; border: 1px solid black;"></div>
  <script src="mousemove.js"></script>
</body>
```

```javascript
var region = document.getElementById('region');

region.addEventListener('mousemove', function(e) {
    region.innerHTML = 'screenX/screenY:' + e.screenX + '/' + e.screenY + '<br>'
                     + 'pageX/pageY:' + e.pageX + '/' + e.pageY + '<br>'
                     + 'clientX/clientY:' + e.clientX + '/' + e.clientY + '<br>'
                     + 'offsetX/offsetY:' + e.offsetX + '/' + e.offsetY;
}, false);
```

瀏覽結果如下圖，只要在 <div> 區塊中移動滑鼠，就會不斷地顯示最新的指標座標，您可以仔細比較各項座標的差異。

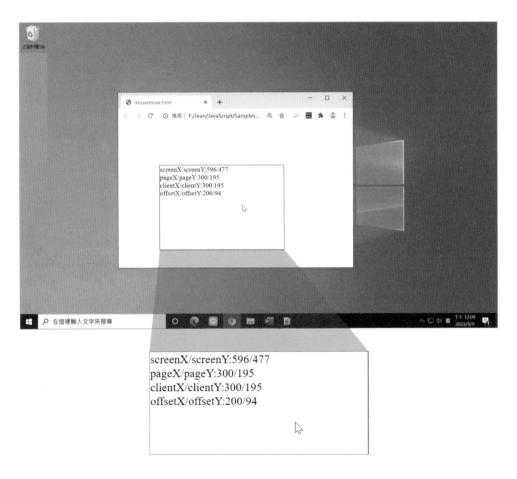

9-7-4 表單事件

表單事件是一些與使用者操作表單相關的事件,例如 input、change、submit、reset、select 等,其中 **change** 會在 <input>、<select> 或 <textarea> 等元素的值被變更時觸發。下面是一個例子,當使用者變更下拉式清單中選取的項目時,就會在新標籤頁開啟所選取的網站。

\Ch09\change.html

```html
<body>
  <form>
    <label for="URL">選擇網站:</label>
    <select id="URL" size="1">
      <option value="https://www.google.com.tw/">Google
      <option value="https://tw.yahoo.com/">Yahoo! 奇摩
      <option value="https://www.bing.com/">Bing
    </select>
  </form>
  <script src="change.js"></script>
</body>
```

❶ 變更下拉式清單中選取的項目
❷ 在新標籤頁開啟所選取的網站

\Ch09\change.js

```javascript
var URL = document.getElementById('URL');
URL.addEventListener('change', function() {
  newWin = open();                          // 開新標籤頁
  newWin.location.href = URL.value;         // 在新標籤頁開啟指定的網址
}, false);
```

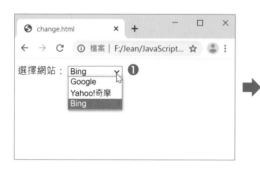

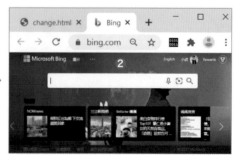

此外，submit 事件會在使用者提交表單時觸發，所以在把表單資料傳送給伺服器之前，我們可以利用該事件檢查輸入的內容，若不符合要求，就取消提交的動作。下面是一個例子，它在使用者按 [提交] 時，會先檢查是否有核取「我同意合約」，若沒有，就顯示提示訊息並取消提交的動作。

\Ch09\submit.html

```html
<body>
  <form id="myform">
    <input type="checkbox" id="agree"> 我同意合約 <br>
    <span id="msg"></span><br>
    <input type="submit">
  </form>
  <script src="submit.js"></script>
</body>
```

\Ch09\submit.js

```javascript
var myform = document.getElementById('myform');
var agree = document.getElementById('agree');
var msg = document.getElementById('msg');
myform.addEventListener('submit', function(e) {
  if (!agree.checked) {
    msg.style.color = 'red';
    msg.textContent = ' 你必須核取「我同意合約」';
    e.preventDefault();
  }
}, false);
```

❶ 沒有核取「我同意合約」就按 [提交]

❷ 顯示提示訊息並取消提交的動作

9-7-5 焦點事件

焦點事件是一些與焦點相關的事件,例如 focus 和 focusin 兩個事件會在瀏覽器視窗或元素取得焦點時觸發,差別在於 focusin 支援事件氣泡,而 blur 和 focusout 兩個事件會在瀏覽器視窗或元素失去焦點時觸發,差別在於 focusout 支援事件氣泡,下面是一個例子。

\Ch09\focus.html

```html
<body>
  <form>
    <label for="num">會員編號:</label>
    <input type="text" id="num" size="20"><br>
    <span id="msg"></span><br>
    <input type="submit">
  </form>
  <script src="focus.js"></script>
</body>
```

\Ch09\focus.js

```javascript
var num = document.getElementById('num');
var msg = document.getElementById('msg');
// 將提示訊息設定為紅色
msg.style.color = 'red';

num.addEventListener('focus', function() {
  msg.textContent = ' 會員編號是 8 個字元 ';
}, false);

num.addEventListener('blur', function() {
  if (this.value.length === 8)
    msg.textContent = '';
  else
    msg.textContent = ' 注意!會員編號必須是 8 個字元 ';
}, false);
```

❶ 當焦點移到輸入欄位時,會顯示「會員編號是 8 個字元」

❷ 當焦點離開輸入欄位時,會先檢查是否為 8 個字元,若是,就清除提示訊息,若不是,就顯示提示訊息

執行結果如下圖，當焦點移到輸入欄位時，會顯示「會員編號是 8 個字元」，如圖❶。相反的，當焦點離開輸入欄位時，會先檢查輸入的內容是否為 8 個字元，若是，就清除提示訊息，如圖❷；若不是，就顯示提示訊息，如圖❸。

ChatGPT 隨堂練習

下面是我們請 ChatGPT 針對 JavaScript 的事件處理生成一些題目讓您做練習，建議您先自己撰寫解答，之後再請 ChatGPT 解題來做比較。

（1） 寫一個網頁，當滑鼠指標移到一個元素時，該元素的背景色彩會改變，下面的執行結果供您參考。（解答：\Ch09\ex1.html）

❶ 當指標移到元素時會顯示紅色背景　　　❷ 當指標離開元素時會顯示藍色背景

（2） 寫一個網頁，當使用者在表單中輸入文字時，會即時顯示輸入字元的長度，下面的執行結果供您參考。（解答：\Ch09\ex2.html）

> 請輸入文字：abcd
>
> 目前字元長度為：4

（3） 寫一個網頁，表單中有四個文字方塊，當使用者按 [Tab] 鍵時，就會依序在這些文字方塊切換焦點，下面的執行結果供您參考。
（解答：\Ch09\ex3.html）

> 文字方塊1:
>
> 文字方塊2:
>
> 文字方塊3:
>
> 文字方塊4:

CHAPTER

10

瀏覽器物件模型 (BOM)

完整的 JavaScript 包含下列三個部分：

- **ECMAScript**：這是 JavaScript 的基本語法與內建物件，第 1 ~ 7 章已經做過介紹。

- **文件物件模型 (DOM)**：DOM (Document Object Model) 是一個與網頁相關的模型，當瀏覽器載入網頁時，會針對網頁與網頁的 HTML 元素建立對應的物件，JavaScript 可以透過 DOM 存取網頁的元素，第 8 章已經做過介紹。

- **瀏覽器物件模型 (BOM)**：BOM (Browser Object Model) 是一個與瀏覽器相關的模型，裡面有數個物件，JavaScript 可以透過 BOM 存取瀏覽器的資訊，例如瀏覽器類型、瀏覽器版本、瀏覽器視窗的寬度與高度、瀏覽歷程記錄、網址等。

瀏覽器物件模型採取階層式架構，如下圖，最上層為 Window 物件，下層則有 Document、Location、Navigator、History、Screen 等物件。

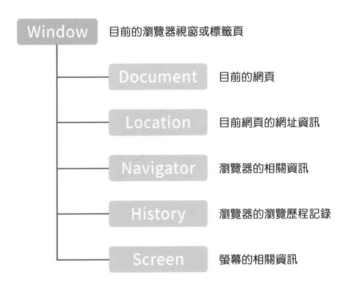

Window	目前的瀏覽器視窗或標籤頁
Document	目前的網頁
Location	目前網頁的網址資訊
Navigator	瀏覽器的相關資訊
History	瀏覽器的瀏覽歷程記錄
Screen	螢幕的相關資訊

Window 物件

Window 物件是瀏覽器物件模型中最上層的物件，代表目前的瀏覽器視窗或標籤頁。我們可以透過這個物件存取瀏覽器視窗的相關資訊，例如視窗的大小、位置等，也可以透過這個物件進行開啟視窗、關閉視窗、移動視窗、捲動視窗、調整視窗大小、顯示對話方塊、啟動計時器、列印網頁等動作。

Window 物件常見的成員如下，其中 document、location、navigator、history、screen (注意是全部小寫) 等屬性分別指向 Document、Location、Navigator、History、Screen (注意是大寫開頭) 等子物件。

屬性	說明
document	指向 Document 物件。
location	指向 Location 物件。
navigator	指向 Navigator 物件。
history	指向 History 物件。
screen	指向 Screen 物件。
closed	傳回視窗是否已經關閉，true 表示是，false 表示否。
devicePixelRatio	傳回螢幕的裝置像素比。
fullScreen	傳回視窗是否為全螢幕顯示，true 表示是，false 表示否。
name	取得或設定視窗的名稱。
parent	指向父視窗。
top	指向頂層視窗。
self	指向 Window 物件本身。
status	取得或設定視窗的狀態列文字。
innerHeight	傳回視窗中的網頁內容高度，包含水平捲軸 (以像素為單位)。
innerWidth	傳回視窗中的網頁內容寬度，包含垂直捲軸 (以像素為單位)。
scrollX	傳回網頁內容已經水平捲動幾個像素。
scrollY	傳回網頁內容已經垂直捲動幾個像素。
screenX	傳回視窗左上角在螢幕上的 X 軸座標。
screenY	傳回視窗左上角在螢幕上的 Y 軸座標。

方法	說明
alert(*msg*)	顯示包含參數 *msg* 所指定之文字的警告對話方塊。
prompt(*msg*[, *default*])	顯示包含參數 *msg* 所指定之文字的輸入對話方塊，參數 *default* 為預設的輸入值，可以省略不寫。
confirm(*msg*)	顯示包含參數 *msg* 所指定之文字的確認對話方塊，若按 [確定]，就傳回 true；若按 [取消]，就傳回 false。
moveBy(*deltaX*, *deltaY*)	移動視窗位置，X 軸位移為 *deltaX*，Y 軸位移為 *deltaY*。
moveTo(*x*, *y*)	移動視窗到螢幕上座標為 (*x*, *y*) 的位置。
resizeBy(*deltaX*, *deltaY*)	調整視窗大小，寬度變化量為 *deltaX*，高度變化量為 *deltaY*。
resizeTo(*x*, *y*)	調整視窗到寬度為 *x*，高度為 *y*。
scrollBy(*deltaX*, *deltaY*)	調整捲軸，X 軸位移為 *deltaX*，Y 軸位移為 *deltaY*。
scrollTo(*x*, *y*)	調整捲軸，令網頁中座標為 (*x*, *y*) 的位置顯示在左上角。
open(*url*, *name*[, *features*])	開啟一個內容為 *url*、名稱為 *name*、外觀為 *features* 的視窗，傳回值為新視窗的 Window 物件。
close()	關閉視窗。
focus()	令視窗取得焦點。
print()	列印網頁。
setInterval(*exp*, *time*)	啟動週期計時器，以根據參數 *time* 所指定的時間週期性地執行參數 *exp* 所指定的運算式，參數 *time* 的單位為千分之一秒 (毫秒)。
clearInterval()	停止 setInterval() 所啟動的計時器。
setTimeOut(*exp*, *time*)	啟動單次計時器，當參數 *time* 所指定的時間到達時，就執行參數 *exp* 所指定的運算式，參數 *time* 的單位為千分之一秒 (毫秒)。
clearTimeOut()	停止 setTimeOut() 所啟動的計時器。

10-2-1 使用確認對話方塊

window.confirm() 方法的語法如下，用來顯示確認對話方塊，參數 *msg* 為提示文字，若按 [確定]，就傳回 true；若按 [取消]，就傳回 false：

```
window.confirm(msg)
```

下面是一個例子，當使用者按 [提交] 時，會顯示確認對話方塊詢問是否要提交表單，若按 [取消]，就取消提交表單這個預設的動作。

\Ch10\confirm.html

```html
<body>
  <form id="myform">
    <label for="username">姓名：</label>
    <input type="text" id="username">
    <input type="submit">
  </form>
  <script src="confirm.js"></script>
</body>
```

\Ch10\confirm.js

```js
var myform = document.getElementById('myform');
myform.addEventListener('submit', function(e) {
  if (!window.confirm(' 確定要提交表單？ '))
    e.preventDefault();
}, false);
```

> 由於 Window 物件為全域物件，所以「window.」可以省略不寫

10-2-2　開啟視窗 / 關閉視窗

window.open() 方法的語法如下，用來開啟一個內容為 *url*、名稱為 *name*、外觀為 *features* 的視窗，傳回值為新視窗的 Window 物件：

```
window.open(url, name[, features])
```

常用的外觀參數如下。

外觀參數	說明
menubar=1 或 0	是否顯示功能表列。
toolbar=1 或 0	是否顯示工具列。
location=1 或 0	是否顯示網址列。
status=1 或 0	是否顯示狀態列。
scrollbars=1 或 0	當網頁內容超過視窗時，是否顯示捲軸。
resizable=1 或 0	是否可以改變視窗大小。
height=*n*	視窗的高度，*n* 為像素數。
width=*n*	視窗的寬度，*n* 為像素數。

下面是一個例子 \Ch10\open.html，當使用者點取「開啟新視窗」超連結時，會開啟一個新視窗，而且新視窗的內容為 \Ch10\new.html，高度為 200 像素、寬度為 400 像素；當使用者點取「關閉新視窗」超連結時，會關閉剛才開啟的新視窗。

❶ 點取「開啟新視窗」超連結　　　　　❷ 成功開啟新視窗

\Ch10\open.html

```html
<!DOCTYPE html>
<html>
  <head>
    <meta charset="utf-8">
  </head>
  <body>                    ❶
    <a href="javascript: openNewWindow();">開啟新視窗 </a>
    <a href="javascript: closeNewWindow();"> 關閉新視窗 </a>
    <script src="open.js"></script>
  </body>
</html>
```

❶ 設定超連結所連結的函式

❷ 將 open() 方法所傳回的 Window 物件 (即新視窗) 指派給變數 myWin

❸ 若新視窗存在，就呼叫 close() 方法關閉新視窗

\Ch10\open.js

```javascript
var myWin = null;
// 開啟新視窗
function openNewWindow() {
  myWin = window.open('new.html', 'myWin', 'height=200, width=400'); ❷
}

// 關閉新視窗
function closeNewWindow() {
  if (myWin) myWin.close(); ❸
}
```

\Ch10\new.html

```html
<!DOCTYPE html>
<html>
  <head>
    <meta charset="utf-8">
  </head>
  <body>
    <p> 這是高度為 200 像素、寬度為 400 像素的新視窗 </p>
  </body>
</html>
```

10-2-3 使用計時器

Window 物件提供了下列幾個關於計時器的方法:

- **setInterval()** 方法的語法如下,用來啟動週期計時器,以根據參數 *time* 所指定的時間週期性地執行參數 *exp* 所指定的運算式,參數 *time* 的單位為千分之一秒 (毫秒),傳回值為計時器的 ID:

  ```
  setInterval(exp, time)
  ```

- **clearInterval()** 方法的語法如下,用來停止 setInterval() 所啟動的週期計時器,參數 *intervalID* 為計時器的 ID:

  ```
  clearInterval(intervalID)
  ```

- **setTimeOut()** 方法的語法如下,用來啟動單次計時器,當參數 *time* 所指定的時間到達時,就執行參數 *exp* 所指定的運算式,參數 *time* 的單位為千分之一秒 (毫秒),傳回值為計時器的 ID:

  ```
  setTimeout(exp, time)
  ```

- **clearTimeOut()** 方法的語法如下,用來停止 setTimeOut() 所啟動的單次計時器,參數 *timeoutID* 為計時器的 ID:

  ```
  clearTimeout(timeoutID)
  ```

下面是一個例子,它會顯示線上時鐘,而且是每隔 1 秒更新一次時間,若按下 [停止線上時鐘],就會停止更新時鐘。

\Ch10\setInterval.html

```
<body>
  <div id="clock"></div>
  <button type="button" id="btn"> 停止線上時鐘 </button>
  <script src="setInterval.js"></script>
</body>
```

\Ch10\setInterval.js

```javascript
window.addEventListener('load', function() {
  var timer = window.setInterval(function() {
    var clock = document.getElementById('clock');
    clock.textContent = (new Date()).toLocaleString();
  }, 1000);

  var btn = document.getElementById('btn');
  btn.addEventListener('click', function() {
    window.clearInterval(timer);
  }, false);
}, false);
```

❶ 每隔 1 秒更新一次時間

❷ 若按下 [停止線上時鐘]，就會清除計時器，停止更新時鐘

2023/4/12 下午3:36:30

[停止線上時鐘]

ⓃⓄⓉⒺ

- setInterval() 和 setTimeOut() 方法類似，差別在於 setInterval() 會根據指定的時間週期性地重複執行指定的動作，而 setTimeOut() 只會在經過指定的時間後執行一次指定的動作。您可以試著將 \Ch10\setInterval.js 中的 setInterval() 和 clearInterval() 方法換成 setTimeOut() 和 clearTimeOut() 方法，此時，線上時鐘只會顯示一次目前時間，而不會每隔 1 秒更新一次時間。

- setInterval() 和 setTimeOut() 方法都會傳回計時器的 ID，此 ID 可以分別傳遞給 clearInterval() 和 clearTimeOut() 方法以清除計時器。

下面是另一個例子,它會顯示使用者進入網頁的停留時間,而且是每隔 0.1 秒更新一次停留時間。

\Ch10\setTimeout.html

```html
<body>
  您的停留時間為 <input type="text" id="stay" size="5"> 秒
  <script src="setTimeout.js"></script>
</body>
```

\Ch10\setTimeout.js

```javascript
var miliseconds = 0, seconds = 0;
var stay = document.getElementById('stay');
stay.value = '0';
window.addEventListener('load', showStayTime, false);

function showStayTime() {
  if (miliseconds >= 9) {
    miliseconds = 0;
    seconds += 1;
  }
  else miliseconds += 1;
  stay.value = seconds + '.' + miliseconds;
  setTimeout('showStayTime()', 100);
}
```

> 啟動計時器,每隔 0.1 秒呼叫一次 showStayTime() 函式

10-2-4 列印網頁

window.print() 方法的語法如下,用來開啟列印對話方塊,讓使用者列印目前網頁:

```
window.print()
```

下面是一個例子,當使用者點取 [列印網頁] 超連結時,就會開啟如下圖的列印對話方塊。

\Ch10\print.html

```html
<!DOCTYPE html>
<html>
  <head>
    <meta charset="utf-8">
  </head>
  <body>
    <h1>Hello, world!</h1>
    <a href="javascript: window.print();">列印網頁 </a>
  </body>
</html>
```

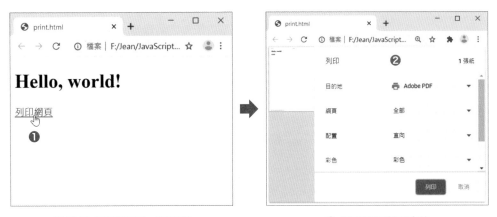

❶ 點取「列印網頁」超連結   ❷ 開啟列印對話方塊

10-3 Location 物件

Location 物件包含目前開啟之網頁的網址資訊 (URL)，我們可以透過該物件取得或控制瀏覽器的網址、重新載入網頁或導向到其它網頁。

Location 物件常用的成員如下。

屬性	說明
href	網址，如欲將瀏覽器導向到其它網址，可以變更此屬性的值。
search	網址中 ? 符號與其後面的資料，假設網址為 "/docs/index.html?q=123"，則 search 屬性會傳回 "?q=123"。
hash	網址中 # 符號與其後面的資料，假設網址為 "/docs/index.html#Examples"，則 hash 屬性會傳回 "#Examples"。
host	網址中的主機名稱與通訊埠。
hostname	網址中的主機名稱。
pathname	網址中的檔案名稱與路徑。
port	網址中的通訊埠。
protocol	網址中的通訊協定。

方法	說明
reload()	重新載入目前開啟的網頁，相當於按一下瀏覽器的 [重新整理] 按鈕。
replace(*url*)	令瀏覽器載入並顯示參數 *url* 所指定的網頁，取代目前開啟的網頁在瀏覽歷程記錄中的位置。
assign(*url*)	令瀏覽器載入並顯示參數 *url* 所指定的網頁，相當於將 href 屬性設定為參數 *url*。
toString()	將網址 (location.href 屬性的值) 轉換成字串。

舉例來說，假設網址為 "https://www.lucky.com:4097/docs/index.html"，則 host 屬性會傳回 "www.lucky.com:4097"，hostname 屬性會傳回 "www.lucky.com"，pathname 屬性會傳回 "/docs/index.html"，port 屬性會傳回 "4097"，protocol 屬性會傳回 "https:"。

下面是一個例子,它會顯示 Location 物件各個屬性的值,並提供「重新載入」和「導向到 Google」兩個超連結,點取前者會重新載入目前開啟的網頁,而點取後者會導向到 Google 網站。

\Ch10\location.html

```html
<!DOCTYPE html>
<html>
  <head>
    <meta charset="utf-8">
    <script>
      for(let property in window.location)
        document.write(property + ':' + window.location[property] + '<br>');
    </script>
  </head>
  <body>
    <a href="javascript: location.reload();"> 重新載入 </a>
    <a href="javascript: location.replace('https://www.google.com/');">
      導向到 Google</a>
  </body>
</html>
```

ⓐ 顯示 Location 物件各個屬性的值
ⓑ 點取此超連結會呼叫 location. reload() 方法重新載入網頁
ⓒ 點取此超連結會呼叫 location. replace() 方法導向到 Google

❶ 點取此超連結

❷ 導向到 Google

10-4 Navigator 物件

Navigator 物件包含瀏覽器的相關描述與系統資訊，常用的屬性如下，這些屬性只能讀取無法寫入。

屬性	說明
appCodeName	瀏覽器的內部程式碼名稱，例如 "Mozilla"。
appName	瀏覽器的正式名稱，例如 "Netscape"。
appVersion	瀏覽器的版本與作業系統的名稱，例如 "5.0 (Windows NT 10.0; Win64; x64) AppleWebKit/537.36 (KHTML, like Gecko) Chrome/89.0.4389.114 Safari/537.36"。
connection	裝置的網路連線資訊。
cookieEnabled	瀏覽器是否啟用 Cookie 功能，true 表示是，false 表示否。
geolocation	裝置的地理位置資訊。
javaEnabled	瀏覽器是否啟用 Java，true 表示是，false 表示否。
language	使用者偏好的語系，通常指的是瀏覽器介面的語系，例如 "zh-tw" 表示繁體中文。
languages	使用者偏好的語系，例如 zh-TW,zh,en-US,en。
mimeTypes	瀏覽器支援的 MIME 類型。
onLine	瀏覽器是否在線上，true 表示是，false 表示否。
oscpu	目前作業系統。
platform	瀏覽器平台，例如 "Win32"。
plugins	瀏覽器安裝的外掛程式。
product	任何瀏覽器均會傳回 'Gecko'，此屬性的存在是為了相容性的目的。
userAgent	HTTP Request 中 user-agent 標頭的值，我們可以利用此屬性判斷目前使用的瀏覽器種類，例如 Chrome 瀏覽器會傳回 "Mozilla/5.0 (Windows NT 10.0; Win64; x64) AppleWebKit/537.36 (KHTML, like Gecko) Chrome/89.0.4389.114 Safari/537.36"，而 Edge 瀏覽器會傳回 "Mozilla/5.0 (Windows NT 10.0; Win64; x64) AppleWebKit/537.36 (KHTML, like Gecko) Chrome/89.0.4389.114 Safari/537.36 Edg/89.0.774.75"。

下面是一個例子，它會顯示 Navigator 物件各個屬性的值。

\Ch10\navigator.html

```html
<!DOCTYPE html>
<html>
  <head>
    <meta charset="utf-8">
    <script>
      for(let property in window.navigator)
        document.write(property + ":" + window.navigator[property] + "<br>");
    </script>
  </head>
  <body>
  </body>
</html>
```

下面是另一個例子，它會根據上網的裝置自動切換成 PC 版網頁或行動版網頁。當使用者透過 PC 版瀏覽器開啟 detect.html 時，會導向到 PC 版網頁 pc.html，如下圖❶；而當使用者透過行動版瀏覽器開啟 detect.html 時，會導向到行動版網頁 mobile.html，如下圖❷。

❶

❷

\Ch10\detect.html

```html
<!DOCTYPE html>
<html>
  <head>
    <meta charset="utf-8">
  </head>
  <body>
    <script src="detect.js"></script>
  </body>
</html>
```

\Ch10\detect.js

```javascript
01  var mobile_device = navigator.userAgent.match(/iPad|iPhone|android|htc|sony/i);
02  if (mobile_device === null) document.location.replace('pc.html');
03  else document.location.replace('mobile.html');
```

➲ 01：先透過 Navigator 物件的 userAgent 屬性取得 HTTP Request 中 user-agent 標頭的值，再呼叫 match() 方法比對該值中有無行動裝置相關的字串，例如 iPad、iPhone、android 等。由於市面上有愈來愈多行動裝置的品牌與型號，您可以視實際情況自行增加其它字串。

➲ 02 ~ 03：若 match() 方法傳回 null，表示不是行動裝置，就呼叫 Location 物件的 replace() 方法導向到 PC 版網頁 pc.html，否則導向到行動版網頁 mobile.html，這兩個網頁的原始碼如下。

\Ch10\pc.html

```html
<!DOCTYPE html>
<html>
  <head>
    <meta charset="utf-8">
    <title>PC 版網頁 </title>
  </head>
  <body>
    <h1>Hello! Welcome To PC 版網頁 !</h1>
  </body>
</html>
```

\Ch10\mobile.html

```html
<!DOCTYPE html>
<html>
  <head>
    <meta charset="utf-8">
    <title>行動版網頁 </title>
  </head>
  <body>
    <h1>Hello! Welcome To 行動版網頁 !</h1>
  </body>
</html>
```

History 物件包含瀏覽器的瀏覽歷程記錄，常用的成員如下。

屬性 / 方法	說明
length	瀏覽歷程記錄筆數。
back()	回到上一頁。
forward()	移到下一頁。
go(num)	回到上幾頁 (num 小於 0) 或移到下幾頁 (num 大於 0)。

下面是一個例子，它會顯示瀏覽歷程記錄筆數。

\Ch10\history.html

```
<!DOCTYPE html>
<html>
  <head>
    <meta charset="utf-8">
    <script>
      document.write("<p>" + " 瀏覽歷程記錄筆數 :" + history.length + "</p>"); ❶
    </script>
  </head>
  <body>
    <a href="javascript: history.back();"> 上一頁 </a>    ❷
    <a href="javascript: history.forward();"> 下一頁 </a>
  </body>                                                ❸
</html>
```

❶ 顯示瀏覽歷程記錄筆數
❷ 點取此超連結會呼叫 back() 方法回到上一頁
❸ 點取此超連結會呼叫 forward() 方法移到下一頁

10-6 Screen 物件

在設計網頁時，除了要考慮瀏覽器的類型，使用者的螢幕資訊也很重要，因為螢幕解析度愈高，就能顯示愈多網頁內容，但使用者的螢幕解析度卻不見得相同，此時，我們可以透過 **Sreen 物件**取得螢幕資訊，然後視實際情況調整網頁內容。

Screen 物件常用的屬性如下，這些屬性只能讀取無法寫入。

屬性	說明
height	螢幕的高度，以像素為單位。
width	螢幕的寬度，以像素為單位。
availHeight	螢幕的可用高度 (不包括一直存在的桌面功能，例如工作列)。
availWidth	螢幕的可用寬度 (不包括一直存在的桌面功能，例如工作列)。
colorDepth	螢幕的色彩深度，也就是每個像素使用幾位元儲存色彩。

下面是一個例子，它會顯示前述幾個屬性的值。

\Ch10\screen.js

```javascript
document.write('height 屬性的值為 ' + screen.height + '<br>');
document.write('width 屬性的值為 ' + screen.width + '<br>');
document.write('availHeight 屬性的值為 ' + screen.availHeight + '<br>');
document.write('availWidth 屬性的值為 ' + screen.availWidth + '<br>');
document.write('colorDepth 屬性的值為 ' + screen.colorDepth + '<br>');
```

10-7 Document 物件

Dcument 物件是 Window 物件的子物件，Window 物件代表一個瀏覽器視窗、標籤頁或框架，而 Document 物件代表目前的網頁，我們可以透過它存取 HTML 文件的元素，包括表單、圖片、表格、超連結等，事實上，Document 物件就是 DOM（文件物件模型）的最頂層物件，也就是 DOM 樹的根節點。

Document 物件常用的成員如下，其中很多方法已經在第 8 章做過介紹。

屬性	說明
title	HTML 文件的標題。
URL	HTML 文件的網址。
lastModified	HTML 文件最後一次修改的日期時間。
domain	HTML 文件的網域。
dir	HTML 文件的目錄。
characterSet	HTML 文件的字元編碼方式。
body	HTML 文件的 <body> 元素。
head	HTML 文件的 <head> 元素。
cookie	HTML 文件的 cookie。
referer	連結到此 HTML 文件的文件網址。
activeElement	目前取得焦點的元素。
location	傳回 Location 物件，裡面包含文件的網址和變更 URL 的方法。
readyState	HTML 文件的載入狀態，loading 表示正在載入，interactive 表示文件載入完畢但 scripts、圖片、樣式表等資源正在載入，complete 表示文件所有資源已經載入完畢。

方法	說明
open(*type*)	根據參數 *type* 所指定的 MIME 類型開啟新文件，若參數 *type* 為 "text/html" 或省略不寫，表示開啟新的 HTML 文件。
close()	關閉以open()方法開啟的文件資料流，使緩衝區的輸出顯示在瀏覽器。

方法	說明
getElementById(*id*)	取得 HTML 文件中 id 屬性為參數 *id* 的元素。
getElementsByName(*name*)	取得 HTML 文件中 name 屬性為參數 *name* 的元素。
getElementsByClassName(*name*)	取得 HTML 文件中 class 屬性為參數 *name* 的元素。
getElementsByTagName(*name*)	取得 HTML 文件中標籤名稱為參數 *name* 的元素。
querySelector(*selectors*)	根據參數 *selectors* 指定的 CSS 選擇器去取得符合的第一個元素。
querySelectorAll(*selectors*)	根據參數 *selectors* 指定的 CSS 選擇器去取得符合的所有元素。
write(*data*)	將參數 *data* 所指定的字串輸出至瀏覽器。
writeln(*data*)	將參數 *data* 所指定的字串和換行輸出至瀏覽器。
createComment(*data*)	根據參數 *data* 所指定的字串建立並傳回一個新的註解節點 (Comment)。
createElement(*name*)	根據參數 *name* 所指定的元素名稱建立並傳回一個新的、空的元素節點 (Element)。
createText(*data*)	根據參數 *data* 所指定的字串建立並傳回一個新的文字節點 (Text)。
execCommand(*command*[, *showUI*[, *value*]])	執行第一個參數指定的指令，其它參數則會隨著所指定的指令而定，例如下面的敘述是設定當使用者按下「送別」二字時，此二字會變成斜體： `<h1 onclick="document.execCommand('italic')">送別</h1>` HTML5 針對第一個參數定義了下列指令： bold / insertParagraph createLink / insertText delete / italic formatBlock / redo forwardDelete / selectAll insertImage / subscript insertHTML / superscript insertLineBreak / undo insertOrderedList / unlink insertUnorderedList / unselect

存取網頁資訊

下面是一個例子，它會顯示網頁的標題、URL 和最後修改日期。

\Ch10\showInfo.html

```html
<!DOCTYPE html>
<html>
  <head>
    <meta charset="utf-8">
    <title> 我的網頁 </title>
  </head>
  <body>
    <div id="info"></div>
    <script src="showInfo.js"></script>
  </body>
</html>
```

\Ch10\showInfo.js

```javascript
var info = document.getElementById('info');
info.innerHTML = '網頁標題：' + document.title + '<br>'
              + '網頁 URL：' + document.URL + '<br>'
              + '網頁最後修改日期：' + document.lastModified;
```

存取網頁的 <body> 元素

Document 物件有一個 **head** 屬性,代表 HTML 文件的網頁標頭,即 <head> 元素,同時 Document 物件也有一個 **body** 屬性,代表 HTML 文件的網頁主體,即 <body> 元素。

下面是一個例子,它會透過 Document 物件的 body 屬性存取 <body> 元素的 onload 事件屬性,當網頁載入完畢時,就在對話方塊中顯示 'Hello, world!'。

\Ch10\onload.html

```html
<!DOCTYPE html>
<html>
  <head>
    <meta charset="utf-8">
  </head>
  <body>
    <script src="onload.js"></script>
  </body>
</html>
```

\Ch10\onload.js

```javascript
document.body.onload = function(){
  window.alert('Hello, world!');
};
```

開新文件

下面是一個例子，當使用者按一下「開啟新文件」時，會清除原來的文件，重新開啟 MIME 類型為 'text/html' 的新文件，並顯示「這是新的 HTML 文件」，要注意的是新文件會顯示在原來的標籤頁，不會開啟新的標籤頁。

\Ch10\opendoc1.html

```html
<body>
  <button type="button" id="btn">開啟新文件 </button>
  <script src="opendoc1.js"></script>
</body>
```

\Ch10\opendoc1.js

```javascript
var btn = document.getElementById('btn');
btn.addEventListener('click', function() {
  // 開啟新的 HTML 文件
  document.open('text/html');
  // 在新文件中顯示此字串
  document.write(' 這是新的 HTML 文件 ');
  // 關閉新文件資料流
  document.close();
}, false);
```

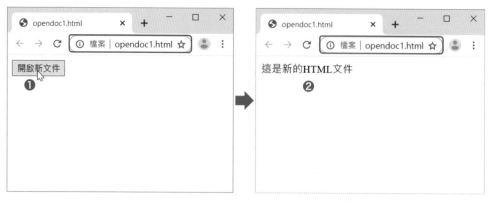

❶ 按一下此鈕　　　　　　　❷ 在原來的標籤頁開啟新文件

若要在新的標籤頁開啟新文件，可以將程式改寫成如下。

\Ch10\opendoc2.html

```
<body>
  <button type="button" id="btn">開啟新文件 </button>
  <script src="opendoc2.js"></script>
</body>
```

\Ch10\opendoc2.js

```
var btn = document.getElementById('btn');
btn.addEventListener('click', function() {
  // 開啟新的標籤頁
  var newWin = window.open('', 'newWin');
  // 在新的標籤頁開啟新文件
  newWin.document.open('text/html');
  // 在新文件中顯示此字串
  newWin.document.write(' 這是新的 HTML 文件 ');
  // 關閉新文件資料流
  newWin.document.close();
}, false);
```

❶ 按一下此鈕　　　　　　　　❷ 在新的標籤頁開啟新文件

Document 物件的集合

除了前面介紹的屬性之外，Document 物件還提供如下集合。

集合	說明
embeds	HTML 文件中使用 <embed> 元素嵌入的資源。
forms	HTML 文件中的表單。
images	HTML 文件中的圖片。
links	HTML 文件中具備 href 屬性的 <a> 與 <area> 元素。
plugins	HTML 文件中的外掛程式。
scripts	HTML 文件中使用 <script> 元素嵌入的 Script 程式碼。
styleSheets	HTML 文件中的樣式表。

舉例來說，假設 HTML 文件中有兩個表單，name 屬性為 form1、form2：

```
<form name="form1">
  <input type="button" id="B1" value=" 按鈕 1">
  <input type="button" id="B2" value=" 按鈕 2">
</form>

<form name="form2">
  <input type="button" id="B3" value=" 按鈕 3">
  <input type="button" id="B4" value=" 按鈕 4">
</form>
```

那麼我們可以透過 Document 物件的 forms 集合存取表單中的元素，例如：

```
// 傳回第一個表單中 id 屬性為 B1 之元素的 value 值，即 " 按鈕 1"
document.forms[0].B1.value
// 傳回第一個表單中 id 屬性為 B1 之元素的 value 值，即 " 按鈕 1"
document.forms.form1.B1.value
// 傳回第二個表單中 id 屬性為 B3 之元素的 value 值，即 " 按鈕 3"
document.forms[1].B3.value
// 將第二個表單中 id 屬性為 B4 之元素的 value 值設定為 " 提交 "
document.forms.form2.B4.value = ' 提交 ';
```

CHAPTER

11

網頁儲存

11-1 網頁儲存 (Web Storage)

在本章中，我們要介紹**網頁儲存** (Web Storage)，這項功能可以在用戶端儲存資料，而且依照不同的存取範圍與生命週期，又分為下列兩種類型：

- **本機儲存** (Local Storage)：根據網站來源區分儲存空間，只有來自同一個網站的網頁才能存取該網站的 Local Storage，而且所儲存的資料永遠有效。

- **區段儲存** (Session Storage)：根據網頁所在的瀏覽器視窗（標籤頁）區分儲存空間，只有來自同一個網站並開啟在同一個視窗的網頁才能存取該視窗的 Session Storage，而且所儲存的資料只有在關閉該視窗之前有效，一旦關閉該視窗，與其關聯之 Session Storage 的資料也會被刪除。

11-1-1 網頁儲存 V.S. Cookie

一提到在用戶端儲存資料，有經驗的網頁開發人員可能會馬上聯想到 **Cookie**，這是瀏覽者造訪某些網站時，Web 伺服器在用戶端寫入的一些小檔案，換句話說，Cookie 是儲存在用戶端的記憶體或磁碟，可以記錄瀏覽者的個別資料，例如何時造訪該網站、從事過哪些活動、購物車內有哪些商品等，這麼一來，待瀏覽者下次再度造訪該網站，瀏覽器會根據瀏覽者所輸入的 URL 檢查有無關聯的 Cookie，有的話，就將 Cookie 伴隨著網頁要求傳送給伺服器，然後該網站就可以透過 Cookie 的記錄辨認瀏覽者。

雖然 Web Storage 和 Cookie 一樣是在用戶端儲存資料，但兩者並不相同，主要的差異如下。

	Web Storage	Cookie
資料類型	除了字串、數值之外，Web Storage 還可以儲存物件。	Cookie 只能儲存字串、數值等簡單的型別，無法儲存物件、陣列等複雜的型別。

	Web Storage	Cookie
是否傳送給伺服器	Web Storage 的資料不會自動附加在 HTTP 要求，在瀏覽器與伺服器之間傳送。	Cookie 會自動附加在 HTTP 要求，在瀏覽器與伺服器之間傳送，不僅浪費頻寬，而且若沒有加密，還會暴露在洩漏資料的安全風險中。
生命週期	Web Storage 的生命週期視類型而定，Local Storage 的資料是從寫入用戶端的磁碟開始，就永遠有效，除非是被使用者刪除；Session Storage 的資料則是伴隨著網頁所在的瀏覽器視窗 (標籤頁) 而存在，此時資料是寫入用戶端的磁碟，一旦關閉該視窗，與其關聯之 Session Storage 的資料也會被刪除。	Cookie 預設的生命週期是伴隨著網頁所在的瀏覽器視窗 (標籤頁) 而存在，此時 Cookie 是儲存在用戶端的記憶體，一旦關閉該視窗，Cookie 也會被刪除。不過，網頁開發人員可以設定 Cookie 的生命週期，將它寫入用戶端的磁碟，這樣就不必擔心 Cookie 自動消失而遺漏了某些資料。
空間限制	Web Storage 的空間限制通常是每個網域的資料容量上限不得超過 5MB，超過的話會顯示訊息通知使用者，有些瀏覽器會詢問使用者是否願意給予該網域更多空間。	多數瀏覽器會限制 Cookie 的大小不得超過 4096 個位元組 (4MB)，少數瀏覽器會開放到 8192 個位元組 (8MB)，所以 Cookie 只能用來儲存極小量的資料，例如使用者 ID、瀏覽日期時間等，而且瀏覽器可能還會限制相同網站最多只能在用戶端寫入 20 個 Cookie，超過的話，舊的 Cookie 會被刪除，有些瀏覽器則是限制所有網站最多只能在用戶端寫入 300 個 Cookie，而不限制個別網站的 Cookie 數目。

Web Storage API 並沒有納入 W3C HTML5 的核心文件，而是單獨出版文件 (https://html.spec.whatwg.org/multipage/)。 除 了 Web Storage，HTML5 亦提供 **Indexed Database API (Indexed DB)** 可以將資料儲存在用戶端的資料庫，不過，兩者還是以 Web Storage 比較簡單，因為不用學習 SQL 語法。若您對 Indexed Database API (Indexed DB) 有興趣，可以自行查詢官方文件 https://www.w3.org/TR/IndexedDB-3/。

11-1-2　測試瀏覽器的網頁儲存功能

目前主流的瀏覽器大都支援 HTML5 的 Web Storage 功能，我們可以透過類似如下的程式碼測試瀏覽器是否支援該功能。

\Ch11\testWS.html

```
<script>
  // 若 window.localStorage 存在，就表示支援 Local Storage，否則表示不支援
  if (window.localStorage) {
    window.alert(' 目前的瀏覽器支援 Local Storage 功能！');
  }
  else {
    window.alert(' 目前的瀏覽器不支援 Local Storage 功能！');
  }
  // 若 window.sessionStorage 存在，就表示支援 Session Storage，否則表示不支援
  if (window.sessionStorage) {
    window.alert(' 目前的瀏覽器支援 Session Storage 功能！');
  }
  else {
    window.alert(' 目前的瀏覽器不支援 Session Storage 功能！');
  }
</script>
```

瀏覽結果會依序出現如下兩個對話方塊，表示支援 Web Storage。

11-2 本機儲存 (Local Storage)

本機儲存 (Local Storage) 是透過 **window.localStorage** 物件將資料寫入用戶端的磁碟，其存取範圍是根據網站來源區分儲存空間，只有來自同一個網站的網頁才能存取該網站的 Local Storage。舉例來說，假設有 happy.com 和 lucky.com 兩個網站利用 Local Storage 儲存資料，那麼來自 happy.com 的網頁均能存取 happy.com 的 Local Storage，但無法存取 lucky.com 的 Local Storage；反之亦然，來自 lucky.com 的網頁均能存取 lucky.com 的 Local Storage，但無法存取 happy.com 的 Local Storage。

至於其生命週期則是從寫入用戶端的磁碟開始，就永遠有效，除非是被使用者刪除（或許是基於安全考量），否則無論是關閉瀏覽器視窗（標籤頁）、重新開機或好幾天沒有開機，都不會使 Local Storage 的資料消失。

window.localStorage 物件的屬性與方法如下：

- **length**：這個屬性會傳回 window.localStorage 物件儲存幾個鍵 / 值對 (key/value pair)，也就是 Local Storage 儲存幾筆資料。

- **key(*i*)**：這個方法會傳回第 *i* + 1 筆資料的鍵，若 *i* 大於等於 length 屬性，就傳回 null。

- **getItem(*key*)**：這個方法會傳回鍵為 *key* 的值，若 *key* 指定的鍵不存在，就傳回 null。

- **setItem(*key, value*)**：這個方法會先檢查 *key/value* 指定的鍵 / 值是否存在，若不存在，就設定一筆鍵為 *key*、值為 *value* 的資料，否則將鍵為 *key* 之資料的值更新為 *value*。若設定失敗（例如超過空間限制、用戶端禁止寫入資料等），則會丟出 QuotaExceededError 例外。

- **removeItem(*key*)**：這個方法會刪除鍵為 *key* 的資料，若找不到該筆資料，就不做處理。

- **clear()**：這個方法會刪除 window.localStorage 物件的所有資料。

11-2-1　在本機儲存寫入資料

我們可以使用 window.localStorage 物件提供的 **setItem(*key, value*)** 方法在 Local Storage 寫入資料，例如下面的敘述是在 Local Storage 寫入一筆鍵為 myKey、值為 myValue 的資料：

```
window.localStorage.setItem('myKey', 'myValue');
```

這個敘述也可以改採更簡便的寫法如下：

```
window.localStorage.myKey = 'myValue';
```

下面是一個例子，它會在 Local Storage 寫入五筆資料。

\Ch11\storage1.html

```html
<!DOCTYPE html>
<html>
  <head>
    <meta charset="utf-8">
  </head>
  <body>
    <script>
      window.localStorage.setItem('fruit1', 'apple');
      window.localStorage.setItem('fruit2', 'peach');
      window.localStorage.setItem('fruit3', 'banana');
      window.localStorage.setItem('fruit4', 'blueberry');
      window.localStorage.setItem('fruit5', 'pineapple');
    </script>
  </body>
</html>
```

我們可以透過瀏覽器內建的開發人員工具檢視用戶端的 Web Storage，以 Chrome 為例，請按 **[F12]** 鍵進入開發人員工具，接著點取 **[Applicaton]** 標籤，然後在右窗格點取 **[Local Storage]**，就可以找到這個例子在 Local Storage 所儲存的五筆資料，亦可進行新增、編輯或刪除，如下圖。

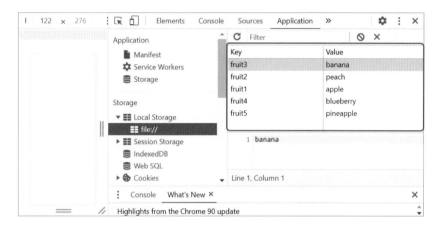

此外，我們還可以檢視用戶端的 Session Storage 和 Cookies，如下圖。

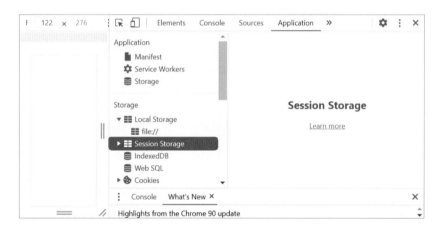

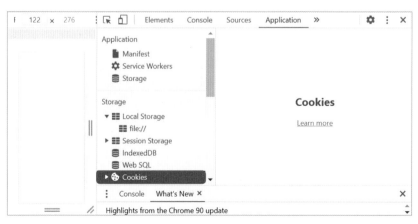

11-2-2 從本機儲存讀取資料

我們可以使用 window.localStorage 物件提供的 **getItem(*key*)** 方法從 Local Storage 讀取資料，例如下面的敘述是從 Local Storage 讀取鍵為 myKey 的值：

```
window.localStorage.getItem('myKey')
```

這個敘述也可以改採更簡便的寫法如下：

```
window.localStorage.myKey
```

下面是一個例子，請依照如下步驟操作，以驗證 Local Storage 的資料不會隨著瀏覽器關閉而被刪除，同時也驗證來自相同網站的網頁均能存取 Local Storage：

① 開啟瀏覽器載入 \Ch11\storage1.html，在 Local Storage 寫入五筆資料，然後關閉瀏覽器。

② 再度開啟瀏覽器載入 \Ch11\storage2.html，從 Local Storage 讀取所有資料，並將這些資料的值顯示在對話方塊。

\Ch11\storage2.html

```
01  <!DOCTYPE html>
02  <html>
03    <head>
04      <meta charset="utf-8">
05    </head>
06    <body>
07      <script>
08        var result = '';
09        for (var i = 0; i < window.localStorage.length; i++){
10          var key = window.localStorage.key(i);
11          result = result + '\n' + window.localStorage.getItem(key);
12        }
13        window.alert(result);
14      </script>
15    </body>
16  </html>
```

請注意，第 09 ~ 12 行是利用 for 迴圈從 Local Storage 讀取所有資料，其中第 09 行的 window.localStorage.length 屬性會傳回 Local Storage 總共儲存幾筆資料，第 10 行是呼叫 **key(*i*)** 方法傳回第 *i* + 1 筆資料的鍵，第 11 行再利用第 10 行傳回的鍵讀取資料的值，並將資料的值以換行符號 ('\n') 連接在一起儲存在變數 result。

瀏覽結果如下圖，Local Storage 的所有資料均會顯示在對話方塊。

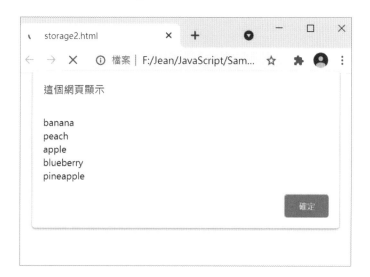

11-2-3 從本機儲存刪除資料

我們可以使用 window.localStorage 物件提供的 **removeItem(*key*)** 方法從 Local Storage 刪除鍵為 *key* 的資料，例如下面的敘述是從 Local Storage 刪除鍵為 myKey 的資料：

```
window.localStorage.removeItem('myKey');
```

這個方法一次只能刪除一筆資料，若要一次刪除所有資料，可以使用 window.localStorage 物件提供的 **clear()** 方法，如下：

```
window.localStorage.clear();
```

在往下介紹區段儲存 (Session Storage) 之前,我們再看一個關於 Local Storage 的應用,這個例子是利用 Local Storage 記錄使用者載入網頁的累計次數。

\Ch11\count.html

```html
<!DOCTYPE html>
<html>
  <head>
    <meta charset="utf-8">
  </head>
  <body>
    <p> 這是您第 <span id="count"></span> 次造訪網頁 </p>
    <script>
      if (!localStorage.visit)
        localStorage.visit = 0;
      localStorage.visit = parseInt(localStorage.visit) + 1;
      document.getElementById('count').textContent = localStorage.visit;
    </script>
  </body>
</html>
```

瀏覽結果如下圖,使用者每載入網頁一次,其累計次數就會加 1 並顯示在網頁上,此例是載入網頁三次。

11-3 區段儲存 (Session Storage)

區段儲存 (Session Storage) 是透過 **window.sessionStorage** 物件將資料寫入用戶端的磁碟，其存取範圍是根據網頁所在的瀏覽器視窗 (標籤頁) 區分儲存空間，只有來自同一個網站並開啟在同一個視窗的網頁才能存取該視窗的 Session Storage；至於其生命週期則是伴隨著網頁所在的瀏覽器視窗 (標籤頁) 而存在，一旦關閉該視窗，與其關聯之 Session Storage 的資料也會被刪除。

根據這樣的描述，我們可以知道，即便是相同的網頁，若是由不同的瀏覽器視窗 (標籤頁) 載入，那麼其 Session Storage 是各自獨立的，無法互相存取；再者，只要網頁所在的瀏覽器視窗 (標籤頁) 尚未關閉，即便是該視窗在載入其它網頁後又返回原來的網頁，其 Session Storage 都會一直存在。

既然已經有了 Local Storage，為何還需要 Session Storage 呢？因為 Session Storage 可以用來儲存一些暫時性的資料，例如對話方塊的結果，另外還有一種特殊情況也會需要 Session Storage，舉例來說，使用者想要預訂機票，於是開啟瀏覽器視窗 (標籤頁) 連線到旅行社的網站，假設旅行社的網站是利用 Local Storage 儲存機票日期，一開始使用者在目前的標籤頁查看星期五的機票，於是 Local Storage 所儲存的機票日期為星期五，緊接著使用者又開啟另一個標籤頁查看星期六的機票做比較，於是 Local Storage 所儲存的機票日期變更為星期六，之後使用者決定要預訂星期五的機票，於是返回第一個標籤頁進行預訂，此時問題來了，使用者明明要預訂星期五的機票，但 Local Storage 所儲存的機票日期卻是星期六，若使用者沒有仔細確認日期，不就訂錯機票了嗎？！

為了防範類似的問題，我們可以使用 Session Storage 取代 Local Storage 來儲存機票日期，以前面的例子來說，兩個標籤頁的 Session Storage 是各自獨立的，因此，第一個標籤頁的 Session Storage 所儲存的機票日期是星期五，而第二個標籤頁的 Session Storage 所儲存的機票日期是星期六，當使用者返回第一個標籤頁進行預訂時，就不會發生機票日期錯誤了。

window.sessionStorage 物件提供的屬性與方法和 window.localStorage 物件相同，此處不再重複講解。我們直接來看兩個例子，第一個例子是由 \Ch11\storage1.html 改編，純粹是將程式碼裡面的 localStorage 改為 sessionStorage，然後另存為 \Ch11\storage3.html，它會在 Session Storage 寫入五筆資料。

\Ch11\storage3.html

```html
<!DOCTYPE html>
<html>
  <head>
    <meta charset="utf-8">
  </head>
  <body>
    <script>
      window.sessionStorage.setItem('fruit1', 'apple');
      window.sessionStorage.setItem('fruit2', 'peach');
      window.sessionStorage.setItem('fruit3', 'banana');
      window.sessionStorage.setItem('fruit4', 'blueberry');
      window.sessionStorage.setItem('fruit5', 'pineapple');
    </script>
  </body>
</html>
```

第二個例子是由 \Ch11\storage2.html 改編，一樣是將程式碼裡面的 localStorage 改為 sessionStorage，然後另存為 \Ch11\storage4.html，它會從 Session Storage 讀取所有資料，並將這些資料的值顯示在對話方塊。

\Ch11\storage4.html (下頁續 1/2)

```html
<!DOCTYPE html>
<html>
  <head>
    <meta charset="utf-8">
  </head>
  <body>
```

\Ch11\storage4.html (接上頁 2/2)

```
<script>
  var result = '';
  for (var i = 0; i < window.sessionStorage.length; i++){
     var key = window.sessionStorage.key(i);
     result = result + '\n' + window.sessionStorage.getItem(key);
  }
  window.alert(result);
</script>
</body>
</html>
```

請依照如下步驟操作，以驗證不同瀏覽器視窗 (標籤頁) 的 Session Storage 是各自獨立的，無法互相存取：

❶ 開啟瀏覽器載入 \Ch11\storage3.html，此舉會在 Session Storage 寫入五筆資料，從 Chrome 的開發人員工具可以看到 Session Storage 裡面確實有五筆資料。

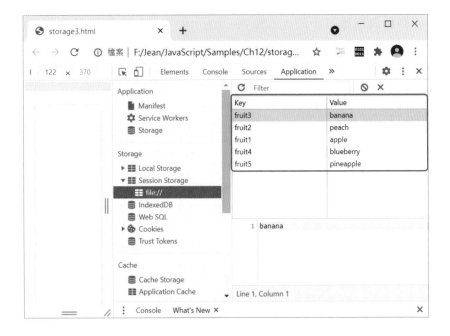

❷ 開啟瀏覽器的另一個標籤頁載入 \Ch11\storage4.html，此舉會從 Session
Storage 讀取所有資料，並將這些資料的值顯示在對話方塊，從下圖可以
看到對話方塊沒有顯示任何值，表示 \Ch11\storage4.html 的 Session
Storage 裡面沒有資料，即便是 \Ch11\storage3.html 的 Session Storage
裡面還有五筆資料，\Ch11\storage4.html 仍然無法存取。

❸ 關閉 \Ch11\storage3.html 所在的標籤頁，而 \Ch11\storage4.html 所
在的標籤頁則保持不動，然後在 Chrome 的開發人員工具檢視 Session
Storage，裡面不再有任何資料，表示 Session Storage 的資料會隨著視
窗關閉而被刪除。

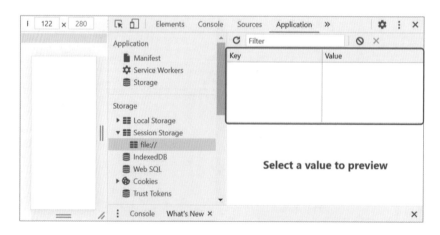

11-4 網頁儲存相關的事件

在許多情況下，存取 Web Storage 的瀏覽器視窗或標籤頁往往不只一個，而網頁開發人員可能會希望在 Web Storage 的資料發生變更的當下，就做某些處理，例如更新瀏覽器畫面，此時可以借助於 storage 事件，因為無論是 Web Storage 的資料被新增、刪除或更新，都會觸發 storage 事件，其屬性如下。

屬性	說明
key	傳回被新增、刪除或更新之資料的鍵。
newValue	傳回被新增、刪除或更新之資料的新值，若該筆資料是被刪除的，則 newValue 屬性為 null。
oldValue	傳回被新增、刪除或更新之資料的舊值，若該筆資料是被新增的，則 oldValue 屬性為 null。
url	傳回觸發 storage 事件的來源。
storageArea	傳回發生變更的 sessionStorage 或 localStorage 物件。

註：若是呼叫 clear() 方法而觸發該事件，則 key、oldValue 和 newValue 屬性均為 null。

下面的例子會捕捉 storage 事件，並將事件的鍵、舊值與新值顯示在對話方塊。

\Ch11\storage5.html

```html
<!DOCTYPE html>
<html>
  <head>
    <meta charset="utf-8">
  </head>
  <body>
    <script>
      window.addEventListener('storage', function(e) {
        window.alert('Key : ' + e.key + '\nOld Value : ' + e.oldValue +
                     '\nNew Value : ' + e.newValue);
      }, false);
    </script>
  </body>
</html>
```

至於下面的例子則會在 Local Storage 新增一筆資料，此舉將會觸發一個 storage 事件。

\Ch11\storage6.html

```html
<!DOCTYPE html>
<html>
  <head>
    <meta charset="utf-8">
  </head>
  <body>
    <script>
      window.localStorage.setItem('myKey', 'myValue');
    </script>
  </body>
</html>
```

請依照如下步驟操作：

❶ 開啟瀏覽器載入 \Ch11\storage5.html，此網頁會等著捕捉 storage 事件。

❷ 開啟瀏覽器載入 \Ch11\storage6.html，此網頁會觸發一個 storage 事件，此時只要切換回 \Ch11\storage5.html，就會出現如下對話方塊，表示捕捉到 storage 事件，並顯示這筆資料的鍵、舊值與新值。

CHAPTER

Ajax 與 JSON

早期的網頁只是靜態的圖文組合，使用者可以瀏覽網頁上的資料，但無法做進一步的查詢、發表文章或進行電子商務、即時通訊、線上遊戲、會員管理等活動，而這顯然不能滿足人們日趨多元的需求。

為此，開始有人提出動態網頁的解決方案，**動態網頁**指的是用戶端和伺服器可以互動，也就是伺服器可以即時處理用戶端的要求，然後將結果回應給用戶端。

動態網頁通常是藉由「瀏覽器端 Script」和「伺服器端 Script」兩種技術來完成，以下有進一步的說明。

12-1-1　瀏覽器端 Script

瀏覽器端 Script 是一段嵌入在 HTML 原始碼的小程式，通常是以 JavaScript 撰寫而成，由瀏覽器負責執行。

下圖是 Web 伺服器處理瀏覽器端 Script 的過程，當瀏覽器向 Web 伺服器要求開啟包含瀏覽器端 Script 的 HTML 網頁時 (副檔名為 .htm 或 .html)，Web 伺服器會從磁碟上讀取該網頁，然後傳送給瀏覽器並關閉連線，不做任何運算，而瀏覽器一收到該網頁，就會執行裡面的瀏覽器端 Script 並將結果解譯成畫面。

1. 在瀏覽器中要求開啟包含瀏覽器端 Script 的網頁　　2. 瀏覽器根據網址連上 Web 伺服器要求欲開啟的網頁　　3. Web 伺服器從磁碟上讀取網頁

Request（要求）

Response（回應）
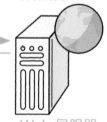

Web 用戶端

4. 將網頁傳送給瀏覽器並關閉連線，瀏覽器先執行瀏覽器端 Script，再將結果解譯成畫面

Web 伺服器

下面是一個包含瀏覽器端 Script 的網頁 (副檔名為 .html 或 .htm)，<script> 元素裡面的程式碼就是以 JavaScript 所撰寫的瀏覽器端 Script，您可以拿它和下一節所要介紹的伺服器端 Script 做對照。

\Ch12\hello.html

```
<!DOCTYPE html>
<html>
  <head>
    <meta charset="utf-8">
    <title>動態網頁</title>
  </head>
  <body>
    <script>
      window.alert('Hello, world!');        JavaScript 程式碼區塊
    </script>
    <h1>歡迎光臨 !</h1>
  </body>
</html>
```

❶ 顯示對話方塊，請按 [確定]   ❷ 顯示網頁內容

12-1-2 伺服器端 Script

伺服器端 Script 也是一段嵌入在 HTML 原始碼的小程式，但和瀏覽器端 Script 不同的是它由 Web 伺服器負責執行。

下圖是 Web 伺服器處理伺服器端 Script 的過程，當瀏覽器向 Web 伺服器要求開啟包含伺服器端 Script 的網頁時 (副檔名為 .cgi、.asp、.aspx、.php、.jsp 等)，Web 伺服器會從磁碟上讀取該網頁，先執行裡面的伺服器端 Script，將結果轉換成 HTML 網頁 (副檔名為 .htm 或 .html)，然後傳送給瀏覽器並關閉連線，而瀏覽器一收到該網頁，就會將之解譯成畫面。

常見的伺服器端 Script 有下列幾種：

⊙ **CGI** (Common Gateway Interface)：CGI 是在伺服器端程式之間傳送訊息的標準介面，而 CGI 程式則是符合 CGI 標準介面的 Script，通常是由 Perl、Python 或 C 語言所撰寫 (副檔名為 .cgi)。

⊙ **ASP/ASP.NET** (Active Server Pages)：ASP 程式是在 Microsoft IIS Web 伺服器執行的 Script，通常是由 VBScript 或 JavaScript 所撰寫 (副檔名為 .asp)，而新一代的 ASP.NET 程式則改由功能較強大的 C#、Visual Basic、C++、JScript.NET 等 .NET 相容語言所撰寫 (副檔名為 .aspx)。

⊙ **PHP** (PHP:Hypertext Preprocessor)：PHP 程式是在 Apache、Microsoft IIS 等 Web 伺服器執行的 Script，由 PHP 語言所撰寫，屬於開放原始碼，具有免費、穩定、快速、跨平台、易學易用、物件導向等優點。

➡️ **JSP** (Java Server Pages)：JSP 是 Sun 公司所提出的動態網頁技術，可以在 HTML 原始碼嵌入 Java 程式並由 Web 伺服器負責執行 (副檔名為 .jsp)。

下面是一個包含伺服器端 Script 的網頁 (副檔名為 .php)，<?php ... ?> 裡面的程式碼就是以 PHP 所撰寫的伺服器端 Script，它會顯示 "Hello, world!"。

\Ch12\hello.php

```
<!DOCTYPE html>
<html>
  <head>
    <meta charset="utf-8">
    <title>動態網頁</title>
  </head>
  <body>
    <?php
      echo("Hello, world!");
    ?>
  </body>
</html>
```

PHP 程式碼區塊

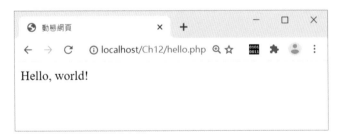

N O T E

這個網頁必須在支援 PHP 的 Web 伺服器執行，此例是在架設為 Apache Web 伺服器且安裝 PHP 模組的本機電腦執行，您也可以將網頁上傳到自己的網站空間做測試。有關 PHP 的語法與應用，有興趣的讀者可以參閱《PHP8&MariaDB/MySQL 網站開發一超威範例集》一書 (碁峰資訊出版，書號：EL0250)。

Ajax 是 Asynchronous JavaScript And XML 的縮寫，代表 Ajax 具有非同步、使用 JavaScript 與 XML 等技術的特性。雖然 Ajax 的概念早在 Microsoft 公司於 1999 年推出 IE5 時就已經存在，但並不是很受重視，直到後來被大量應用於 Google Maps、Gmail 等 Google 網頁才迅速竄紅，例如在操作 Google Maps 時，瀏覽器會使用 JavaScript 在背景向伺服器提出要求，取得更新的地圖，而不會重新載入整個網頁，使操作更順暢；又例如線上遊戲與社群網站使用 Ajax 技術在背景取得更新的資料，以減少操作延遲及重新載入整個網頁的情況。

為了讓您瞭解使用 Ajax 技術的動態網頁和傳統的動態網頁有何不同，我們先來說明傳統的動態網頁如何運作，其運作方式如下圖，當使用者變更表單中選取的項目、點取按鈕或做出任何與 Web 伺服器互動的動作時，就會產生 Http Request，將整個網頁內容傳回 Web 伺服器，即使這次的動作只需要一個欄位的資料，瀏覽器仍會將所有欄位的資料都傳回 Web 伺服器，Web 伺服器在收到資料後，就會執行指定的動作，然後以 Http Response 的方式，將執行結果全部傳回瀏覽器 (包括完全沒有變動過的資料、圖片、JavaScript 等)。

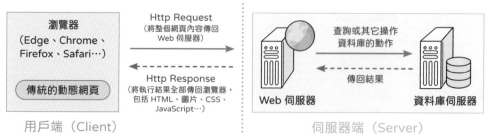

瀏覽器在收到資料時，就會將整個網頁內容重新顯示，所以使用者通常會看到網頁閃一下，當網路太慢或網頁內容太大時，使用者看到的可能不是閃一下，而是畫面停格，完全無法與網頁互動，相當浪費時間。

相反的，使用 Ajax 技術的動態網頁運作方式則如下圖，當使用者變更表單中選取的項目、點取按鈕或做出任何與 Web 伺服器互動的動作時，瀏覽器端會使用 JavaScript 透過 XMLHttpRequest 物件傳送非同步的 Http Request，此時只會將需要的欄位資料傳回 Web 伺服器 (不是全部資料)，然後執行指定的動作，並以 Http Response 的方式，將執行結果傳回瀏覽器 (不包括完全沒有變動過的資料、圖片、JavaScript 等)，瀏覽器在收到資料後，可以使用 JavaScript 透過 DOM (Document Object Model) 模式來更新特定欄位。

使用 Ajax 的動態網頁

由於整個過程均使用非同步技術，無論是將資料傳回伺服器或接收伺服器傳回的執行結果並更新特定欄位等動作都是在背景運作，因此，使用者不會看到網頁閃一下，畫面也不會停格，使用者在這個過程中仍能進行其它操作。

由前面的討論可知，Ajax 是用戶端的技術，它讓瀏覽器能夠與 Web 伺服器進行非同步溝通，伺服器端的程式寫法不會因為使用 Ajax 技術而有太大差異。事實上，Ajax 功能已經被實作為 JavaScript 直譯器 (interpreter) 原生的部分，使用 Ajax 技術的動態網頁將享有下列效益：

⊙ 非同步溝通無須將整個網頁內容傳回 Web 伺服器，能夠節省網路頻寬。

⊙ 由於只傳回部分資料，所以能夠減輕 Web 伺服器的負荷。

⊙ 不會像傳統的動態網頁產生短暫空白或閃動的情況。

12-3 撰寫使用 Ajax 技術的網頁

為了讓您對網頁如何使用 Ajax 技術有初步的認識,我們將其運作過程描繪如下,首先,使用 JavaScript 建立 XMLHttpRequest 物件;接著,透過 XMLHttpRequest 物件傳送非同步 Http Request,Web 伺服器一收到 Http Request,就會執行預先寫好的程式碼(後端程式可以是 PHP、ASP/ASP. NET、JSP、CGI 等),再將結果以純文字、HTML、XML 或 JSON 格式傳回瀏覽器;最後,仍是使用 JavaScript 根據傳回的結果更新網頁內容,整個過程都是非同步並在背景運作,而且瀏覽器的所有動作均是使用 JavsScript 來完成。

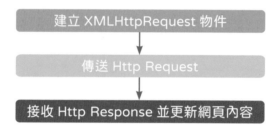

一、建立 XMLHttpRequest 物件

在不同瀏覽器建立 XMLHttpRequest 物件的 JavaScript 語法不盡相同,主要分為下列三種:

→ Internet Explorer 5 瀏覽器

```
var XHR = new ActiveXObject("Microsoft.XMLHTTP");
```

→ Internet Explorer 6+ 瀏覽器

```
var XHR = new ActiveXObject("Msxml2.XMLHTTP");
```

→ 其它非 Internet Explorer 瀏覽器

```
var XHR = new XMLHttpRequest();
```

由於我們無法事先得知瀏覽器的種類，於是針對前述的 JavaScript 語法撰寫如下的跨瀏覽器 Ajax 函式，它可以在目前主流的瀏覽器建立 XMLHttpRequest 物件。

\Ch12\utility.js

```javascript
function createXMLHttpRequest() {
  // 其它非 IE 瀏覽器
  try {
    var XHR = new XMLHttpRequest();
  }
  // 若捕捉到錯誤，表示用戶端不是非 IE 瀏覽器
  catch(e1) {
    // IE6+ 瀏覽器
    try {
      var XHR = new ActiveXObject("Msxml2.XMLHTTP");
    }
    // 若捕捉到錯誤，表示用戶端不是 IE6+ 瀏覽器
    catch(e2) {
      // IE5 瀏覽器
      try {
        var XHR = new ActiveXObject("Microsoft.XMLHTTP");
      }
      // 若捕捉到錯誤，表示用戶端不支援 Ajax
      catch(e3) {
        XHR = false;
      }
    }
  }
  return XHR;
}
```

日後若網頁需要建立 XMLHttpRequest 物件，可以載入 utility.js 檔案，然後呼叫 createXMLHttpRequest() 函式，如下：

```javascript
var XHR = createXMLHttpRequest();
```

二、傳送 Http Request

成功建立 XMLHttpRequest 物件後,我們必須做下列設定才能傳送非同步
Http Request:

❶ 首先,呼叫 XMLHttpRequest 物件的 **open()** 方法來設定要向 Web 伺服
器要求什麼資源 (文字檔、網頁等),其語法如下:

```
open(method, url, async)
```

參數 *method* 用來設定建立 Http 連線的方式,例如 GET、POST、HEAD;
參數 *url* 為欲要求的檔案網址;參數 *async* 用來設定是否使用非同步呼叫,
預設值為 true。例如下面的第一個敘述是建立一個 XMLHttpRequest 物
件,而第二個敘述是透過該物件向 Web 伺服器以 GET 方式非同步要求
poetry.txt 檔案:

```
var XHR = createXMLHttpRequest();
XHR.open("GET", "poetry.txt", true);
```

❷ 接著,在 Web 伺服器收到資料,進行處理並傳回結果後,XMLHttpRequest
物件的 readyState 屬性會變更,進而觸發 **onreadystatechange** 事件,
因此,我們可以透過 onreadystatechange 事件處理程式接收 Http
Response。例如下面的敘述是設定當發生 onreadystatechange 事件
時,就執行 handleStateChange() 函式來取得 Web 伺服器傳回的結果:

```
XHR.onreadystatechange = handleStateChange;
```

❸ 最後,呼叫 XMLHttpRequest 物件的 **send()** 方法來送出 Http Request,
其語法如下,參數 *content* 是欲傳送給 Web 伺服器的參數,例如
"UserName=Jerry &PageNo=1"。當您以 GET 方式傳送 Request 時,
由於不需要傳送參數,故參數 *content* 為 null;而當您以 POST 方式傳
送 Request 時,則可以設定要傳送的參數。

```
send(content)
```

綜合前面的討論，可以整理成如下：

```
var XHR = createXMLHttpRequest();
XHR.open("GET", "poetry.txt", true);
XHR.onreadystatechange = handleStateChange;
XHR.send(null);
function handleStateChange() {
    // 撰寫程式碼來取得 Web 伺服器傳回的結果
}
```

三、接收 Http Response 並更新網頁內容

由於我們只能透過 XMLHttpRequest 物件的 onreadystatechange 事件瞭解 Http Request 的執行狀態，因此，接收 Http Response 的程式碼是寫在 onreadystatechange 事件處理程式，也就是前面例子所設定的 handleStateChange() 函式。

XMLHttpRequest 物件的 **readyState** 屬性會記錄目前是處於哪個階段，傳回值為 0 ~ 4 的數字，其中 4 代表 Http Request 執行完畢。不過，Http Request 執行完畢並不等於執行成功，因為有可能發生資源不存在或執行錯誤，所以我們還得判斷 XMLHttpRequest 物件的 **status** 屬性，只有當 status 屬性傳回 200 時，才代表執行成功，此時 statusText 屬性會傳回 "OK"，若指定的資源不存在，則 status 屬性會傳回 404，而 statusText 屬性會傳回 "Object Not Found"。

當 Web 伺服器傳回的資料為文字時，我們可以透過 XMLHttpRequest 物件的 **responseText** 屬性取得執行結果；當 Web 伺服器傳回的資料為 XML 文件時，我們可以透過 XMLHttpRequest 物件的 **responseXML** 屬性取得執行結果。

此外，XMLHttpRequest 物件還提供了下列方法：

- **abort()**：停止 HTTP Reqeust。
- **getAllResponseHeaders()**：取得所有回應標頭資訊。
- **getResponseHeader(*name*)**：取得參數 *name* 所指定的回應標頭資訊。

現在，我們來看個實際的例子。這個網頁必須在支援 PHP 的 Web 伺服器執行，執行結果如下圖，當使用者按一下 [顯示詩句] 時，就會讀取伺服器端的 poetry.txt 文字檔，然後將檔案內容顯示在按鈕下面。

❶ 按一下此鈕　　　　　　　　　❷ 重新載入網頁以顯示詩句

為了讓您做比較，我們先使用傳統的 PHP 寫法，如下，由於這個網頁尚未使用 Ajax 技術，所以在按一下 [顯示詩句] 時，整個網頁會重新載入而快速閃一下，然後在按鈕下面顯示詩句。PHP 的語法不在本書的討論範圍，請您簡略看過就好。

\Ch12\program1.php

```
<!DOCTYPE html>
<html>
  <head>
    <meta charset="utf-8">
  </head>
  <body>
    <form method="post" action="<?php echo $_SERVER['PHP_SELF']; ?>">
      <input type="submit" value=" 顯示詩句 "><br><br>
      <?php if (!isset($_POST["Send"])) { ?>
      <input type="hidden" name="Send" value="TRUE">
      <?php }
        else echo file_get_contents("poetry.txt");
      ?>
    </form>
  </body>
</html>
```

至於下面的網頁則是改成使用 Ajax 技術，此時網頁的副檔名為 .html，因為它沒有使用到 PHP 這種伺服器端技術。同樣的，這個網頁必須在 Web 伺服器執行，此例是在架設為 Apache Web 伺服器的本機電腦執行，您也可以將網頁上傳到自己的網站空間做測試。

\Ch12\program2.html

```
01  <!DOCTYPE html>
02  <html>
03    <head>
04      <meta charset="utf-8">
05      <script src="utility.js" type="text/javascript"></script>
06      <script>
07        var XHR = null;
08
09        function startRequest() {
10          XHR = createXMLHttpRequest();
11          XHR.open("GET", "poetry.txt", true);
12          XHR.onreadystatechange = handleStateChange;
13          XHR.send(null);
14        }
15
16        function handleStateChange() {
17          if (XHR.readyState === 4) {
18            if (XHR.status === 200)
19              document.getElementById("span1").innerHTML = XHR.responseText;
20            else
21              window.alert(" 檔案開啟錯誤 !");
22          }
23        }
24      </script>
25    </head>
26    <body>
27      <form id="form1">
28        <input id="button1" type="button" value="顯示詩句" onclick="startRequest()">
29        <br><br><span id="span1"></span>
30      </form>
31    </body>
32  </html>
```

執行結果如下圖，和前面的 \Ch12\program1.php 相同，但不會重新載入網頁，只會在按鈕下面顯示詩句。

❶ 按一下此鈕　　　　　　　　❷ 顯示詩句但不會重新載入網頁

→ 05：載入 utility.js 檔案，方便建立 XMLHttpRequest 物件。

→ 06 ~ 24：這是用戶端的 JavaScript 程式碼，用來進行非同步傳輸。

→ 07：宣告一個名稱為 XHR 的全域變數，用來代表即將建立的 XMLHttpRequest 物件。

→ 09 ~ 14：宣告 startRequest() 函式，這個函式會在使用者按一下 [顯示詩句] 按鈕時執行，第 10 行是建立 XMLHttpRequest 物件，第 11 行是設定以 GET 方式向伺服器要求 poetry.txt 文字檔，第 12 行是設定在 XMLHttpRequest 物件的 readyState 屬性變更時執行 handleStateChange() 函式，第 13 行是送出非同步要求。

→ 16 ~ 22：宣告 handleStateChange() 函式，它會在 XMLHttpRequest 物件的 readyState 屬性變更時執行，故會重複觸發多次，第 17 行的 if 條件式用來判斷 XMLHttpRequest 物件的 readyState 屬性是否傳回 4，是的話，表示非同步傳輸完成，就執行第 18 ~ 21 行，而第 18 行的 if 條件式用來判斷 XMLHttpRequest 物件的 status 屬性是否傳回 200，是的話，就執行第 19 行，將傳回值顯示在 <span> 元素的內容，否的話，就執行第 21 行，顯示錯誤訊息。

事實上，JavaScript 也可以在用戶端直接呼叫伺服器端的程式。下面是一個例子，它會呼叫伺服器端的 PHP 程式 (GetServerTime.php) 顯示格林威治標準時間 (GMT)。

\Ch12\program3.html

```
01  <!DOCTYPE html>
02  <html>
03    <head>
04      <meta charset="utf-8">
05      <script type="text/javascript" src="utility.js"></script>
06      <script>
07        var XHR = null;
08
09        function startRequest() {           呼叫伺服器端的 PHP 程式
10          XHR = createXMLHttpRequest();
11          XHR.open("GET", "GetServerTime.php", true);
12          XHR.onreadystatechange = handleStateChange;
13          XHR.send(null);
14        }
15
16        function handleStateChange() {
17          if (XHR.readyState === 4) {
18            if (XHR.status === 200)
19              document.getElementById("span1").innerHTML = XHR.responseText;
20            else
21              window.alert("無法顯示時間!");
22          }
23        }
24      </script>
25    </head>
26    <body>
27      <form id="form1">
28        <input id="button1" type="button" value="顯示時間" onclick="startRequest()">
29        <br><br><span id="span1"></span>
30      </form>
31    </body>
32  </html>
```

執行結果如下圖，當使用者按一下 [顯示時間] 時，就會執行伺服器端的 PHP
程式，然後將時間顯示在按鈕下面，但不會重新載入網頁。

❶ 按一下此鈕　　　　　　　　　　　❷ 顯示時間但不會重新載入網頁

這個網頁的副檔名為 .html，表示它沒有使用到 PHP 這種伺服器端技術，而
且它的程式碼和前面的 \Ch12\program2.html 幾乎相同，主要差別在於第
11 行改以 GET 方式向伺服器要求 PHP 程式 (GetServerTime.php)：

```
11              XHR.open("GET", "GetServerTime.php", true);
```

至於 PHP 程式 (GetServerTime.php) 的內容則相當簡單，就是呼叫 gmdate()
函式顯示格林威治標準時間 (GMT)。

\Ch12\GetServerTime.php

```
<?php
  echo gmdate("Y-m-d H:i:s");
?>
```

T I P

想要在網頁上使用 Ajax 技術，除了自行撰寫前述的 JavaScript，還有一些現成的套
件，例如 xajax、SAJAX、JPSPAN (ScriptServer)、AJASON、flxAJAX、AjaxAC 等，
您可以到 Sourceforge (https://sourceforge.net/) 查看與下載。

12-4　使用 Ajax 技術載入 JSON 資料

伺服器對於 Ajax 要求所做出的回應通常會採取 HTML、XML 或 JSON 等格式，其中 JSON 格式簡潔明瞭，而且有愈來愈多網頁應用程式使用，以下有進一步的介紹。

12-4-1　JSON 格式

JSON (JavaScript Object Notation) 格式是 JavaScript Programming Language, Standard ECMA-262 3rd Edition 的子集合，用來透過物件描述資料，物件的前後以大括號 ({}) 括起來，裡面包含鍵 / 值對 (key/value pairs)，鍵與值的中間以冒號 (:) 隔開，而每個鍵 / 值對的中間以逗號 (,) 隔開，形式如下：

```
{
  name1: value1,
  name2: value2,
  ...
  nameN: valueN
}
```

若有多個物件，就以中括號 ([]) 將這些物件括起來，將之視為物件陣列，而物件與物件的中間以逗號 (,) 隔開，形式如下：

```
[
  {
    name11: value11,
    name12: value12,
    ...
  },
  {
    name21: value21,
    name22: value22,
    ...
  }
]
```

JSON 格式的資料檔案是一個副檔名為 .json 的純文字檔，下面是一個例子，注意鍵與值都要使用雙引號 (") 括起來，最後一個鍵 / 值對或最後一個物件的後面無須加上逗號。

\Ch12\books.json

```json
[
  {
    "title": " 新趨勢計算機概論 ",
    "price": 500,
    "description": " 針對大專院校計算機概論課程所設計 "
  },
  {
    "title": " 新趨勢網路概論 ",
    "price": 520,
    "description": " 針對大專院校網路概論課程所設計 "
  },
  {
    "title": " 網頁程式設計 ",
    "price": 490,
    "description": " 涵蓋網頁程式設計相關技術 "
  }
]
```

值的型別可以是下列幾種：

→ **number**：數值 (不能以 0 開頭，小數點前面必須至少有一位數字)。

→ **string**：字串 (前後必須加上雙引號)。

→ **boolean**：true 或 false 等布林值。

→ **array**：資料陣列或物件陣列。

→ **object**：JavaScript 物件。

→ **null**：空值 (沒有值或沒有物件)。

我們可以利用 JavaScript 提供的 JSON 物件將 JSON 資料轉換成 JavaScript 物件，或將 JavaScript 物件轉換成 JSON 資料。下面是一個例子，裡面有一個物件，該物件將 \Ch12\books.json 的三本書籍儲存在名稱為 books 的陣列。

```
    {
        "books": [
            {
                "title": " 新趨勢計算機概論 ",
❸               "price": 500,
                "description": " 針對大專院校計算機概論課程所設計 "
            },
            {
                "title": " 新趨勢網路概論 ",
❶ ❷ ❹       "price": 520,
                "description": " 針對大專院校網路概論課程所設計 "
            },
            {
                "title": " 網頁程式設計 ",
❺               "price": 490,
                "description": " 涵蓋網頁程式設計相關技術 "
            }
        ]
    }
```

❶	物件
❷	陣列
❸	物件
❹	物件
❺	物件

TIP

JSON 物件包含了解析或轉換成 JSON 格式的方法，如下：

- **JSON.parse(*text*)**：將參數 *text* 所指定的 JSON 資料轉換成 JavaScript 物件。

- **JSON.stringify(*value*)**：將參數 *value* 所指定的 JavaScript 物件轉換成 JSON 資料。

12-4-2 載入 JSON 資料實例

我們直接來看個例子，它會使用 Ajax 技術載入前一節的 JSON 資料 (\Ch12\books.json)，然後在網頁上顯示每本書籍的書名。這個例子的程式碼和第 12-3 節的例子大同小異，標示橘色者為不同的地方：

➔ 11：設定要向 Web 伺服器要求 books.json 檔案的資料。

➔ 19：使用 JSON 物件的 parse() 方法將 JSON 資料轉換成 JavaScript 物件。

➔ 20 ~ 23：使用 for 迴圈取得每本書籍的 "title" 鍵值，即書名。

➔ 24：將結果顯示出來。

\Ch12\json.html (下頁續 1/2)

```
01  <!DOCTYPE html>
02  <html>
03    <head>
04      <meta charset="utf-8">
05      <script type="text/javascript" src="utility.js"></script>
06      <script>
07        var XHR = null;
08
09        function startRequest() {
10          XHR = createXMLHttpRequest();
11          XHR.open("GET", "books.json", true);
12          XHR.onreadystatechange = handleStateChange;
13          XHR.send(null);
14        }
15
16        function handleStateChange() {
17          if (XHR.readyState === 4) {
18            if (XHR.status === 200) {
19              data = JSON.parse(XHR.responseText);
20              var newContent = '';
```

\Ch12\json.html (接上頁 2/2)

```
21              for (var i = 0; i < data.length; i++) {
22                newContent += '<p>' + data[i].title + '</p>';
23              }
24              document.getElementById("span1").innerHTML = newContent;
25            }
26            else
27              window.alert(" 無法顯示書名 !");
28          }
29        }
30      </script>
31    </head>
32    <body>
33      <form id="form1">
34        <input id="button1" type="button" value="顯示書名" onclick="startRequest()">
35        <br><br><span id="span1"></span>
36      </form>
37    </body>
38  </html>
```

這個網頁必須在 Web 伺服器執行，此例是在架設為 Apache Web 伺服器的本機電腦執行，您也可以將網頁上傳到自己的網站空間做測試，瀏覽結果如下圖。

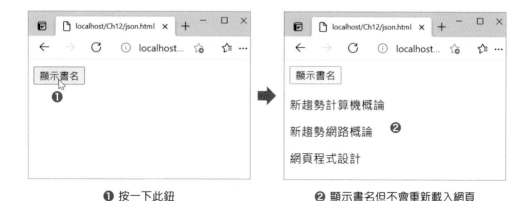

❶ 按一下此鈕　　　　　　　❷ 顯示書名但不會重新載入網頁

12-5 使用 Ajax 技術進行跨網域存取

在前兩節的例子中，我們是使用 Ajax 技術向相同網域的伺服器提出要求，以取得資料。事實上，瀏覽器對於 JavaScript 通常會有一些安全性限制，基於「相同來源政策」(same origin policy)，Ajax 無法跨網域運作，若要突破此限制，可以使用 **JSONP** (JSON with Padding) 技術，或是存取遵循 **CORS** (Cross-Origin Resource Sharing) 規範的網站，其中以 JSONP 較為常見。

下面是一個例子，它會使用 JSONP 技術向不同網域的伺服器取得資料，然後在網頁上顯示每本書籍的書名。

首先，在瀏覽器端的 HTML 文件中必須包含如第 03、04 行的兩段 JavaScript 程式碼，其中第 03 行定義一個 showBooks() 函式，用來處理伺服器傳回的 JSON 資料，參數 data 就是 JSON 資料；而第 04 行使用一個 <script> 元素的 src 屬性向遠端伺服器要求 JSON 資料，此例是指定 JSON 資料為 http://localhost/Ch12/books.js，同時透過 callback 參數指定用來處理 JSON 資料的函式名稱為 showBooks。

\Ch12\jsonp.html

```
01  <body>
02    <p id="content"></p>
03    <script src="jsonp.js"></script>
04    <script src="http://localhost/Ch12/books.js?callback=showBooks"></script>
05  </body>
```

\Ch12\jsonp.js

```
06  function showBooks(data) {
07    var newContent = '';
08    for (var i = 0; i < data.books.length; i++) {
09      newContent += '<p>' + data.books[i].title + '</p>';
10    }
11    document.getElementById('content').innerHTML = newContent;
12  }
```

至於伺服器所傳回的則是呼叫 showBooks() 資料處理函式，並將 JSON 資料以參數的方式傳遞給該函式，內容如下。

http://localhost/Ch12/books.js

```
showBooks({
   "books": [
     {
       "title": " 新趨勢計算機概論 ",
       "price": 500,
       "description": " 針對大專院校計算機概論課程所設計 "
     },
     {
       "title": " 新趨勢網路概論 ",
       "price": 520,
       "description": " 針對大專院校網路概論課程所設計 "
     },
     {
       "title": " 網頁程式設計 ",
       "price": 490,
       "description": " 涵蓋網頁程式設計相關技術 "
     }
   ]
});
```

瀏覽結果如下圖。

MEMO

jQuery

13-1 認識 jQuery

根據 jQuery 官方網站 (https://jquery.com/) 的說明指出,「**jQuery** 是一個快速、輕巧、功能強大的 JavaScript 函式庫,透過它所提供的 API,可以讓諸如操作 HTML 文件、選擇 HTML 元素、處理事件、建立特效、使用 Ajax 技術等動作變得更簡單。由於其多樣性與擴充性,jQuery 改變了數以百萬計的人們撰寫 JavaScript 程式的方式」。

簡單地說,jQuery 是一個開放原始碼、跨瀏覽器的 JavaScript 函式庫,目的是簡化 HTML 與 JavaScript 之間的操作,一開始是由 John Resig 於 2006 年釋出第一個版本,後來改由 Dave Methvin 領導的團隊進行開發,發展迄今,jQuery 已經成為使用最廣泛的 JavaScript 函式庫。

此外,jQuery 還有一些知名的外掛模組,例如 jQuery UI、jQuery Mobile 等,其中 **jQuery UI** 是奠基於 jQuery 的 JavaScript 函式庫,包含使用者介面互動、特效、元件與佈景主題等功能;而 **jQuery Mobile** 是奠基於 jQuery 和 jQuery UI 的行動網頁使用者介面函式庫,包括佈景主題、頁面切換動畫、對話方塊、按鈕、工具列、導覽列、可摺疊區塊、清單檢視、表單等元件。

jQuery 官方網站

T I P JavaScript 函式庫與框架

除了本章所要介紹的 jQuery 和下一章所要介紹的 Vue.js，還有許多應用於 JavaScript 程式開發的函式庫與框架，所謂**函式庫** (library) 指的是一組函式的集合，而**框架** (framewor) 指的是一組支援應用程式開發的工具與函式。下面是一些 JavaScript 函式庫與框架，用途大多是幫助人們快速開發網站，例如提供簡化的方式操作 DOM、Ajax、CSS，或解決跨瀏覽器的問題。

- Bootstrap

- jQuery UI

- jQuery Mobile

- React

- Angular

- Backbone.js

- Aurelia

- Ember.js

- Node.js

- Experss.js

- Next.js

- Meteor

- Polymer

- RxJS

使用 JavaScript 函式庫與框架的好處是提升網站開發效率，而且一些廣泛使用的函式庫與框架通常會經過嚴密的測試，並有開發團隊負責維護與更新；至於缺點則是它們經常包含許多您使用不到的功能，換句話說，您所載入的程式檔案有一部分甚至一大部分是用不到的，而這會拖慢網站的下載速度。

13-2 取得 jQuery 核心

在使用 jQuery 之前需要具有 jQuery 核心 JavaScript 檔案，我們可以透過下列兩種方式來取得：

➡️ **下載 jQuery 套件**：到官方網站 https://jquery.com/download/ 下載 jQuery 套件，如下圖，建議點取 **[Download the compressed, production jQuery 3.6.4]**，下載 jquery-3.6.4.min.js，然後將檔案複製到網站專案的根目錄，檔名中的 3.6.4 為版本，.min 為最小化的檔案，也就是去除空白、換行、註解並經過壓縮，推薦給正式版使用。由於 jQuery 仍在持續發展中，您可以到官方網站查看最新發展與版本。

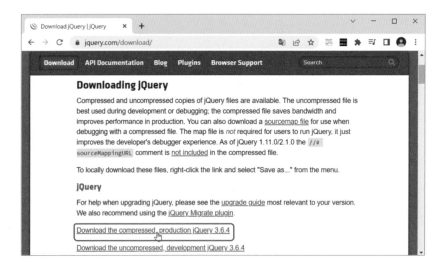

➡️ **使用 CDN** (Content Delivery Networks)：在網頁中參考 jQuery 官方網站提供的檔案，而不是將檔案複製到網站專案的根目錄。我們可以在 https://releases.jquery.com/ 找到類似如下的程式碼，將之複製到網頁即可：

```
<script src="https://code.jquery.com/jquery-3.6.4.min.js"
  integrity="sha256-oP6HI9z1XaZNBrJURtCoUT5SUnxFr8s3BzRl+cbzUq8="
  crossorigin="anonymous"></script>
```

jQuery 屬於開放原始碼，可以免費使用，注意不要刪除檔案開頭的版權資訊即可。至於使用 CDN 的好處則如下：

- 無需下載任何套件。

- 減少網路流量，因為 Web 伺服器送出的檔案較小。

- 若使用者之前已經透過相同的 CDN 參考 jQuery 的檔案，那麼該檔案就會存在於瀏覽器的快取中，如此便能加快網頁的執行速度。

下面是一個例子，它會在 HTML 文件的 DOM 載入完畢後以對話方塊顯示 'Hello, jQuery!'，其中第 02 行是使用 CDN 參考 jQuery 核心 JavaScript 檔案 jquery-3.6.4.min.js，至於第 05 行的 jQuery 語法稍後會有詳細的說明。

\Ch13\hello.html

```
01  <body>
02    <script src="https://code.jquery.com/jquery-3.6.4.min.js"></script>
03    <script src="hello.js"></script>
04  </body>
```

\Ch13\hello.js

```
05  $(document).ready(function() {
06    window.alert('Hello, jQuery!');
07  });
```

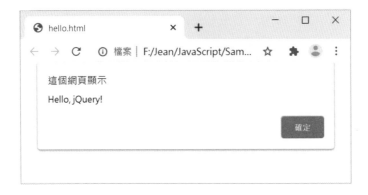

13-3 使用 jQuery 核心

jQuery 核心提供許多方法可以用來操作 HTML 文件，我們習慣以小數點開頭加上方法名稱來辨識 jQuery 方法，以和內建的 JavaScript 方法做區別，例如 .html()、.text()、.val()、.after()、.before() 等。

13-3-1 選擇元素

jQuery 的基本語法如下：

```
$( 選擇器 ).method( 參數 );
```

$ 符號是 jQuery 物件的別名，而 **$()** 表示呼叫建構函式建立 jQuery 物件，至於**選擇器** (selector) 指的是要進行處理的 DOM 物件，例如下面的敘述是針對 id 屬性為 "msg" 的元素呼叫 jQuery 提供的 .text() 方法，將該元素的內容設定為參數所指定的文字：

```
$("#msg").text("Hello, jQuery!");
```

jQuery 除了支援多數的 CSS3 選擇器，同時也提供一些專用的選擇器，常用的如下。

選擇器	範例
萬用選擇器	$("*") 表示選擇所有元素。
類型選擇器	$("h1") 表示選擇 <h1> 元素。
子選擇器	$("ul > li") 表示選擇 <ul> 的子元素 <li>。
子孫選擇器	$("p a") 表示選擇 <p> 元素的子孫元素 <a>。
相鄰兄弟選擇器	$("img + p") 表示選擇 <img> 元素後面的第一個兄弟元素 <p>。
全體兄弟選擇器	$("img ~ p") 表示選擇 <img> 元素後面的所有兄弟元素 <p>。
類別選擇器	$(".odd") 表示選擇 class 屬性為 "odd" 的元素。
ID 選擇器	$("#btn") 表示選擇 id 屬性為 "btn" 的元素。

選擇器	範例
屬性選擇器	
[attr]	$("[class]") 表示選擇有設定 class 屬性的元素。
[attr=val]	$("[class='apple']") 表示選擇 class 屬性的值為 'apple' 的元素。
[attr~=val]	$("[class~='apple']") 表示選擇 class 屬性的值為 'apple'，或以空白字元隔開並包含 'apple' 的元素。
[attr|=val]	$("[class|='apple']") 表示選擇 class 屬性的值為 'apple'，或以 - 字元連接並包含 'apple' 的元素。
[attr^=val]	$("[class^='apple']") 表示選擇 class 屬性的值以 'apple' 開頭的元素。
[attr$=val]	$("[class$='apple']") 表示選擇 class 屬性的值以 'apple' 結尾的元素。
[attr*=val]	$("[class*='apple']") 表示選擇 class 屬性的值包含 'apple' 的元素。
[attr!=val]	$("[class!='apple']") 表示選擇 class 屬性的值不包含 'apple' 的元素。
多重選擇器	$("div, span") 表示選擇 <div> 和 <span> 元素。
多重屬性選擇器	$("input[id][name$='man']") 表示選擇有設定 id 屬性且 name 屬性以 'man' 結尾的 <input> 元素。
表單虛擬選擇器	
:input	$(":input") 表示選擇所有 <input> 元素。
:text	$(":text") 表示選擇所有 type="text" 的 <input> 元素。
:password	$(":password") 表示選擇所有 type="password" 的 <input> 元素。
:radio	$(":radio") 表示選擇所有 type="radio" 的 <input> 元素。
:checkbox	$(":checkbox") 表示選擇所有 type="checkbox" 的 <input> 元素。
:image	$(":image") 表示選擇所有 type="image" 的 <input> 元素。
:file	$(":file") 表示選擇所有 type="file" 的 <input> 元素。
:submit	$(":submit") 表示選擇所有 type="submit" 的 <input> 元素。
:reset	$(":reset") 表示選擇所有 type="reset" 的 <input> 元素。
:button	$(":button") 表示選擇所有 <button> 元素。
:selected	$(":selected") 表示選擇下拉式清單中被選取的項目。

選擇器	範例
:enabled	$("input:enabled") 表示選擇所有被啟用的 <input> 元素。
:disabled	$("input:disabled") 表示選擇所有被停用的 <input> 元素。
:checked	$("input:checked") 表示選擇所有被核取的 <input> 元素。
其它虛擬選擇器	
:not(*selector*)	$("input:not(:checked)") 表示選擇所有尚未被核取的 <input> 元素。
:first	$("tr:first") 表示選擇第一個 <tr> 元素。
:last	$("tr:last") 表示選擇最後一個 <tr> 元素。
:odd	$("tr:odd") 表示選擇索引值為奇數的 <tr> 元素，也就是第 2、4、6… 列。
:even	$("tr:even") 表示選擇索引值為偶數的 <tr> 元素，也就是第 1、3、5… 列。
:eq(*index*)	$("tr:eq(2)") 表示選擇索引值為 2 的 <tr> 元素，也就是第 3 列。
:gt(*index*)	$("tr:gt(2)") 表示選擇索引值大於 2 的 <tr> 元素。
:lt(*index*)	$("tr:lt(2)") 表示選擇索引值小於 2 的 <tr> 元素。
:header	$(":header") 表示選擇所有 <h1>~<h6> 元素。
:animated	$(":animated") 表示選擇所有套用動畫的元素。
:focus	$(":focus") 表示選擇所有取得焦點的元素。
:contains(*text*)	$("div:contains('Mary')") 表示選擇文字包含 'Mary' 的 <div> 元素。
:empty	$("td:empty") 表示選擇所有無子元素的 <td> 元素。
:parent	$("td:parent") 表示選擇所有包含子元素的 <td> 元素。
:has(*selector*)	$("div:has(p)") 表示選擇所有包含 <p> 元素的 <div> 元素。
:hidden	$("div:hidden") 表示選擇所有隱藏的 <div> 元素。
:visible	$("div:visible") 表示選擇所有可見的 <div> 元素。
:nth-child(*expr*)	$("ul li:nth-child(2)") 表示選擇 <ul> 元素中的第 2 個 <li> 元素。
:first-child	$("div span:first-child") 表示選擇 <div> 元素中的第 1 個 <span> 元素。
:last-child	$("div span:last-child") 表示選擇 <div> 元素中的最後 1 個 <span> 元素。

13-3-2 存取元素的內容

jQuery 提供了數個方法可以用來存取元素的內容，例如 .text()、.html()、.val() 等，以下有進一步的說明。至於其它方法或更多的使用範例，有興趣的讀者可以到 jQuery Learning Center (https://learn.jquery.com/) 查看。

.text()

.text() 方法的語法如下，第一種形式沒有參數，用來取得所有符合之元素及其子孫元素的文字內容；而第二種形式有參數，用來將所有符合之元素的文字內容設定為參數所指定的內容：

```
.text()
.text( 參數 )
```

舉例來說，假設網頁中有如下的項目清單：

```
<ul>
  <li><em> 珠寶盒 </em></li>
  <li> 法朋 </li>
  <li>Lady M</li>
</ul>
```

那麼 $("ul").text() 會傳回如下的文字內容，包含 <ul> 元素及其子孫元素的文字內容：

```
珠寶盒
法朋
Lady M
```

而 $("li").text() 會傳回如下的文字內容 (不包含項目之間的空白)：

```
珠寶盒法朋 Lady M
```

至於如何使用 .text() 方法設定元素的文字內容，下面是一個例子，當使用者按一下 [顯示訊息] 時，會在下方的段落顯示 "Hello, jQuery!"。請注意，第 07 ~ 09 行是利用按鈕的 click 事件處理程式來設定段落的文字內容，我們會在第 13-4 節說明如何使用 jQuery 處理事件。

\Ch13\text.html

```
01  <body>
02    <button id="btn"> 顯示訊息 </button>
03    <p id="msg"></p>
04    <script src="https://code.jquery.com/jquery-3.6.4.min.js"></script>
05    <script src="text.js"></script>
06  </body>
```

\Ch13\text.js

```
07  $("#btn").on("click", function() {
08    $("#msg").text("Hello, jQuery!");
09  });
```

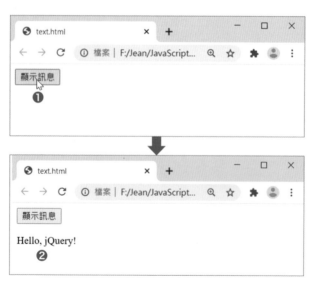

❶ 按一下此鈕　　❷ 顯示此訊息

.html()

.html() 方法的語法如下，第一種形式沒有參數，用來取得第一個符合之元素的 HTML 內容；而第二種形式有參數，用來將所有符合之元素的 HTML 內容設定為參數所指定的內容：

```
.html()
.html( 參數 )
```

舉例來說，假設網頁中有如下的項目清單：

```
<ul>
  <li><em> 珠寶盒 </em></li>
  <li> 法朋 </li>
  <li>Lady M</li>
</ul>
```

那麼 $("ul").html() 會傳回如下的 HTML 內容，也就是第一個 <ul> 元素的 HTML 內容：

```
<li><em> 珠寶盒 </em></li>
<li> 法朋 </li>
<li>Lady M</li>
```

而 $("li").html() 會傳回如下的 HTML 內容，也就是第一個 <li> 元素的 HTML 內容：

```
<em> 珠寶盒 </em>
```

至於下面的敘述則會將所有 <li> 元素的 HTML 內容設定為 "<b> 祥雲龍吟 </b>"，也就是加上粗體的「祥雲龍吟」：

```
$("li").html("<b> 祥雲龍吟 </b>");
```

.val()

.val() 方法的語法如下，第一種形式沒有參數，用來取得第一個符合之元素的值；而第二種形式有參數，用來將所有符合之元素的值設定為參數所指定的值，.val() 主要用來取得 <input>、<select>、<textarea> 等表單輸入元素的值：

```
.val()
.val( 參數 )
```

舉例來說，假設網頁中有如下的下拉式清單，那麼 $('#book').val() 會傳回選取的值，預設值為 1，而 $('#book option:selected').text() 會傳回選取的文字，預設值為 ' 秧歌 '：

```
<select id="book">
  <option value="1" selected> 秧歌 </option>
  <option value="2"> 半生緣 </option>
  <option value="3"> 小團圓 </option>
  <option value="4"> 雷峰塔 </option>
  <option value="5"> 易經 </option>
</select>
```

13-3-3　存取元素的屬性值

.attr()

.attr() 方法的語法如下，第一種形式用來根據參數取得第一個符合之元素的屬性值；第二種形式用來根據參數設定所有符合之元素的屬性名稱與屬性值；而第三種形式用來根據參數的鍵 / 值設定所有符合之元素的屬性名稱與屬性值：

```
.attr( 屬性名稱 )
.attr( 屬性名稱 , 屬性值 )
.attr( 鍵 / 值 , 鍵 / 值 , ...)
```

例如下面的敘述是取得第一個 <a> 元素的 href 屬性值：

```
$('a').attr('href');
```

而下面的敘述是將所有 <a> 元素的 href 屬性設定為 'index.html'：

```
$('a').attr('href', 'index.html');
```

至於下面的敘述是將所有 <img> 元素的 src 和 alt 兩個屬性設定為 'hat.gif'、'jQuery Logo'：

```
$('img').attr({
  src: 'hat.gif',
  alt: 'jQuery Logo'
});
```

.removeAttr()

.removeAttr() 方法的語法如下，用來根據參數移除所有符合之元素的屬性：

```
.removeAttr( 屬性名稱 )
```

例如下面的敘述是移除所有 <a> 元素的 title 屬性：

```
$('a').removeAttr('title');
```

.addClass()

.addClass() 方法的語法如下，用來在所有符合之元素加入參數所指定的類別：

```
.addClass( 類別名稱 )
```

例如下面的敘述是在所有 <p> 元素加入 c1 和 c2 兩個類別：

```
$('p').addClass('c1 c2');
```

.removeClass()

.removeClass() 方法的語法如下，用來根據參數移除所有符合之元素的
類別：

```
.removeClass( 類別名稱 )
```

例如下面的敘述是移除所有 <p> 元素的 c1 和 c2 兩個類別：

```
$('p').removeClass('c1 c2');
```

下面是一個例子，它會先移除所有索引值為偶數之 <h1> 元素的 'under' 類
別，然後加入 'highlight' 類別 (索引值是從 0 開始)。

\Ch13\class.html

```html
<!DOCTYPE html>
<html>
  <head>
    <meta charset="utf-8">
    <style>
      .blue {color: blue;}              /* 將文字色彩設定為藍色 */
      .under {text-decoration: underline;}    /* 將文字裝飾設定為底線 */
      .highlight {background: yellow;}       /* 將背景色彩設定為黃色 */
    </style>
  </head>
  <body>
    <h1 class="blue under"> 臨江仙 </h1>
    <h1 class="blue under"> 蝶戀花 </h1>
    <h1 class="blue under"> 卜算子 </h1>
    <h1 class="blue under"> 醉花陰 </h1>
    <script src="https://code.jquery.com/jquery-3.6.4.min.js"></script>
    <script>
      $('h1:even').removeClass('under').addClass('highlight');
    </script>
  </body>
</html>
```

使用鏈結語法在相同的選擇器套用
多個方法，中間以小數點連接

瀏覽結果如下圖,所有索引值為偶數的標題 1 均為藍色文字加上黃色背景,而
所有索引值為奇數的標題 1 均為藍色文字加上底線。

13-3-4　插入元素

.append()

.append() 方法的語法如下,用來將參數所指定的元素加到符合之元素的後面:

```
.append(參數)
```

下面是一個例子,它會將 '<b><i>Gone with the Wind</i></b>' 加到 <p>
元素的後面,得到如下圖的瀏覽結果。

\Ch13\append.html

```
01  <!DOCTYPE html>
02  <html>
03    <head>
04      <meta charset="utf-8">
05    </head>
06    <body>
07      <p> 亂世佳人 </p>
08      <script src="https://code.jquery.com/jquery-3.6.4.min.js"></script>
09      <script>
10        $('p').append('<b><i>Gone with the Wind</i></b>');
11      </script>
12    </body>
13  </html>
```

.prepend()

.prepend() 方法的語法如下,用來將參數所指定的元素加到符合之元素的前面:

```
.prepend( 參數 )
```

假設將 \Ch13\append.html 的第 10 行改寫成如下,得到如下圖的瀏覽結果:

```
$('p').prepend('<b><i>Gone with the Wind</i></b>');
```

.after()

.after() 方法的語法如下，用來將參數所指定的元素加到符合之元素的後面。
請注意，.append() 方法是將元素加到指定區塊內的後面，而 .after() 是將元素加到指定區塊外的後面：

```
.after( 參數 )
```

假設將 \Ch13\append.html 的第 10 行改寫成如下，得到如下圖的瀏覽結果：

```
$('p').after('<b><i>Gone with the Wind</i></b>');
```

亂世佳人

Gone with the Wind

.before()

.before() 方法的語法如下，用來將參數所指定的元素加到符合之元素的前面。請注意，.prepend() 方法是將元素加到指定區塊內的前面，而 .before() 是將元素加到指定區塊外的前面：

```
.before( 參數 )
```

假設將 \Ch13\append.html 的第 10 行改寫成如下，得到如下圖的瀏覽結果：

```
$('p').before('<b><i>Gone with the Wind</i></b>');
```

Gone with the Wind

亂世佳人

13-3-5 操作集合中的每個物件

.each() 方法的語法如下，用來針對物件或陣列進行重複運算：

```
.each( 物件 , callback )
.each( 陣列 , callback )
.each(callback)
```

下面是一個例子，它會使用 .each() 方法計算陣列的元素總和 (第 04 ~ 06 行)，然後顯示出來。

\Ch13\each1.js

```
01   var sum = 0;
02   var arr = [1, 2, 3, 4, 5];
03          ❶        ❷       ❸        ❹
04   $.each(arr, function(index, value){
05     sum += value;
06   });
07
08   window.alert(sum);
```

❶ 要進行重複運算的物件或陣列
❷ 重複呼叫此函式處理物件或陣列的元素
❸ 這一回要被處理的鍵或索引
❹ 這一回要被處理的值或元素

下面是另一個例子，它會使用 .each() 方法針對項目清單一一顯示項目文字。

\Ch13\each2.html

```html
<body>
  <ul>
    <li><a href="a.html">連結 1</a></li>
    <li><a href="b.html">連結 2</a></li>
    <li><a href="c.html">連結 3</a></li>
  </ul>
  <script src="https://code.jquery.com/jquery-3.6.4.min.js"></script>
  <script src="each2.js"></script>
</body>
```

\Ch13\each2.js

```javascript
$('li').each(function(index, element){
  window.alert($(this).text());
});
```

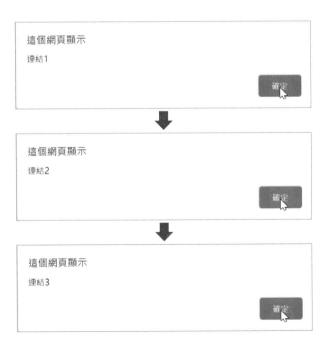

13-3-6 存取 CSS 設定

.css()

.css() 方法的語法如下，第一種形式用來取得第一個符合之元素的 CSS 樣式；第二種形式用來根據參數設定所有符合之元素的 CSS 樣式；而第三種形式用來根據參數的鍵 / 值設定所有符合之元素的 CSS 樣式：

```
.css(CSS 屬性名稱 )
.css(CSS 屬性名稱 , CSS 屬性值 )
.css( 鍵 / 值 , 鍵 / 值 , ...)
```

例如下面的敘述是取得第一個 <h1> 元素的 color CSS 屬性值：

```
$('h1').css('color');
```

而下面的敘述是將所有 <h1> 元素的 color CSS 屬性設定為 'red'：

```
$('h1').css('color', 'red');
```

至於下面的敘述是將所有 <h1> 元素的 color、background-color 、text-shadow 等 CSS 屬性設定為 'red'、'yellow'、'gray 3px 3px'：

```
$('h1').css({
  'color' : 'red',
  'background-color' : 'yellow',
  'text-shadow' : 'gray 3px 3px'
});
```

下面是一個例子，當指標移到標題 1 時，會顯示紅色加陰影；而當指標離開標題 1 時，會顯示黑色不加陰影。請注意，第 13 ~15 行和第 18 ~ 20 行是利用標題 1 的 mouseover、mouseout 事件處理程式來設定文字色彩與陰影，我們會在第 13-4 節說明如何使用 jQuery 處理事件。

\Ch13\css.html

```
01  <!DOCTYPE html>
02  <html>
03    <head>
04      <meta charset="utf-8">
05    </head>
06    <body>
07      <h1>Hello, jQuery!</h1>
08      <script src="https://code.jquery.com/jquery-3.6.4.min.js"></script>
09      <script src="css.js"></script>
10    </body>
11  </html>
```

\Ch13\css.js

```
12  /* 繫結 <h1> 元素的 mouseover 事件與處理程式 */
13  $('h1').on('mouseover', function(){
14    $(this).css({'color' : 'red', 'text-shadow' : 'gray 3px 3px'});
15  });
16
17  /* 繫結 <h1> 元素的 mouseout 事件與處理程式 */
18  $('h1').on('mouseout', function(){
19    $(this).css({'color' : 'black', 'text-shadow' : 'none'});
20  });
```

❶ 指標移到標題 1 會顯示紅色加陰影　　❷ 指標離開標題 1 會顯示黑色不加陰影

13-3-7 取得 / 設定元素的寬度與高度

.width()

.width() 方法的語法如下，第一種形式用來取得第一個符合之元素的寬度，而第二種形式用來設定所有符合之元素的寬度：

```
.width()
.width( 參數 )
```

例如下面的敘述是取得第一個 <div> 元素的寬度：

```
$('div').width();
```

而下面的敘述是將所有 <div> 元素的寬度設定為 '20cm'，此例的單位為 cm（公分），若沒有提供單位，則預設值為 px（像素）：

```
$('div').width('20cm');
```

若要取得瀏覽器視窗的寬度，可以寫成 $(window).width();，若要取得網頁內容的寬度，可以寫成 $(document).width();。

.width() 和 .css('width') 的差別在於前者傳回的寬度沒有加上單位，而後者有。舉例來說，假設元素的寬度為 300 像素，則前者會傳回 '300'，而後者會傳回 '300px'。若要進行數學運算，那麼 .width() 方法是比較適合的。

.height()

.height() 方法的語法如下，第一種形式用來取得第一個符合之元素的高度，而第二種形式用來設定所有符合之元素的高度：

```
.height()
.height( 參數 )
```

例如下面的敘述是取得第一個 <div> 元素的高度：

```
$('div').height();
```

而下面的敘述是將所有 <div> 元素的高度設定為父元素的 20% 高度：

```
$('div').height('20%');
```

同樣的，.height() 和 .css('height') 的差別在於前者傳回的高度沒有加上單位，而後者有。

13-3-8　移除元素

.remove()

.remove() 方法的語法如下，用來移除參數所指定的元素：

```
.remove( 參數 )
```

例如下面的敘述會移除 id 屬性為 'book' 的元素：

```
$('#book').remove();
```

.empty()

.empty() 方法的語法如下，用來移除參數所指定之元素的子節點：

```
.empty( 參數 )
```

例如下面的敘述會移除 id 屬性為 'book' 之元素的子節點，即清空元素的內容，但仍在網頁中保留此元素：

```
$('#book').empty();
```

13-3-9 走訪 DOM

.find()

.find() 方法的語法如下，用來從目前選擇的元素集合中取得符合選擇器條件的所有子孫元素：

```
.find( 選擇器 )
```

下面是一個例子，它會從所有 <p> 元素中取得 <span> 子元素，然後將其文字色彩設定為紅色。

\Ch13\find.html

```html
<!DOCTYPE html>
<html>
  <head>
    <meta charset="utf-8">
  </head>
  <body>
    <p><span>Hello</span>, what day is today?</p>
    <p>Today is <span>Sunday</span>.</p>
    <script src="https://code.jquery.com/jquery-3.6.4.min.js"></script>
    <script>
      $('p').find('span').css('color', 'red');
    </script>
  </body>
</html>
```

Hello, what day is today?

Today is Sunday.

.closest()

.closest() 方法的語法如下,用來從目前選擇的元素集合中取得符合選擇器條件的最近祖先元素:

.closest(選擇器)

下面是一個例子,它會取得第二層 <ul> 元素,然後將其文字色彩設定為紅色,所以「項目 1」和「項目 2」是紅色。

\Ch13\closest.html

```
<body>
  <ul class="level-1">
    <li class="item-a">項目 A</li>
    <li class="item-b">項目 B
      <ul class="level-2">
        <li class="item-1">項目 1</li>
        <li class="item-2">項目 2</li>
      </ul>
    </li>
    <li class="item-c">項目 C</li>
  </ul>
  <script src="https://code.jquery.com/jquery-3.6.4.min.js"></script>
  <script>
    $('li.item-1').closest('ul').css('color', 'red');
  </script>
</body>
```

- 項目A
- 項目B
  - 項目1
  - 項目2
- 項目C

.parent()、.parents()

.parent() 方法的語法如下,用來從目前選擇的元素集合中取得符合選擇器條件的直接父元素,選擇器為選擇性參數,可以省略不寫:

```
.parent([ 選擇器 ])
```

.parents() 方法的語法如下,用來從目前選擇的元素集合中取得符合選擇器條件的祖先元素,選擇器為選擇性參數,可以省略不寫:

```
.parents([ 選擇器 ])
```

下面是一個例子,它會從 <p> 元素中取得 class 屬性為 "selected" 的直接父元素 (即第二個 <div> 元素),然後將其文字色彩設定為紅色。

\Ch13\parent.html

```
<body>
  <div><p>Hello</p></div>
  <div class="selected"><p>Hello Again</p></div>
  <script src="https://code.jquery.com/jquery-3.6.4.min.js"></script>
  <script>
    $('p').parent('.selected').css('color', 'red');
  </script>
</body>
```

.children()

.children() 方法的語法如下，用來從目前選擇的元素集合中取得符合選擇器條件的所有子元素，選擇器為選擇性參數，可以省略不寫：

```
.children([ 選擇器 ])
```

下面是一個例子，它會取得第二層 <ul> 元素的所有子元素，然後將其文字色彩設定為紅色，所以「項目 1」和「項目 2」是紅色。

\Ch13\children.html

```
<body>
  <ul class="level-1">
    <li class="item-a">項目 A</li>
    <li class="item-b">項目 B
      <ul class="level-2">
        <li class="item-1">項目 1</li>
        <li class="item-2">項目 2</li>
      </ul>
    </li>
    <li class="item-c">項目 C</li>
  </ul>
  <script src="https://code.jquery.com/jquery-3.6.4.min.js"></script>
  <script>
    $('ul.level-2').children().css('color', 'red');
  </script>
</body>
```

- 項目A
- 項目B
  - 項目1
  - 項目2
- 項目C

.siblings()

.siblings() 方法的語法如下，用來從目前選擇的元素集合中取得符合選擇器條件的所有兄弟元素，選擇器為選擇性參數，可以省略不寫：

```
.siblings([ 選擇器 ])
```

.next()

.next() 方法的語法如下，用來從目前選擇的元素集合中取得符合選擇器條件的下一個兄弟元素，選擇器為選擇性參數，可以省略不寫：

```
.next([ 選擇器 ])
```

.nextAll()

.nextAll() 方法的語法如下，用來從目前選擇的元素集合中取得符合選擇器條件的後面所有兄弟元素，選擇器為選擇性參數，可以省略不寫：

```
.nextAll([ 選擇器 ])
```

.prev()

.prev() 方法的語法如下，用來從目前選擇的元素集合中取得符合選擇器條件的前一個兄弟元素，選擇器為選擇性參數，可以省略不寫：

```
.prev([ 選擇器 ])
```

.prevAll()

.prevAll() 方法的語法如下，用來從目前選擇的元素集合中取得符合選擇器條件的前面所有兄弟元素，選擇器為選擇性參數，可以省略不寫：

```
.prevAll([ 選擇器 ])
```

13-3-10　篩選元素

.eq()

.eq() 方法的語法如下，用來從目前選擇的元素集合中篩選指定索引的元素：

```
.eq( 索引 )
```

.first()

.first() 方法的語法如下，用來從目前選擇的元素集合中篩選第一個元素：

```
.first()
```

.last()

.last() 方法的語法如下，用來從目前選擇的元素集合中篩選最後一個元素：

```
.last()
```

.even()

.even() 方法的語法如下，用來從目前選擇的元素集合中篩選偶數元素（索引值是從 0 開始）：

```
.even()
```

.odd()

.odd() 方法的語法如下，用來從目前選擇的元素集合中篩選奇數元素（索引值是從 0 開始）：

```
.odd()
```

下面是一個例子，它會篩選偶數項目和奇數項目，然後將其文字色彩設定為紅色和藍色，由於索引值是從 0 開始，所以「項目 1」和「項目 3」是紅色，而「項目 2」和「項目 4」是藍色。

\Ch13\evenodd.html

```html
<body>
  <ul>
    <li>項目 1</li>
    <li>項目 2</li>
    <li>項目 3</li>
    <li>項目 4</li>
  </ul>
  <script src="https://code.jquery.com/jquery-3.6.4.min.js"></script>
  <script>
    $('li').even().css('color', 'red');
    $('li').odd().css('color', 'blue');
  </script>
</body>
```

- 項目1
- 項目2
- 項目3
- 項目4

.is()

.is() 方法的語法如下，用來檢查目前選擇的元素集合是否符合參數所指定的條件，是就傳回 true，否則傳回 false：

```
.is(參數)
```

例如下面的敘述會傳回核取方塊的父元素是否為 <form> 元素：

```
var isFormParent = $("input[type='checkbox']").parent().is("form");
```

.not()

.not() 方法的語法如下，用來從目前選擇的元素集合中移除參數所指定的元素：

.not(參數)

下面是一個例子，它會篩選 id 屬性值為 "notli" 以外的 <li> 元素，然後將其文字色彩設定為紅色，所以「項目 1」、「項目 2」、「項目 4」、「項目 5」和「項目 6」是紅色。

\Ch13\not.html

```
<body>
  <ul>
    <li>項目 1</li>
    <li>項目 2</li>
    <li id="notli">項目 3</li>
    <li>項目 4</li>
    <li>項目 5</li>
    <li>項目 6</li>
  </ul>
  <script src="https://code.jquery.com/jquery-3.6.4.min.js"></script>
  <script>
    $('li').not(document.getElementById('notli')).css('color', 'red');
  </script>
</body>
```

- 項目1
- 項目2
- **項目3**
- 項目4
- 項目5
- 項目6

.has()

.has() 方法的語法如下，用來從目前選擇的元素集合中篩選有子孫元素符合參數指定條件的元素：

.has(參數)

下面是一個例子，它會篩選有包含 <ul> 元素的 <li> 元素，然後將其文字色彩設定為紅色，所以「項目 2」、「項目 2a」和「項目 2b」是紅色。

\Ch13\has.html

```html
<body>
  <ul>
    <li>項目 1</li>
    <li>項目 2
      <ul>
        <li>項目 2a</li>
        <li>項目 2b</li>
      </ul>
    </li>
    <li>項目 3</li>
  </ul>
  <script src="https://code.jquery.com/jquery-3.6.4.min.js"></script>
  <script>
    $('li').has('ul').css('color', 'red');
  </script>
</body>
```

- 項目1
- 項目2
  - 項目2a
  - 項目2b
- 項目3

.filter()

.filter() 方法的語法如下，用來從目前選擇的元素集合中篩選符合參數指定條件的元素：

```
.filter( 參數 )
```

下面是一個例子，它會篩選奇數項目，然後將其文字色彩設定為紅色，由於索引值是從 0 開始，所以「項目 2」、「項目 4」和「項目 6」是紅色。

\Ch13\filter.html

```html
<body>
  <ul>
    <li>項目 1</li>
    <li>項目 2</li>
    <li>項目 3</li>
    <li>項目 4</li>
    <li>項目 5</li>
    <li>項目 6</li>
    <li>項目 7</li>
  </ul>
  <script src="https://code.jquery.com/jquery-3.6.4.min.js"></script>
  <script>
    $('li').filter(':odd').css('color', 'red');
  </script>
</body>
```

- 項目1
- 項目2
- 項目3
- 項目4
- 項目5
- 項目6
- 項目7

13-4 事件處理

我們在第 9 章介紹過事件的類型，以及如何使用 JavaScript 處理事件，而在本節中，我們將說明如何使用 jQuery 提供的方法讓事件處理變得更簡單。

13-4-1 .on() 方法

jQuery 針對多數瀏覽器原生的事件提供了對應的方法，例如 .load()、.unload()、.error()、.scroll()、.resize()、.keydown()、.keyup()、.keypress()、.mousedown()、.mouseup()、.mouseover()、.mousemove()、.mouseout()、.mouseenter()、.mouseleave()、.click()、.dblclick()、.submit()、.select()、.change()、.focus()、.blur()、.focusin()、.focusout() 等。不過，您無須背誦這些方法的名稱，只要使用 .on() 方法，就可以繫結各種事件與處理程式。

.on() 方法的語法如下，用來針對被選擇之元素的一個或多個事件繫結處理程式：

```
.on(events [, selector] [, data], handler)
.on(events [, selector] [, data])
```

- ➡ *events*：設定一個或多個以空白隔開的事件名稱，例如 'click dblclick' 表示 click 和 dblclick 兩個事件。
- ➡ *selector*：設定觸發事件的元素。
- ➡ *data*：設定要傳遞給處理程式的資料。
- ➡ *handler*：設定當事件被觸發時所要執行的函式，即處理程式。

我們可以使用 .on() 方法繫結一個事件和一個處理程式，下面是一個例子，當使用者按兩下單行文字方塊時，會在下方的段落顯示「單行文字方塊被按兩下」。

\Ch13\event1.html

```
01  <body>
02    <input type="text">
03    <p></p>
04    <script src="https://code.jquery.com/jquery-3.6.4.min.js"></script>
05    <script src="event1.js"></script>
06  </body>
```

\Ch13\event1.js

```
07  $('input').on('dblclick', function() {
08    $('p').text(' 單行文字方塊被按兩下 ');
09  });
```

> 使用 .on() 方法繫結 dblclick 事件和處理程式

❶ 按兩下單行文字方塊

❷ 顯示此訊息

我們也可以使用 .on() 方法繫結多個事件和一個處理程式，舉例來說，假設將 \Ch13\event1.js 改寫成如下，使用 .on() 方法繫結 dblclick、input 兩個事件和相同的處理程式，這麼一來，當使用者按兩下單行文字方塊或輸入資料時，均會在下方的段落顯示「單行文字方塊被按兩下或輸入資料」。

```
$('input').on('dblclick input', function() {
  $('p').text(' 單行文字方塊被按兩下或輸入資料 ');
});
```

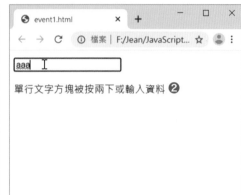

❶ 按兩下單行文字方塊會顯示此訊息　　❷ 在單行文字方塊輸入資料會顯示相同訊息

我們還可以使用 .on() 方法繫結多個事件和多個處理程式，舉例來說，假設將 \Ch13\event1.js 改寫成如下，使用 .on() 方法繫結 dblclick、input 兩個事件和不同的處理程式，這麼一來，當使用者按兩下單行文字方塊時，會在下方的段落顯示「單行文字方塊被按兩下」；當使用者在單行文字方塊輸入資料時，會在下方的段落顯示「單行文字方塊被輸入資料」。

```
$('input').on({
  'dblclick' : function() {$('p').text(' 單行文字方塊被按兩下 ');},
  'input': function() {$('p').text(' 單行文字方塊被輸入資料 ');}
});
```

❶ 按兩下單行文字方塊會顯示此訊息　　❷ 在單行文字方塊輸入資料會顯示另一個訊息

13-4-2　.off() 方法

.off() 方法的語法如下，用來移除參數所指定的事件處理程式，若沒有參數，表示移除使用 .on() 方法繫結的事件處理程式：

```
.off(events [, selector] [, handler])
.off()
```

- *events*：設定一個或多個以空白隔開的事件名稱。
- *selector*：設定觸發事件的元素。
- *handler*：設定當事件被觸發時所要執行的函式，即處理程式。

例如下面的敘述是移除所有段落的所有事件處理程式：

```
$('p').off();
```

而下面的敘述是移除所有段落的所有 click 事件處理程式：

```
$('p').off('click', '**');
```

至於下面的敘述則是在第 01 ~ 03 行定義一個 f1() 函式，接著在第 06 行呼叫 .on() 方法繫結段落的 click 事件和 f1() 函式，令使用者按一下段落時，就執行 f1() 函式，最後在第 09 行呼叫 . off() 方法移除段落的 click 事件和 f1() 函式的繫結，令使用者按一下段落時，不再執行 f1() 函式。

```
01  var f1 = function() {
02    // 在此撰寫處理事件的程式碼
03  };
04
05  // 繫結段落的 click 事件和 f1() 函式
06  $('body').on('click', 'p', f1);
07
08  // 移除段落的 click 事件和 f1() 函式的繫結
09  $('body').off('click', 'p', f1);
```

13-4-3 .ready() 方法

.ready() 方法的語法如下，用來設定當 HTML 文件的 DOM 載入完畢時，就執行參數 *handler* 所指定的函式：

.ready(*handler*)

下面是一個例子，它會在 HTML 文件的 DOM 載入完畢時顯示「DOM 已經載入完畢！」。

\Ch13\ready.html

```
<body>
  <p>DOM 尚未完全載入！</p>
  <script src="https://code.jquery.com/jquery-3.6.4.min.js"></script>
  <script src="ready.js"></script>
</body>
```

\Ch13\ready.js

```
$(document).ready(function() {
  $('p').text('DOM 已經載入完畢！');
});
```

大部分的瀏覽器會透過 DOMContentLoaded 事件提供類似的功能，不過，兩者還是有所不同，若瀏覽器在呼叫 .ready() 方法之前就已經觸發 DOMContentLoaded 事件，.ready() 方法所指定的函式仍會執行；相反的，在觸發該事件之後所繫結的 DOMContentLoaded 事件處理程式則不會執行。

此外，執行 .ready() 方法的時間點亦有別於 Window 物件的 load 事件，前者是在 DOM 載入完畢時就會執行，無須等到圖檔、影音檔等資源載入完畢，而後者是在所有資源載入完畢時才會執行，時間點比 .ready() 方法晚。

對於一開啟網頁就要執行的動作，例如設定事件處理程式、初始化外掛程式等，可以使用 .ready() 方法來處理，而一些會用到資源的動作，例如設定圖檔的寬度、高度等，就要使用 Window 物件的 load 事件來處理。

最後要說明的是 jQuery 提供了下列數種語法，用來設定當 HTML 文件的 DOM 載入完畢時所要執行的函式：

- $(*handler*)

- $(document).ready(*handler*)

- $("document").ready(*handler*)

- $("img").ready(*handler*)

- $().ready(*handler*)

不過，jQuery 3.0 只推薦使用第一種語法，其它語法雖然能夠運作，但被認為過時 (deprecated)，因此，我們可以將 \Ch13\ready.js 改寫成如下：

```
$(function() {
  $('p').text('DOM 已經載入完畢！');
});
```

❻NOTE

jQuery 3.0 已經移除下列語法，原因是若 DOM 在繫結 ready 事件處理程式之前就已經載入完畢，那麼該處理程式將不會被執行：

```
$(document).on("ready", handler)
```

13-4-4　Event 物件

我們可以透過 jQuery 提供的 **Event 物件**取得事件的相關資訊,比較重要的成員如下。

屬性 / 方法	說明
target	最初觸發事件的目標元素。
type	事件類型。
pageX、pageY	指標在頁面中的 X、Y 座標。
which	傳回被按下的鍵盤按鍵或滑鼠按鍵 (1 是左鍵,2 是中鍵,3 是右鍵)。
data	要傳遞給事件處理程式的資料。
timeStamp	從 1970-01-01T00:00:00 到觸發事件所經過的毫秒數。
preventDefault()	取消元素預設的行為 (如可取消的話)。
stopPropagation()	停止往外的事件傳遞。
stopImmediatePropagation()	停止所有事件傳遞。

當我們要在事件處理程式中存取 Event 物件時,可以透過名稱為 e 的參數來加以傳遞,而且 e 必須是第一個參數。下面是一個例子,當使用者按一下單行文字方塊時,就會顯示事件類型與目標元素。

\Ch13\event2.html

```html
<body>
  <input type="text">
  <script src="https://code.jquery.com/jquery-3.6.4.min.js"></script>
  <script src="event2.js"></script>
</body>
```

\Ch13\event2.js

```javascript
$('input').on('click', function(e) {
   $(this).after('<p>目標元素：' + e.target + '</p>')
        .after('<p>事件類型：' + e.type + '</p>');
});
```

❶ 按一下單行文字方塊　❷ 顯示事件類型與目標元素

下面是另一個例子,當使用者在單行文字方塊按滑鼠按鍵時,就會顯示對應的數字,1 是左鍵,2 是中鍵,3 是右鍵。

\Ch13\event3.html

```
<body>
  <input id="whichkey" value=" 在此按滑鼠 ">
  <div id="log"></div>
  <script src="https://code.jquery.com/jquery-3.6.4.min.js"></script>
  <script src="event3.js"></script>
</body>
```

\Ch13\event3.js

```
$('#whichkey').on('mousedown', function(e) {
  $('#log').text(e.type + ' : ' +  e.which);
});
```

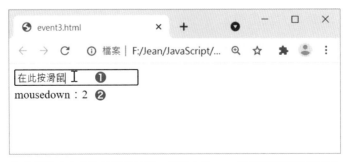

❶ 在單行文字方塊按滑鼠按鍵,例如中鍵　❷ 顯示對應的數字 2

13-5 特效與動畫

jQuery 針對特效與動畫提供許多方法，以下介紹一些常用的方法。至於其它方法或更多的使用範例，有興趣的讀者可以到 jQuery Learning Center 查看。

13-5-1 基本特效

常用的基本特效如下：

- **.hide()**：語法如下，用來隱藏符合的元素，參數 *duration* 為特效的執行時間，預設值為 400（毫秒），數字愈大，執行時間就愈久，而參數 *complete* 為特效結束時所要執行的函式：

  ```
  .hide()
  .hide([duration] [, complete])
  ```

- **.show()**：語法如下，用來顯示符合的元素，兩個參數的意義和 .hide() 方法相同：

  ```
  .show()
  .show([duration] [, complete])
  ```

- **.toggle()**：語法如下，用來循環切換顯示和隱藏符合的元素，其中參數 *display* 為布林值，true 表示顯示，false 表示隱藏，而另外兩個參數的意義和 .hide() 方法相同：

  ```
  .toggle()
  .toggle(display)
  .toggle([duration] [, complete])
  ```

下面是一個例子，當使用者按一下 [隱藏] 時，會在 600 毫秒內以特效隱藏標題 1，而當使用者按一下 [顯示] 時，會在 600 毫秒內以特效顯示標題 1。

\Ch13\effect1.html

```
<body>
  <button id="btn1"> 隱藏 </button>
  <button id="btn2"> 顯示 </button>
  <h1>Hello, jQuery!</h1>
  <script src="https://code.jquery.com/jquery-3.6.4.min.js"></script>
  <script src="effect1.js"></script>
</body>
```

\Ch13\effect1.js

```
$('#btn1').on('click', function() {
  $('h1').hide(600);
});

$('#btn2').on('click', function() {
  $('h1').show(600);
});
```

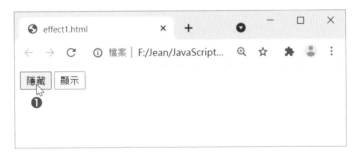

❶ 按一下 [隱藏] 會以特效隱藏標題 1　　❷ 按一下 [顯示] 會以特效顯示標題 1

13-43

下面是一個例子，使用者可以按 [Toggle] 來循環切換隱藏和顯示標題 1。

\Ch13\effect2.html

```html
<body>
  <button id="btn">Toggle</button>
  <h1>Hello, jQuery!</h1>
  <script src="https://code.jquery.com/jquery-3.6.4.min.js"></script>
  <script src="effect2.js"></script>
</body>
```

\Ch13\effect2.js

```javascript
$('#btn').on('click', function() {
  $('h1').toggle();
});
```

❶ 按一下 [Toggle] 會以特效隱藏標題 1   ❷ 再按一下 [Toggle] 會以特效顯示標題 1

13-5-2 淡入 / 淡出 / 移入 / 移出特效

常用的淡入 / 淡出 / 移入 / 移出特效如下：

→ **.fadeIn()**：語法如下，用來以淡入特效顯示元素，參數 *duration* 為淡入特效的執行時間，預設值為 400（毫秒），數字愈大，執行時間就愈久，而參數 *complete* 為淡入特效結束時所要執行的函式：

    .fadeIn([*duration*] [, *complete*])

➡ **.fadeOut()**：語法如下，用來以淡出特效隱藏元素，兩個參數的意義和 .fadeIn() 方法相同：

```
.fadeOut([duration] [, complete])
```

➡ **.fadeTo()**：語法如下，用來調整元素的透明度，其中參數 *opacity* 是透明度，值為 0.0 ~ 1.0 的數字，表示完全透明 ~ 完全不透明，而另外兩個參數的意義和 .fadeIn() 方法相同：

```
.fadeTo(duration, opacity [, complete])
```

例如下面的敘述會在 400 毫秒內將 <img> 元素（即圖片）的透明度調整為 50%：

```
$('img').fadeTo(400, 0.5);
```

➡ **.fadeToggle()**：語法如下，用來循環切換淡入和淡出元素，兩個參數的意義和 .fadeIn() 方法相同：

```
.fadeToggle([duration] [, complete])
```

➡ **.slideDown()**：語法如下，用來以移入（由上往下滑動）特效顯示元素，兩個參數的意義和 .fadeIn() 方法相同：

```
.slideDown([duration] [, complete])
```

➡ **.slideUp()**：語法如下，用來以移出（由下往上滑動）特效隱藏元素，兩個參數的意義和 .fadeIn() 方法相同：

```
.slideUp([duration] [, complete])
```

➡ **.slideToggle()**：語法如下，用來循環切換移入和移出元素，兩個參數的意義和 .fadeIn() 方法相同：

```
.slideToggle([duration] [, complete])
```

舉例來說，假設將 \Ch13\effect1.js 改寫成如下，這麼一來，當使用者按一下 [隱藏] 時，會在 600 毫秒內以淡出特效隱藏標題 1，而當使用者按一下 [顯示] 時，會在 600 毫秒內以淡入特效顯示標題 1。

```javascript
$('#btn1').on('click', function() {
  $('h1').fadeOut(600);
});

$('#btn2').on('click', function() {
  $('h1').fadeIn(600);
});
```

❶ 按一下 [隱藏] 會以淡出特效隱藏標題 1   ❷ 按一下 [顯示] 會以淡入特效顯示標題 1

同理，假設將 \Ch13\effect1.js 改寫成如下，這麼一來，當使用者按一下 [隱藏] 時，會在 600 毫秒內以移出特效隱藏標題 1，而當使用者按一下 [顯示] 時，會在 600 毫秒內以移入特效顯示標題 1。

```javascript
$('#btn1').on('click', function() {
  $('h1').slideUp(600);
});

$('#btn2').on('click', function() {
  $('h1').slideDown(600);
});
```

13-5-3 自訂動畫

jQuery 提供的 **.animate()** 方法可以針對元素的 CSS 屬性自訂動畫,其語法如下:

```
.animate(properties [, duration] [, easing] [, complete])
```

- *properties*:設定欲套用動畫的 CSS 屬性與值。

- *duration*:設定動畫的執行時間,預設值為 400 (毫秒)。

- *easing*:設定在動畫套用不同的行進速度,預設值為 swing (在中段會加速,在前段和後段則較慢),亦可設定為 linear (維持一致的速度)。

- *complete*:設定動畫結束時所要執行的函式。

下面是一個例子,當使用者按一下 [放大] 時,會在 1500 毫秒內將圖片從寬度 100px、透明度 0.5、框線寬度 1px 逐漸放大到寬度 300px、完全不透明、框線寬度 10px。

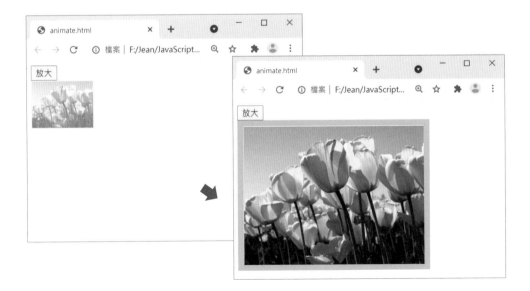

\Ch13\animate.html

```html
<!DOCTYPE html>
<html>
  <head>
    <meta charset="utf-8">
    <style>
      img {
        width: 100px;
        opacity: 0.5;
        border: 1px solid lightgreen;
      }
    </style>
  </head>
  <body>
    <button id="enlarge">放大 </button><br>
    <img src="Tulips.jpg">
    <script src="https://code.jquery.com/jquery-3.6.4.min.js"></script>
    <script src="animate.js"></script>
  </body>
</html>
```

\Ch13\animate.js

```javascript
/* 令圖片在 1500 毫秒內逐漸放大到寬度 300px、完全不透明、框線寬度 10px */
$('#enlarge').on('click', function() {
  $('img').animate({
    width: '300px',
    opacity: 1,
    borderWidth: '10px'
  }, 1500);
});
```

CHAPTER

14

Vue.js

根據 Vue.js 官方網站 (https://vuejs.org/) 的說明指出,「**Vue** (唸做 /vju:/) 是一個用來建立使用者介面的 JavaScript 框架 (framework),建立在標準的 HTML、CSS 和 JavaScript 之上,並提供一個宣告式 (declarative) 與基於元件 (component-based) 的程式設計模式,可以幫助您有效率地開發簡單或複雜的使用者介面。」。

簡單地說,Vue.js 是一個 JavaScript 函式庫,提供 API 讓 Web 開發人員進行資料繫結及操作網頁上的元素。

Vue.js 是由尤雨溪所開發,他在 Google Creative Lab 任職期間接觸到 Angular,並對於 Angular 能夠透過資料繫結來處理網頁 DOM 的運作方式深感興趣,於是在 2014 年推出功能類似但內容較為輕巧的 Vue.js 0.8 版,之後於 2015 年、2016 年、2020 年推出 1.0、2.0、3.0 版,其中 3.0 版的底層核心以 TypeScript 重寫,有九成以上的 API 與 2.x 版相容,但效率更高、編譯出來的檔案更小,本章所介紹的 Vue.js 就是以 3.0 版為主。

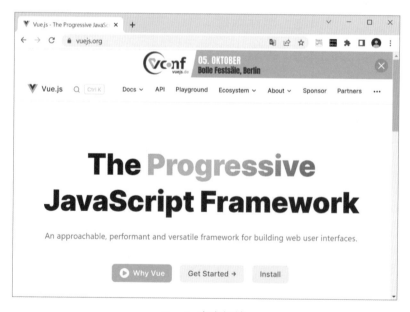

Vue.js 官方網站

Vue.js 與 MVVM

MVVM (Model-View-ViewModel) 是一種軟體架構模式,有助於將軟體開發的商業邏輯與畫面顯示分隔開來。MVVM 是由下列三個部分所組成:

- **Model**:資料狀態(資料層),負責管理資料。

- **View**:畫面顯示(視圖層),也就是使用者所看到的網頁畫面。

- **ViewModel**:資料連結器,做為 Model 與 View 之間溝通的橋梁,無論 Model 或 View 哪方發生變動,ViewModel 都會即時更新另一方。

Vue.js 所扮演的正是 MVVM 架構中 ViewModel 的角色,也就是「資料狀態」與「畫面顯示」之間溝通的橋梁,如下圖所示,Vue.js 將 DOM 事件監聽程式與資料繫結封裝起來,當 Model 裡面的資料狀態改變時,例如將資料進行運算產生新的結果,Vue.js 會同步更新 View 裡面的畫面顯示;相反的,當 View 裡面的畫面顯示改變時,例如使用者在表單欄位輸入資料或觸發某些事件,Vue.js 會同步更新 Model 裡面的資料狀態,而該資料狀態是由 JavaScript 物件所表示。

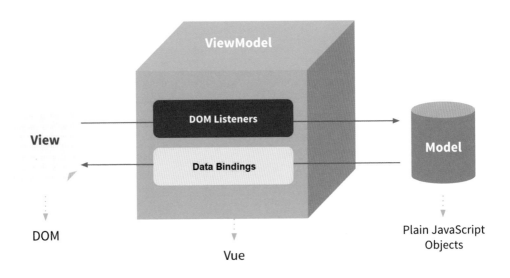

參考資料來源:https://012.vuejs.org/guide/#Concepts_Overview

安裝與使用 Vue.js

在開始使用 Vue.js 之前，我們可以透過 npm、bower、yarn 等套件管理工具安裝 Vue.js，也可以透過 CDN (Content Delivery Networks) 的方式參考 Vue.js，對初學者來說，後者是比較簡單的。

下面的敘述可以用來參考 Vue.js 3.0 版：

```
<script src="https://unpkg.com/vue@3"></script>
```

或者，也可以寫成如下，參考最新的 Vue.js 3.x 版：

```
<script src="https://unpkg.com/vue@next"></script>
```

現在，我們來示範一個例子，請您也跟著一起做：

❶ 首先，撰寫如下的 HTML 文件。

\Ch14\hello.html

```
01  <!DOCTYPE html>
02  <html>
03    <head>
04      <meta charset="utf-8">
05      <script src="https://unpkg.com/vue@3"></script>
06    </head>
07    <body>
08      <div id="app">{{ message }}</div>
09      <script src="hello.js"></script>
10    </body>
11  </html>
```

⊘ 08：這行敘述使用了 Vue.js 稱為 **Mustache 標籤**的樣板語法，兩組大括號裡面的內容 {{ ○○ }} 會對應到 Vue 應用程式實體裡面同名的資料。

⊘ 09：載入 hello.js，使用 Vue.js 的程式碼就是放在這個檔案。

② 接著，撰寫如下的 JavaScript 程式檔。每個 Vue 應用程式都是從呼叫 **Vue.createApp()** 函式建立**應用程式實體** (application instance) 開始，該函式的參數是一個物件，稱為 **Options 物件**，裡面有與樣板相關的資料、方法或事件，例如第 02 ~ 06 行是一個 **data 屬性**，該屬性以函式的形式呈現，會傳回第 04 行的鍵 / 值對，而 Vue.js 會將「值」指派給與「鍵」同名的 Mustache 標籤，也就是 \Ch14\hello.html 中第 08 行的 {{ message }}。

在建立應用程式實體後，我們必須呼叫其 **mount()** 方法將之掛載到 HTML 文件中的元素，才能控制該元素的內容，例如此處的參數 '#app' 代表 HTML 文件中 id 屬性為 app 的元素，即 \Ch14\hello.html 中第 08 行的 <div> 元素。

\Ch14\hello.js

```
01  Vue.createApp({
02    data() {
03      return {
04        message: 'Hello, Vue.js!'
05      }
06    }
07  }).mount('#app');
```

③ 最後，使用瀏覽器開啟 \Ch14\hello.html，瀏覽結果如下圖，Mustache 標籤 {{ message }} 所在的位置會顯示「Hello, Vue.js!」。

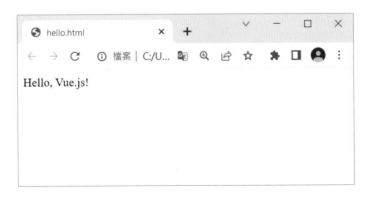

14-5

- **mount()** 方法用來將應用程式實體掛載到 HTML 文件中的元素，其語法如下，參數 *container* 是 DOM 節點或 CSS 選擇器，若同時有多個元素符合條件，則會掛載到第一個元素：

  ```
  mount(container)
  ```

  在呼叫 mount() 方法之前，應用程式實體不會渲染 (render) 任何資料，而且每個應用程式實體的 mount() 方法只能被呼叫一次。

- 相同網頁可以有多個應用程式實體，它們有各自的存取範圍，例如：

  ```
  // 將應用程式實體指派給變數 vm1，同時呼叫 mount() 方法掛載到 HTML 元素
  const vm1 = Vue.createApp({
    /* ... */
  }).mount('#container1');

  // 將應用程式實體指派給變數 vm2，之後再呼叫 mount() 方法掛載到 HTML 元素
  const vm2 = Vue.createApp({
    /* ... */
  });

  vm2.mount('#container2');
  ```

- Vue 3.0 規定 data 屬性必須以函式的形式呈現，所以 \Ch14\hello.js 就相當於如下程式碼，JavaScript ES6 允許我們將物件裡面的函式 data: function() {...} 簡寫成 data() {...} 的形式。

  ```
  Vue.createApp({
    data: function() {
      return {
        message: 'Hello, Vue.js!'
      }
    }
  }).mount('#app');
  ```

14-3 樣板語法

Vue.js 所使用的是一種基於 HTML 的**樣板語法** (template syntax)，在本節中，我們會介紹一些樣板語法，例如資料繫結、屬性繫結、運算式、指令等。

14-3-1 資料繫結

資料繫結最基本的形式是一種名叫 **Mustache 標籤**的樣板語法，它會將兩組大括號裡面的內容 {{ ○○ }} 對應到 Vue 應用程式實體裡面同名的資料。下面是一個例子，資料所包含的 <h1> 元素會被當作純文字顯示出來。

\Ch14\showMsg.html

```
<body>
  <div id="app"><p>{{ msg }}初體驗！</p></div>
  <script src="showMsg.js"></script>
</body>
```

\Ch14\showMsg.js

```
Vue.createApp({
  data() {
    return {
      msg: '<h1>Vue.js!</h1>'
    }
  }
}).mount('#app');
```

v-text

Vue.js 提供了一組以 **v-** 開頭的特殊屬性，稱為 **Directive**（指令），其中 **v-text** 指令用來更新元素的 textContent 屬性，也就是文字內容。下面是一個例子，資料所包含的 <h1> 元素會被當作純文字顯示出來，但和 \Ch14\ showMsg.html 不同的是 v-text 指令會覆寫元素裡面既有的內容，若您只要更新部分的內容，那麼必須使用 Mustache 標籤。

\Ch14\v-text.html

```
<body>
  <div id="app"><p v-text="msg">初體驗！</p></div>
  <script src="showMsg.js"></script>
</body>
```

v-html

v-html 指令用來更新元素的 innerHTML 屬性，也就是 HTML 內容。下面是一個例子，資料所包含的 <h1> 元素會被解譯成標題 1 格式，而且 v-html 指令會覆寫元素裡面既有的內容。

\Ch14\v-html.html

```
<body>
  <div id="app"><p v-html="msg">初體驗！</p></div>
  <script src="showMsg.js"></script>
</body>
```

v-pre

v-pre 指令用來略過樣板解譯，換句話說，若元素有加上 v-pre 指令，瀏覽器將不會解譯其內的樣板語法。下面是一個例子，瀏覽結果會直接顯示「{{ msg }} 初體驗！」，而不會將 {{ msg }} 當作 Mustache 標籤進行解譯。

\Ch14\v-pre.html

```
<body>
  <div id="app"><p v-pre>{{ msg }} 初體驗！</p></div>
  <script src="showMsg.js"></script>
</body>
```

在接下來的小節中，我們會陸續介紹一些常見的指令，例如 v-bind、v-on、v-model、v-if、v-else、v-else-if、v-show、v-for 等，完整的指令說明可以到 Vue.js 官方網站查看 (https://vuejs.org/api/)。

14-3-2 屬性繫結

在看過如何以 Mustache 標籤進行資料繫結後，或許您也會想以同樣的方式進行屬性繫結，不過，Mustache 標籤並不能使用在 HTML 元素的屬性，此時必須改用 **v-bind** 指令。

下面是一個例子，它在 <img> 元素加上 v-bind 指令，後面跟著冒號與屬性名稱 src（第 02 行），表示要進行繫結的屬性為 src，其值會和 Vue 應用程式實體的 dynamicSrc 同步（第 08 行），也就是在網頁上嵌入圖片 rose.jpg。

\Ch14\v-bind.html

```
01   <body>                          ❶
02     <div id="app"><img v-bind:src="dynamicSrc"></div>
03     <script src="v-bind.js"></script>
04   </body>
```

\Ch14\v-bind.js

```
05   Vue.createApp({
06     data() {
07       return {
08         dynamicSrc: 'rose.jpg'
09       }
10     }
11   }).mount('#app');
```

> ❶ 亦可簡寫成
> <img :src="dynamicSrc">
>
> ❷ 網頁上會顯示 rose.jpg 且圖片為原始大小

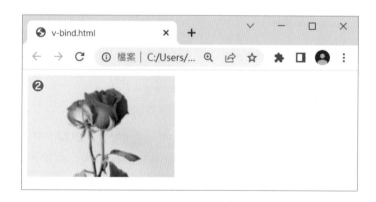

動態繫結多個屬性

我們也可以動態繫結多個屬性,下面是一個例子,它使用 v-bind 指令將 objectOfAttrs 物件繫結到 <img> 元素 (第 02 行),這個物件裡面有兩個鍵 / 值對,分別代表 src 和 width 屬性的值 (第 08 ~ 11 行)。

\Ch14\v-bind2.html

```
01  <body>
02    <div id="app"><img v-bind="objectOfAttrs"></div>
03    <script src="v-bind2.js"></script>
04  </body>
```

\Ch14\v-bind2.js

```
05  Vue.createApp({
06    data() {
07      return {
08        objectOfAttrs: {
09          src: 'rose.jpg',
10          width: '100'
11        }
12      }
13    }
14  }).mount('#app');
```

瀏覽結果如下圖,網頁上會顯示 rose.jpg 且圖片寬度為 100 像素。

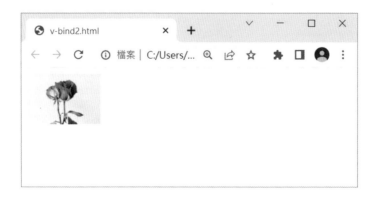

布林屬性

布林屬性 (Boolean attributes) 指的是值為 true 或 false 的屬性，例如 disabled 就是一個常見的布林屬性。

我們可以對 HTML 元素的布林屬性進行動態繫結，下面是一個例子，若應用程式實體的 isBtnDisabled 為 true，表示 <button> 元素包含 disabled 屬性，因而顯示不可點按的按鈕；相反的，若應用程式實體的 isBtnDisabled 為 false，表示 <button> 元素沒有包含 disabled 屬性，因而顯示可以點按的按鈕。

\Ch14\v-bind3.html

```
01    <body>                                    ❶
02      <div id="app"><button :disabled="isBtnDisabled"> 按鈕 </button></div>
03      <script src="v-bind3.js"></script>
04    </body>
```

\Ch14\v-bind3.js

```
05    Vue.createApp({
06      data() {
07        return {
08          isBtnDisabled: true
09        }
10      }
11    }).mount('#app');
```

❶ <button> 元素包含 disabled 屬性

❷ 網頁上會顯示不可點按的按鈕

14-3-3　使用 JavaScript 運算式

除了單純的資料之外，我們也可以在 Mustache 標籤中使用 JavaScript 運算式，下面是一個例子，它會顯示底、高及三角形面積，其中三角形面積是利用 JavaScript 運算式所計算出來的結果。

\Ch14\expr.html

```html
<body>
  <div id="app">
    <p>底：{{ base }}</p>
    <p>高：{{ height }}</p>
    <p>三角形面積：{{ (base * height) / 2 }}</p>
  </div>
  <script src="expr.js"></script>
</body>
```

\Ch14\expr.js

```js
Vue.createApp({
  data() {
    return {
      base: 10,
      height: 5
    }
  }
}).mount('#app');
```

事實上，JavaScript 運算式並不侷限於算術運算這種簡單的式子，只要是最終能夠產生值的敘述都可以，包括函式呼叫在內。下面是一個例子，它在 Mustache 標籤中呼叫 Array 物件的 join() 方法，傳回值是以參數所指定的字串連接陣列的元素。

\Ch14\expr2.html

```html
<body>
  <div id="app">{{ fruits.join("--") }}</div>
  <script src="expr2.js"></script>
</body>
```

\Ch14\expr2.js

```javascript
Vue.createApp({
  data() {
    return {
      fruits: ['香蕉', '蘋果', '芭樂']
    }
  }
}).mount('#app');
```

請注意，元件每次更新時都會呼叫運算式裡面的函式，因此，函式不應該有變更資料或觸發非同步操作的副作用，比方說，此例的 join() 方法不能換成 reverse() 方法，因為該方法會變更陣列，將元素的順序顛倒過來。

14-4 methods 與 computed 屬性

在前面的例子中，我們都是藉由 Vue 應用程式實體的 data 屬性來設定資料，然後直接將資料渲染到網頁畫面，但有時資料可能需要經過運算才進行渲染，此時，我們可以利用 methods 或 computed 屬性來定義運算過程。

14-4-1 methods 屬性

methods 屬性可以用來定義方法，下面是一個例子，它利用 methods 屬性定義一個 BMI() 方法，以根據身高與體重計算 BMI。

\Ch14\methods.html

```
01  <body>
02    <div id="app">
03      <p>身高 (cm)：{{ height }}</p>
04      <p>體重 (kg)：{{ weight }}</p>
05      <p>BMI：{{ BMI() }}</p>
06    </div>        ❶
07    <script src="methods.js"></script>
08  </body>
```

\Ch14\methods.js

```
09  Vue.createApp({
10    data() {
11      return {
12        height: 160,
13        weight: 45
14      }
15    },
16    methods: {
17      BMI() {
18        return (this.weight / (this.height / 100) ** 2).toFixed(2);
19      }
20    }
21  }).mount('#app');
```

❶ 在 Mustache 標籤中呼叫 BMI() 方法

❷ 在 methods 屬性中定義 BMI() 方法

➔ 05：在 Mustache 標籤中呼叫 BMI() 方法，所謂「方法」其實就是物件裡面的函式，正因為是函式呼叫，所以必須加上小括號，若函式有參數，寫在小括號裡面即可。

➔ 16 ~ 20：在 methods 屬性中定義一個名稱為 BMI 的方法，傳回值為體重 (公斤) 除以身高 (公尺) 的平方，呼叫 toFixed(2) 方法可以取到小數點後面二位數，瀏覽結果如下圖。

請注意，第 18 行有一個 **this** 關鍵字，指的是此物件本身，也就是目前的應用程式實體，我們可以透過 this.weight 和 this.height 存取 data 屬性中的 weight 和 height；同理，若要在相同應用程式實體的其它方法中呼叫 BMI() 方法，只要寫成 this.BMI() 即可。

14-4-2 computed 屬性

computed 屬性可以用來將一些程式碼執行完畢的結果當作取出的資料值，它同樣是以函式的形式呈現。

舉例來說，我們可以換用 computed 屬性將前一節的例子改寫成如下，瀏覽結果是相同的。從這兩個例子可以看出，methods 與 computed 屬性都能夠用來將一些運算過程包裝起來以供重複使用。

\Ch14\computed.html

```
<body>
  <div id="app">
    <p>身高(cm):{{ height }}</p>
    <p>體重(kg):{{ weight }}</p>
    <p>BMI:{{ BMI }}</p>     ❶
  </div>
  <script src="computed.js"></script>
</body>
```

\Ch14\computed.js

```
Vue.createApp({
  data() {
    return {
      height: 160,
      weight: 45
    }
  },
  computed: {
    BMI() {
      return (this.weight / (this.height / 100) ** 2).toFixed(2);
    }
  }
}).mount('#app');
```

❶ 在 Mustache 標籤中存取 BMI 的值,注意此處沒有 小括號

❷ 在 computed 屬性中定義 BMI 的值

14-17

乍看之下，methods 與 computed 屬性的用法非常類似，只是前者在 Mustache 標籤中是寫成 {{ BMI() }}，有小括號，而後者在 Mustache 標籤中是寫成 {{ BMI }}，沒有小括號，然事實上，兩者還存在著如下差異：

- computed 屬性會將執行結果暫存起來，若所參考的資料 (例如前面例子中的 this.height、this.weight) 沒有改變，運算過程就不會重複執行；相反的，methods 屬性中的方法在每次呼叫時都會執行，無論所參考的資料有無改變。

- computed 屬性無法傳入參數，若遇到需要傳入參數的情況，必須使用 methods 屬性。

14-4-3 可寫入的 computed 屬性

在預設的情況下，computed 屬性只能用來取出資料值，若要允許改變資料值，可以使用如下語法，其中 **get()** 方法用來撰寫取出資料值的程式碼，而 **set()** 方法用來透過參數接收被改變的資料值並據此更新其它值：

```
computed: {
  屬性名稱: {
    get() {... 取出資料值的程式碼 ...},
    set( 參數 ) {... 接收資料值並據此更新其它值的程式碼 ...}
  }
}
```

下面是一個例子，它會轉換公分與英吋 (1 英吋 =2.54 公分)，當使用者在第一個欄位輸入公分數時，第二個欄位會自動顯示對應的英吋數；當使用者在第二個欄位輸入英吋數時，第一個欄位會自動顯示對應的公分數。

請注意，第 03、04 行有兩個單行文字方塊，裡面各自加上 v-model 指令，用來將輸入的資料和應用程式實體中的 cm 與 inch 做繫結，我們會在第 14-6 節進一步介紹 v-model 指令。

\Ch14\computed2.html

```
01  <body>
02    <div id="app">
03      <p>公分：<input type="text" v-model="cm"></p>
04      <p>英吋：<input type="text" v-model="inch"></p>
05    </div>
06    <script src="computed2.js"></script>
07  </body>
```

\Ch14\computed2.js

```
08  Vue.createApp({
09    data() {
10      return {
11        cm: 2.54
12      }
13    },
14    computed: {
15      inch: {
16        get() {
17    ❶     return Number.parseFloat(Number(this.cm) / 2.54).toFixed(2);
18        },
19        set(val) {
20    ❷     this.cm = Number.parseFloat(Number(val) * 2.54).toFixed(2);
21        }
22      }
23    }
24  }).mount('#app');
```

❶ get() 方法用來取出 inch 的值，也就是公分數除以 2.54

❷ 當使用者輸入英吋數時，會呼叫 set() 方法接收英吋數並據此更新 cm 的值，也就是英吋數乘以 2.54

❸ 輸入公分數會自動更新英吋數，而輸入英吋數會自動更新公分數

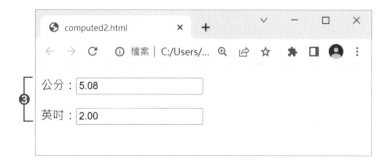

14-5 事件處理

Vue.js 提供了 **v-on** 指令用來處理事件，其語法如下，後者為簡寫：

> v-on: 事件名稱 =" 事件處理程式 " 或 @事件名稱 =" 事件處理程式 "

下面是一個例子，它會監聽按鈕的 click 事件，每次點取按鈕，就會將 count 的值遞增 1。

\Ch14\count.html

```
<body>
  <div id="app">         ❶
    <button v-on:click="count++">點按次數 :{{ count }}</button>
  </div>
  <script src="count.js"></script>
</body>
```

\Ch14\count.js

```
Vue.createApp({
  data() {
    return {
      count: 0
    }
  }
}).mount('#app');
```

❶ 亦可簡寫成 @click="count++"

❷ 每次點取按鈕，所顯示的次數就會遞增 1

我們也可以將事件處理程式定義在 Vue 應用程式實體的 methods 屬性，這種方式適合用來定義一些運算邏輯比較複雜的事件處理程式。

下面是一個例子，它會監聽按鈕的 click 事件，每次點取按鈕，就會呼叫 increment() 方法將 count 的值遞增 1。

\Ch14\count2.html

```
<body>
  <div id="app">        ❶
    <button v-on:click="increment">點按次數：{{ count }}</button>
  </div>
  <script src="count2.js"></script>
</body>
```

\Ch14\count2.js

```
Vue.createApp({
  data() {
    return {
      count: 0
    }
  },
  methods: {
    increment() {
      this.count++;
    }
  }
}).mount('#app');
```

❷

❶ 亦可簡寫成 @click="increment"
❷ 在 methods 屬性中定義 increment() 方法
❸ 每次點取按鈕，所顯示的次數就會遞增 1

14-21

表單欄位繫結

Vue.js 提供了 **v-model** 指令用來進行表單欄位繫結，將使用者在 <input>、<textarea>、<select> 等表單欄位所輸入的資料同步更新到應用程式實體。

14-6-1 單行文字方塊

下面是一個例子，它會監聽單行文字方塊的 input 事件，只要其內的資料改變，v-model="message" 指令就會將資料同步更新到 data 屬性中的 message。

\Ch14\input.html

```html
<body>
  <div id="app">
    <input type="text" v-model="message">
    <p>輸入訊息如下：<br> {{ message }} </p>
  </div>
  <script src="input.js"></script>
</body>
```

\Ch14\input.js

```javascript
Vue.createApp({
  data() {
    return {
      message: ''
    }
  }
}).mount('#app');
```

❶ 輸入資料
❷ 資料會逐字同步顯示在此

Hello, world! ❶

輸入訊息如下：
Hello, world! ❷

下面是另一個例子,使用者所輸入的身高與體重會同步更新到 data 屬性中的 height 和 weight,只要點取「計算 BMI」,就會據此計算 BMI 的值。

\Ch14\input2.html

```html
<body>
  <div id="app">
    <p>身高 (cm):<input type="text" v-model="height"></p>
    <p>體重 (kg):<input type="text" v-model="weight"></p>
    <button @click="evalBMI">計算 BMI</button>
    <p>BMI:{{ BMI }}</p>
  </div>
  <script src="input2.js"></script>
</body>
```

\Ch14\input2.js

```javascript
Vue.createApp({
  data() {
    return {
      height: 0,
      weight: 0,
      BMI: 0
    }
  },
  methods: {
    evalBMI() {
      this.BMI = (this.weight / (this.height / 100) ** 2).toFixed(2);
    }
  }
}).mount('#app');
```

❶ 輸入身高
❷ 輸入體重
❸ 點取此鈕
❹ 顯示 BMI 的值

身高(cm):[180] ❶

體重(kg):[70] ❷

[計算BMI] ❸

BMI:21.60 ❹

14-6-2 選擇鈕

下面是一個例子，它會監聽選擇鈕的 change 事件，只要變更所點取的選擇鈕，v-model="married" 指令就會將其值同步更新到 data 屬性中的 married。由於我們在 Vue 應用程式實體中將 married 的初始值設定為 ' 是 '，所以在載入網頁時預設會點取「是」。

\Ch14\radio.html

```
<body>
  <div id="app">
    <p>已婚：{{ married }}</p>
    <input type="radio" id="yes" value=" 是 " v-model="married">
    <label for="yes">是 </label>
    <input type="radio" id="no" value=" 否 " v-model="married">
    <label for="no">否 </label>
  </div>
  <script src="radio.js"></script>
</body>
```

\Ch14\radio.js

```
Vue.createApp({
  data() {
    return {
      married: ' 是 '
    }
  }
}).mount('#app');
```

❶ 點取選擇鈕　　❷ 顯示被點取之選擇鈕的值

14-6-3 核取方塊

下面是一個例子，它會監聽核取方塊的 change 事件，只要變更所點取的核取方塊，v-model="interest" 指令就會將其值同步更新到 data 屬性中的 interest。

\Ch14\checkbox.html

```
<body>
  <div id="app">
    <p>興趣（可複選）：{{ interest }}</p>
    <input type="checkbox" id="item1" value=" 閱讀 " v-model="interest">
    <label for="item1">閱讀 </label>
    <input type="checkbox" id="item2" value=" 運動 " v-model="interest">
    <label for="item2">運動 </label>
    <input type="checkbox" id="item3" value=" 園藝 " v-model="interest">
    <label for="item3">園藝 </label>
  </div>
  <script src="checkbox.js"></script>
</body>
```

\Ch14\checkbox.js

```
Vue.createApp({
  data() {
    return {
      interest: []  ── 由於核取方塊允許複選，所以 interest 的值是陣列
    }
  }
}).mount('#app');
```

❶ 點取核取方塊　　❷ 顯示被點取之核取方塊的值

14-6-4 多行文字方塊

下面是一個例子,它會監聽多行文字方塊的 input 事件,只要其內的資料改變,v-model="message" 指令就會將資料同步更新到 data 屬性中的 message。

\Ch14\textarea.html

```html
<body>
  <div id="app">
    <textarea rows="5" v-model="message"></textarea>
    <p style="white-space: pre-line;">輸入訊息如下:<br>{{ message }}</p>
  </div>
  <script src="textarea.js"></script>
</body>
```

\Ch14\textarea.js

```js
Vue.createApp({
  data() {
    return {
      message: ''
    }
  }
}).mount('#app');
```

早安!
大家好! I
今天的天氣很好! ❶

輸入訊息如下:
早安!
大家好!
今天的天氣很好! ❷

❶ 輸入資料　　❷ 資料會逐字同步顯示在此

14-6-5 下拉式清單

下面是一個例子，它會監聽 <select> 元素的 change 事件，只要變更所點取的選項，v-model="education" 指令就會將其值同步更新到 data 屬性中的 education。

\Ch14\select.html

```
<body>
  <div id="app">
    <p>最高學歷：{{ education }}</p>
    <select v-model="education">
      <option disabled value="">請選擇一個</option>
      <option>碩士或以上</option>
      <option>大專</option>
      <option>高中或以下</option>
    </select>
  </div>
  <script src="select.js"></script>
</body>
```

\Ch14\select.js

```
Vue.createApp({
  data() {
    return {
      education: ''
    }
  }
}).mount('#app');
```

❶ 點取選項　　❷ 顯示被點取之選項的值

14-6-6 v-model 指令與修飾字

修飾字 (modifier) 是一種後置詞，能夠讓指令以某種特殊的方式進行繫結。
v-model 指令有 .lazy、.trim、.number 等修飾字，以下就為您做說明。

.lazy

v-model 指令預設會監聽文字方塊的 input 事件，只要使用者一敲擊鍵盤就
會觸發 input 事件，令應用程式實體中對應的資料馬上更新，若希望在輸入
完畢後才更新，可以加上修飾字 **.lazy**，改成監聽 change 事件。下面是一個
例子，它在 \Ch14\input.html 的 v-model 指令後面加上 .lazy，這樣就可以
等到輸入完畢並按 [Enter] 鍵後才顯示資料。

```
<body>
  <div id="app">
    <input type="text" v-model.lazy="message">
    <p> 輸入訊息如下：<br>{{ message }}</p>
  </div>
  <script src="input.js"></script>
</body>
```

❶ 輸入資料，然後按
   [Enter] 鍵
❷ 資料顯示在此

```
Hello, world! ❶
```

輸入訊息如下：
Hello, world! ❷

.trim

針對使用者在文字方塊所輸入的資料，若要自動去除前後的空白字元，可以在
v-model 指令後面加上修飾字 **.trim**，例如：

```
<input type="text" v-model.trim="message">
```

.number

使用者在文字方塊所輸入的資料（包括數值）都會被當作字串，若要視為數值，可以在 v-model 指令後面加上修飾字 **.number**。

下面是一個例子，使用者所輸入的數字 1 和數字 2 會被視為數值進行加法運算，而不是字串連接。

\Ch14\number.html

```
<body>
  <div id="app">
    <p>數字 1：<input type="text" v-model.number="num1"></p>
    <p>數字 2：<input type="text" v-model.number="num2"></p>
    <p>數字 1+ 數字 2：{{ num1 + num2 }}</p>
  </div>
  <script src="number.js"></script>
</body>
```

\Ch14\number.js

```
Vue.createApp({
  data() {
    return {
      num1: 0,
      num2: 0
    }
  }
}).mount('#app');
```

```
❶ 輸入數字 1
❷ 輸入數字 2
❸ 顯示兩數相加的結果
```

```
數字1：┃15┃  ❶

數字2：┃1.8┃  ❷

數字1+數字2：16.8  ❸
```

類別與樣式繫結

當我們進行資料繫結時，有時會需要操作元素的類別或行內樣式，為了簡化繫結的動作，Vue.js 提供 v-bind:class 與 v-bind:style 指令用來動態繫結 class（類別）和 style（樣式）屬性的值。

v-bind:class 指令的語法如下，亦可簡寫成 **:class**，其中 Vue 屬性是一個布林值，若值為 true，表示對應的 class 有效，會套用樣式；若值為 false，表示對應的 class 無效，不會套用樣式：

```
v-bind:class="{'class名稱': Vue屬性}"  或  :class="{'class名稱': Vue屬性}"
```

以下面的敘述為例，若 isActive 的值為 true，<div> 元素就會套用 active 類別；若 isActive 的值為 false，<div> 元素就不會套用 active 類別：

```
<div v-bind:class="{'active': isActive}"></div>
```

下面是一個例子，當指標移到標題 1 時，就變成紅底白字；當指標離開標題 1 時，就變成白底藍字。

\Ch14\classbind.html

```
<!DOCTYPE html>
<html>
  <head>
    <meta charset="utf-8">
    <script src="https://unpkg.com/vue@3"></script>
    <link rel="stylesheet" href="classbind.css" type="text/css">
  </head>
  <body>
    <div id="app">
      <h1 v-bind:class="{'class1': isOne, 'class2': isTwo}" ❶
      ❷ @mouseover="change" @mouseout="restore">
        Hello, Vue.js!</h1>          ❸
    </div>
    <script src="classbind.js"></script>
  </body>
</html>
```

❶ 若 isOne 為 true，就套用 class1 類別（白底藍字）；若 isTwo 為 true，就套用 class2 類別（紅底白字）

❷ 當指標移到時，就呼叫 change() 函式

❸ 當指標離開時，就呼叫 restore() 函式

\Ch14\classbind.css

```
class1 {
  color: blue; background: white;
}
.class2 {
  color: white; background: red;
}
```

\Ch14\classbind.js

```
Vue.createApp({
  data() {
    return {
      isOne: true,
      isTwo: false
    }
  },
  methods: {
    change() {
      this.isOne = false;
      this.isTwo = true;
    },
    restore() {
      this.isOne = true;
      this.isTwo = false;
    }
  }
}).mount('#app');
```

❹ isOne 的初始值為 true，isTwo 的初始值為 false，表示網頁載入時會套用 class1 類別

❺ 當指標移到時，就將 isOne 設定為 false，isTwo 設定為 true，表示套用 class2 類別

❻ 當指標離開時，就將 isOne 設定為 true，isTwo 設定為 false，表示套用 class1 類別

Hello, Vue.js!
ⓐ

Hello, Vue.js!
ⓑ

ⓐ 指標移到時會變成紅底白字

ⓑ 指標離開時會變成白底藍字

v-bind:style 指令的語法如下，亦可簡寫成 :style，表示將 CSS 屬性設定為
Vue 屬性的值：

v-bind:style="{'CSS 屬性': Vue 屬性}" 或 :style="{'CSS 屬性': Vue 屬性}"

我們可以使用 v-bind:style 指令將前面的例子改寫成如下，瀏覽結果是相同的。

\Ch14\stylebind.html

```html
<body>
  <div id="app">
    <h1 v-bind:style="{'color': fgColor, 'background': bgColor}" ❶
      @mouseover="change" @mouseout="restore">
      Hello, Vue.js!</h1>
  </div>
  <script src="stylebind.js"></script>
</body>
```

\Ch14\stylebind.js

```javascript
Vue.createApp({
  data() {
    return {
      fgColor: 'blue',
    ❷ bgColor: 'white'
    }
  },
  methods: {
    change() {
    ❸ this.fgColor = 'white';
      this.bgColor = 'red';
    },
    restore() {
    ❹ this.fgColor = 'blue';
      this.bgColor = 'white';
    }
  }
}).mount('#app');
```

❶ 將 color 屬性設定為 fgColor 的值；
將 background 屬性設定為 bgColor
的值

❷ fgColor 的初始值為 blue，bgColor
的初始值為 white，表示白底藍字

❸ 當指標移到時，就將 fgColor 設定為
white，bgColor 設定為 red，表示
紅底白字

❹ 當指標離開時，就將 fgColor 設定為
blue，bgColor 設定為 white，表示
白底藍字

條件式渲染 (conditional rendering) 會根據條件式的結果決定所要渲染的區塊，Vue.js 為此提供了 v-if、v-else、v-else-if 等指令，以下就為您做說明。

v-if

若 **v-if** 指令的值為 true，就顯示元素；若 v-if 指令的值為 false，就移除元素。下面是一個例子，每次點取按鈕，就會在顯示或移除 <h1> 元素之間切換。

\Ch14\vif.html

```
<body>
  <div id="app">
  ❶ <button @click="toggle = !toggle"> 切換 </button>
  ❷ <h1 v-if="toggle">Hello, Vue.js!</h1>
  </div>
  <script src="vif.js"></script>
</body>
```

\Ch14\vif.js

```
Vue.createApp({
  data() {
    return {
      toggle: true
    }
  }
}).mount('#app');
```

❶ 每次點取按鈕，toggle 會由 true 變成 false，或由 false 變成 true

❷ 若 toggle 為 true，就顯示 <h1> 元素；若 toggle 為 false，就移除 <h1> 元素

切換

Hello, Vue.js! ⓐ

切換 ⓑ

ⓐ 網頁載入時會顯示 <h1> 元素　　ⓑ 點取此鈕會移除 <h1> 元素

v-else

v-else 指令用來設定 v-if 指令的 else 區塊，若 v-if 指令的值為 true，就顯示 v-if 所在的元素；若 v-if 指令的值為 false，就顯示 v-else 所在的元素。

下面是一個例子，每次點取按鈕，就會在兩個 <h1> 元素之間切換。

\Ch14\velse.html

```html
<body>
  <div id="app">
❶ <button @click="toggle = !toggle"> 切換 </button>
❷ <h1 v-if="toggle">Hello, Vue.js!</h1>
❸ <h1 v-else>Vue.js 初體驗 </h1>
  </div>
  <script src="vif.js"></script>
</body>
```

\Ch14\vif.js

```javascript
Vue.createApp({
  data() {
    return {
      toggle: true
    }
  }
}).mount('#app');
```

❶ 每次點取按鈕，toggle 會由 true 變成 false，或由 false 變成 true

❷ 若 toggle 為 true，就顯示第一個 <h1> 元素

❸ 若 toggle 為 false，就顯示第二個 <h1> 元素

切換

Hello, Vue.js!ⓐ

切換

Vue.js初體驗

ⓐ 網頁載入時會顯示第一個 <h1> 元素

ⓑ 點取此鈕會顯示第二個 <h1> 元素

v-else-if

v-else-if 指令用來設定 v-if 指令的 else if 區塊，下面是一個例子，由於 type 的值為 'A'，因此，第 03、04、05 行中 v-if、v-else-if、v-else-if 指令的值均為 false，所在的 <div> 元素都會被移除，只會顯示第 06 行中 v-else 指令所在的 <div> 元素。

\Ch14\velseif.html

```
01  <body>
02    <div id="app">
03      <div v-if="type === 'X'">X</div>
04      <div v-else-if="type === 'Y'">Y</div>
05      <div v-else-if="type === 'Z'">Z</div>
06      <div v-else>Not X/Y/Z</div>
07    </div>
08    <script src="velseif.js"></script>
09  </body>
```

\Ch14\velseif.js

```
10  Vue.createApp({
11    data() {
12      return {
13        type: 'A'
14      }
15    }
16  }).mount('#app');
```

ⓃⓄⓉⒺ

針對條件式渲染，Vue.js 提供了另一個 **v-show** 指令，用法幾乎與 v-if 相同。下面是一個例子，它和 \Ch14\vif.html、\Ch14\vif.js 的差別在於將 v-if 換成 v-show，每次點取按鈕，就會在顯示或隱藏 <h1> 元素之間切換，也就是說 <h1> 元素不會被移除，而是被加上 style="display: none;" 屬性隱藏起來。

原則上，v-if 指令會等到條件式成立才進行渲染，而 v-show 指令是不管條件式成立與否都會進行渲染，只是當條件式不成立時，元素會被隱藏起來。

\Ch14\vshow.html

```html
<body>
  <div id="app">
    <button @click="toggle = !toggle"> 切換 </button>
    <h1 v-show="toggle">Hello, Vue.js!</h1>
  </div>
  <script src="vshow.js"></script>
</body>
```

\Ch14\vshow.js

```javascript
Vue.createApp({
  data() {
    return {
      toggle: true
    }
  }
}).mount('#app');
```

切換

Hello, Vue.js! ❶

切換 ❷

❶ 網頁載入時會顯示 <h1> 元素　　　　❷ 點取此鈕會隱藏 <h1> 元素

清單渲染

Vue.js 提供了 **v-for** 指令用來進行 **清單渲染** (list rendering)，該指令就像 for 迴圈一樣可以用來存取陣列或物件。

v-for 指令與陣列

v-for 指令可以用來取出陣列的元素，下面是一個例子，它會從應用程式實體中取出陣列 arr 的元素，儲存在變數 item 中，然後顯示出來。

\Ch14\vfor.html

```
<body>
  <div id="app">  ❶        ❷          ❸
    <li v-for="item in arr">{{ item }}</li>
  </div>
  <script src="vfor.js"></script>
</body>
```

❶ item 是變數名稱，用來儲存陣列的元素

❷ arr 是應用程式實體中的陣列名稱

❸ 顯示變數 item 的值

\Ch14\vfor.js

```
Vue.createApp({
  data() {
    return {
      arr: ['Dog', 'Cat', 'Bird']
    }
  }
}).mount('#app');
```

- Dog
- Cat
- Bird

下面是另一個例子，它利用 v-for 指令取出使用者在核取方塊中所核取的興趣，然後顯示出來。

\Ch14\vfor2.html

```html
<body>
  <div id="app">
    <p>興趣 ( 可複選 )：</p>
    <input type="checkbox" id="item1" value=" 閱讀 " v-model="interest">
    <label for="item1"> 閱讀 </label>
    <input type="checkbox" id="item2" value=" 運動 " v-model="interest">
    <label for="item2"> 運動 </label>
    <input type="checkbox" id="item3" value=" 園藝 " v-model="interest">
    <label for="item3"> 園藝 </label>
    <p> 您核取的興趣如下：</p>
    <ul>
      <li v-for="item in interest">{{ item }}</li>
    </ul>
  </div>
  <script src="vfor2.js"></script>
</body>
```

\Ch14\vfor2.js

```javascript
Vue.createApp({
  data() {
    return {
      interest: []
    }
  }
}).mount('#app');
```

❶ 核取興趣 (可複選)
❷ 顯示所核取的興趣

興趣(可複選)：
❶ ☑ 閱讀 ☐ 運動 ☑ 園藝
您核取的興趣如下：
❷
- 閱讀
- 園藝

v-for 指令與物件

除了陣列之外，v-for 指令也可以用來取出物件的屬性，下面是一個例子，它會從應用程式實體中取出物件 obj 的屬性，儲存在變數中，然後顯示出來。

\Ch14\vfor3.html

```
<body>
  <div id="app">  ❶     ❷      ❸      ❹          ❺
    <li v-for="(value, key) in obj">{{ key }} : {{ value }}</li>
  </div>
  <script src="vfor3.js"></script>
</body>
```

\Ch14\vfor3.js

```
Vue.createApp({
  data() {
    return {
      obj: {
        height: '160cm',
        weight: '45kg',
        birthday: '2000-02-14'
      }
    }
  }
}).mount('#app');
```

❶ value 是變數名稱，用來儲存物件的值
❷ key 是變數名稱，用來儲存物件的鍵
❸ obj 是應用程式實體中的物件名稱
❹ 顯示變數 key 的值
❺ 顯示變數 value 的值

- height：160cm
- weight：45kg
- birthday：2000-02-14

v-for 指令與數字範圍

v-for 指令還可以搭配正整數 n，以將樣板重複 n 次，要注意的是 n 的值是從 1 開始遞增，不是 0。下面是一個例子，它利用 v-for 指令讓 n 從 1 開始遞增到 7，然後顯示出來。

\Ch14\vfor4.html

```
<body>
  <div id="app">
    <p v-for="n in 7">第 {{ n }} 次 </p>
  </div>
  <script src="vfor4.js"></script>
</body>
```

\Ch14\vfor4.js

```
Vue.createApp({
  data() {
    return {
      n: 1
    }
  }
}).mount('#app');
```

```
第 1 次

第 2 次

第 3 次

第 4 次

第 5 次

第 6 次

第 7 次
```

JavaScript × ChatGPT 第一次學就上手

作　　者：陳惠貞
企劃編輯：江佳慧
文字編輯：王雅雯
設計裝幀：張寶莉
發 行 人：廖文良

發 行 所：碁峰資訊股份有限公司
地　　址：台北市南港區三重路 66 號 7 樓之 6
電　　話：(02)2788-2408
傳　　真：(02)8192-4433
網　　站：www.gotop.com.tw
書　　號：ACL069600
版　　次：2023 年 05 月初版
建議售價：NT$580

國家圖書館出版品預行編目資料

JavaScript × ChatGPT 第一次學就上手 / 陳惠貞著. -- 初版.
-- 臺北市：碁峰資訊, 2023.05
　面；　公分
　ISBN 978-626-324-522-8(平裝)
　1.CST：Java Script(電腦程式語言)　2.CST：人工智慧
　3..CST：機器學習
312.32J36　　　　　　　　　　　　　　　112007144

讀者服務

- 感謝您購買碁峰圖書，如果您對本書的內容或表達上有不清楚的地方或其他建議，請至碁峰網站：「聯絡我們」\「圖書問題」留下您所購買之書籍及問題。(請註明購買書籍之書號及書名，以及問題頁數，以便能儘快為您處理)
  http://www.gotop.com.tw

- 售後服務僅限書籍本身內容，若是軟、硬體問題，請您直接與軟體廠商聯絡。

- 若於購買書籍後發現有破損、缺頁、裝訂錯誤之問題，請直接將書寄回更換，並註明您的姓名、連絡電話及地址，將有專人與您連絡補寄商品。